# Mecánica
# Teórica

Gerardo V. Morelli

# MECÁNICA TEÓRICA

UNIVERSITAS

CÓRDOBA

Pje España 1467. Te/Fax: 4680913. (5000) Córdoba. Argentina – editorialuniversitas@yahoo.com.ar

Ingeniería Mecánica – Gerardo V. Morelli

Diseño de Tapa:        Universitas
Autoedición:    Universitas
Producción Gráfica:    Universitas.

EMAIL: editorialuniversitas@yahoo.com.ar



ISBN: 978-987-1457-53-3

Hecho el depósito que marca la ley 11.723.

Impreso en Argentina - Printed in Argentine

# PRÓLOGO

Esta obra está destinada a los aspectos teóricos del curso de Mecánica que he dictado en la Esc. de Aviación Militar, Fac. de Ing. de la Univ. de RIV y Tecnológica de Villa María durante Varios Años

Salvo algunos ejemplos, no figuran aquí los problemas que se resuelven en clase. En su mayoría estos problemas son extraídos de los siguientes libros: "Dinámica" de Beer y Johnston, "Problemas de Mecánica" de Meshersky, "Dinámica de Lagranje" de Dare A. Wells y otros.

En clase adelanto el tema "Movimiento Relativo", cap. IV, incluyéndolo como final del Capítulo I. Además pospongo "Vibraciones Mecánicas", capítulo III hasta luego del dictado de la "Dinámica de Lagranje" capítulo VII.

Una fundamentación más rigurosa de algunos temas (por ejemplo vibraciones de varios grados de libertad o de sistemas continuos) hubiese extendido la obra más allá de las posibilidades reales de su dictado semestral.

Seguro de haber cometido algunos errores e imprecisiones agradecería sean señalados.

Septiembre de 1992                    GERARDO VICTOR MORELLI

                                                    Ing. Mecánico Electricista

UNIVERSITAS
Editorial
Científica
Universitaria
CÓRDOBA

# Índice

## Cinemática: Velocidad y aceleración. Componentes cartesianas, Polares e intrínsecas.

***Definición de MOVIMIENTO:*** Decimos que algo está en movimiento cuando cambia de posición respecto a un SISTEMA DE REFERENCIA (S.R.).

No tiene sentido hablar de movimiento sin especificar un S.R., ej: un pasajero durmiendo en el asiento de un avión en vuelo está en reposo respecto al "S.R. avión", pero en movimiento respecto al "S.R. Tierra".

Estamos mostrando el carácter RELATIVO del movimiento.

***Definición de PARTÍCULA:*** Cuando no interesa el estado de ROTACIÓN de un CUERPO éste puede considerarse como un punto al cual se le asigna la masa total del cuerpo; a este punto le denominaremos PARTÍCULA o CUERPO PUNTUAL. En base a esta definición el concepto de partícula no se refiere a una propiedad intrínseca del cuerpo sino más bien es una hipótesis simplificativa acorde a la índole del problema que se estudia.

Una partícula sólo tiene, entonces, movimiento de TRASLACIÓN, no cabe hablar de rotación de una partícula. Ej.: nuestro planeta considerado como partícula, sólo se TRASLADA en órbita elíptica alrededor del sol. Considerándolo como cuerpo extenso es que, además podemos hablar de una rotación de eje Norte – Sur.

***Definición de TRAYECTORIA:*** Desde un S.R. podemos observar que una partícula en movimiento recorre, en un intervalo de tiempo, una curva que denominamos trayectoria. Una misma curva puede ser recorrida de diversos modos: la trayectoria implica no solo la curva sino también como es recorrida

Dado el carácter relativo del movimiento, también la forma de la curva trayectoria es relativa. Ej. Si en el interior de un coche de ferrocarril, alguien lanza verticalmente un objeto, visto desde el "S.R. coche", la trayectoria es un segmento rectilíneo (si el coche está en movimiento rectilíneo y uniforme respecto a la tierra), pero visto desde el S.R. tierra es una parábola.

Todos los conceptos previos pueden fácilmente matematizarse, como veremos enseguida.

***Vector Posición (o coordenada vectorial)***. La POSICIÓN de una partícula queda perfectamente determinada respecto a un S.R., dando el vector posición $\vec{r}$ (fig. 1). Si este vector, desde el S.R., es función del tiempo, la partícula está en movimiento respecto a ese S.R. Anotaremos $\vec{r}$ (t) cuando $\vec{r}$ es función del tiempo.

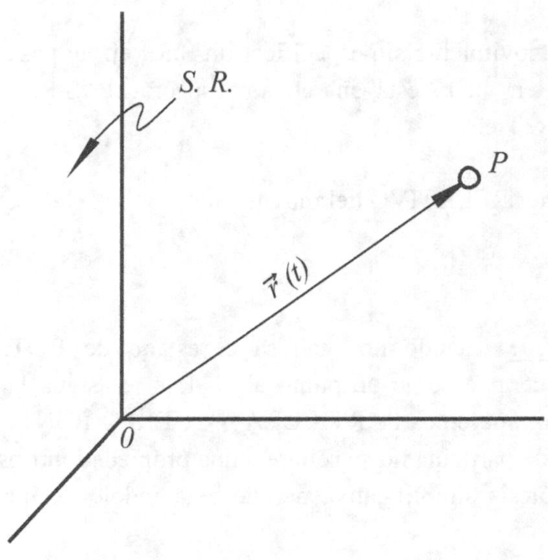


Fig. I

***Desplazamiento:*** Es claro que en un intervalo de tiempo $\Delta t$ la partícula pasa de la posición $\vec{r}$ (t) a otra $\vec{r}$ (t+$\Delta$t).

Denominamos desplazamiento al vector:

$$\Delta\vec{r} = \vec{r}\left(t + \Delta t\right) - \vec{r}\left(t\right)$$

En la Fig. 2 se muestra.

***Velocidad:*** Recordemos de física éstos conceptos:

_Velocidad Media:_ Es el cociente entre el desplazamiento $\Delta \vec{r}$ y el intervalo $\Delta t$ correspondiente, o sea:

$$\vec{V}_{media} = \frac{\Delta \vec{r}}{\Delta t} = \frac{\vec{r}\left(t + \Delta t\right) - \vec{r}\left(t\right)}{\Delta t}$$

Es un vector colineal con $\Delta \vec{r}$ pero <u>pertenece al intervalo</u> PP′ y no a ningún punto en especial. (fig. 2).

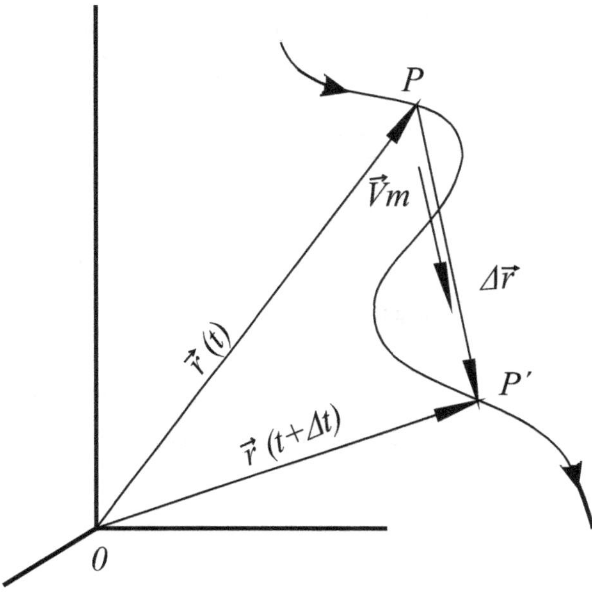


Fig. 2

_Velocidad Instantánea:_ Es el límite del cociente anterior:

$$\vec{V}\left(t\right) = \lim_{\Delta t \to 0} \frac{\Delta \vec{r}}{\Delta t} = \frac{d\vec{r}}{dt}$$

Es decir, es la derivada respecto al tiempo del vector posición (observada desde el S.R.). Es claro que P′ tiende a P, de modo que el vector velocidad media $\vec{V}_m$ tiende a $\vec{V}\left(t\right)$ y se hace tangente a la trayectoria en el punto P (Fig. 3). El vector velocidad instantánea sí pertenece a un punto y SIEMPRE es tangente a la trayectoria.

Observación: Puede que un lector riguroso no esté de acuerdo que en un espacio XYZ se dibuje un vector velocidad, pero ésto se hace a los fines de que el estudiante visualice.

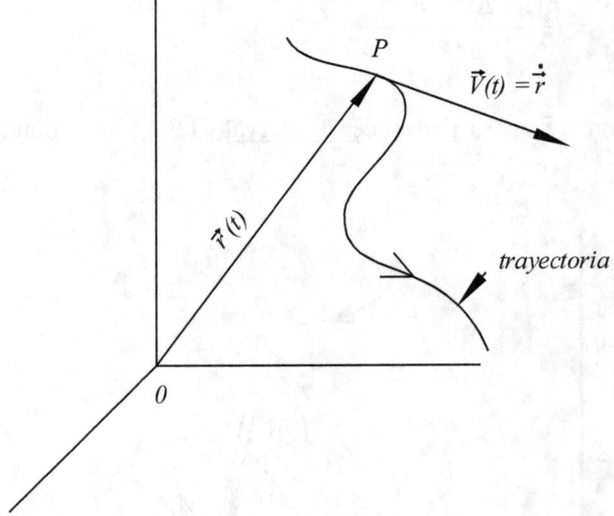


Fig. 3

***Notación:*** En mecánica es muy común que a la derivada respecto al tiempo de una cierta magnitud se la anote con un punto encima del símbolo de tal magnitud, en nuestro caso:

$$\frac{d\,\vec{r}}{d\,t} = \dot{\vec{r}}$$

***Aceleración:*** Recordemos que:

*Aceleración Media:*

$\vec{a}_m = \dfrac{\Delta\vec{V}}{\Delta t} = \dfrac{\vec{V}\left(t+\Delta t\right) - \vec{V}\left(t\right)}{\Delta t}$ , y podemos decir que pertenece al intervalo, aunque, ahora

este vector $\vec{a}_m$ no guarda en general ninguna relación geométrica sencilla con $\vec{V}$ o con $\vec{r}$ (Fig. 4). En esta figura la diferencia vectorial $\vec{V}\left(t+\Delta t\right) - \vec{V}\left(t\right)$ se ha hecho en el punto P´ por comodidad.

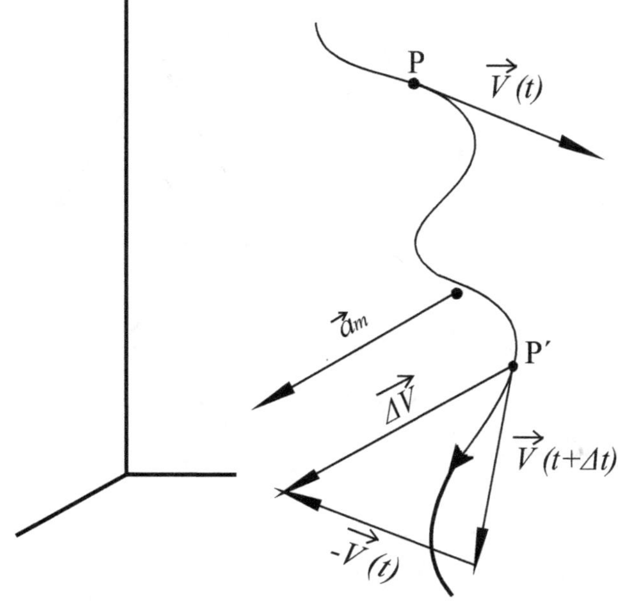


Fig. 4

En escala arbitraria y en cualquier punto del intervalo PP′ se dibujó el vector aceleración media $\vec{a}_m$ paralelo o colineal con $\Delta\vec{V}$.

*Aceleración Instantánea:* Es el límite del cociente anterior, o sea:

$$\vec{a}(t) = \lim_{\Delta t \to 0} \frac{\Delta\vec{V}}{\Delta t} = \lim_{\Delta t \to 0} \frac{\vec{V}(t+\Delta t) - \vec{V}(t)}{\Delta t} = \frac{d\,\vec{V}}{d\,t} = \frac{d^2\,\vec{r}}{d\,t^2}$$

O sea "la derivada segunda respecto al tiempo dos veces del vector posición". También se puede anotar:

$$\vec{a}(t) = \ddot{\vec{r}}$$

En la Fig. 5 se muestran los vectores $\vec{r}$, $\dot{\vec{r}}$, $\ddot{\vec{r}}$ para un caso arbitrario.

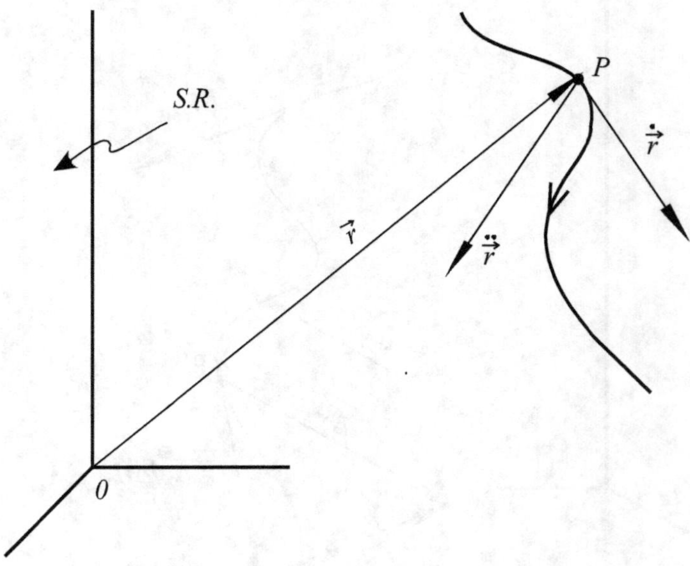

**Fig. 5**

A modo de ejemplos ilustrativos, mostramos casos particulares:

Ej. 1: trayectoria rectilínea, mov. acelerado:

Ej. 2: trayectoria rectilínea mov. desacelerado:

Ej. 3: trayectoria circular, no uniforme:

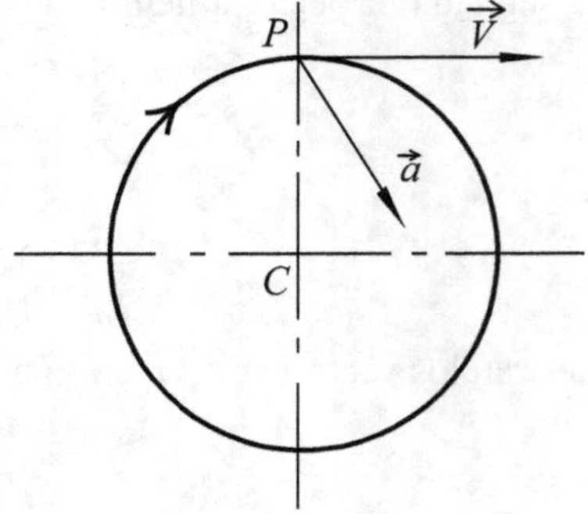

Ej. 4: trayectoria circular, uniforme:

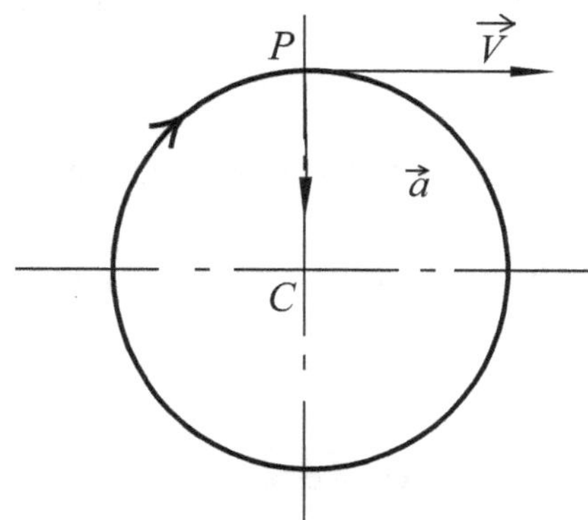

Ej. 5: parábola de tiro:

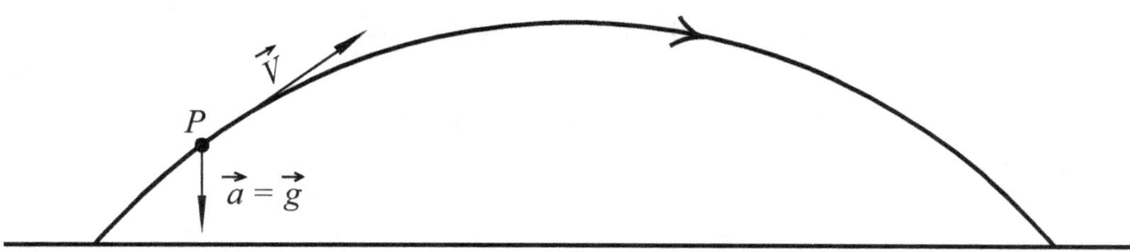

### Distintos sistemas de coordenadas: cartesianas, polares e intrínsecas.

Hemos dicho que la velocidad y aceleración son magnitudes vectoriales medidas respecto a un determinado S.R. y las definiciones anteriores son generales, pero una vez definido el S.R. (por ej: "S.R. Tierra"), podemos expresar estos vectores por sus componentes en un sistema de coordenadas (S.C.) que resulte más práctico. Dicho de otro modo: fijada la tierra como S.R. medimos la velocidad de una partícula, pero esta velocidad la podemos expresar según componentes de cualquier S.C. (cartesiano, polar, esférico, etc.), según convenga y sin embargo nos referimos siempre al mismo vector velocidad.

Para que el alumno comprenda cabalmente la idea daremos un ejemplo de otra índole: pensemos en una esfera de radio R. Si expresamos su ecuación en un S.C. cartesiano ortogonal con origen en el centro de la esfera tendremos:

$$x^2 + y^2 + z^2 = R^2$$, pero si el centro está en otro punto de coordenadas $x_0, y_0, z_0$ tendremos:

$$\left(x-x_0\right)^2+\left(y-y_0\right)^2+\left(z-z_0\right)^2=R^2$$ ; Más distinto aún, en coordenadas esféricas se tiene:

$\rho = R = Cte$. sin embargo todas estas ecuaciones se refieren a la misma esfera.

Todo lo dicho es una prevención de lo que sigue.

***Componentes cartesianas:*** En este sistema el vector posición es:

$$\vec{r}(t)=x(t)\vec{i}+y(t)\vec{j}+z(t)\vec{k}$$

Donde x, y, z son las coordenadas de la partícula como funciones del tiempo en general.

$\vec{i},\vec{j},\vec{k}$ Los vectores (o versores) base del espacio (recordar que $|\vec{i}|=|\vec{j}|=|\vec{k}|=1$ donde $|\ |$ significa módulo).

Luego la velocidad $\vec{V}$ será:

$$\vec{V}=\frac{d\,\vec{r}}{d\,t}=\dot{\vec{r}}=\dot{x}(t)\,\vec{i}+\dot{y}(t)\,\vec{j}+\dot{z}(t)\,\vec{k}$$

Es claro que las derivadas $\dot{x},\dot{y},\dot{z}$ son las componentes según x, y, z de la velocidad.

Lo mismo podemos decir de la aceleración $\vec{a}$ :

$$\vec{a}=\frac{d^2\,\vec{r}}{d\,t^2}=\ddot{\vec{r}}=\ddot{x}(t)\,\vec{i}+\ddot{y}(t)\,\vec{j}+\ddot{z}(t)\,\vec{k}$$

***Otra notación:*** Modernamente se ha tomado la costumbre de nombrar con $x_1$, $x_2$, $x_3$ a los ejes x, y, z, y con $\vec{i}_1,\vec{i}_2,\vec{i}_3$ los versores, de modo que, por ejemplo seria:

$$\vec{r}=x_1\,\vec{i}_1+x_2\,\vec{i}_2+x_3\,\vec{i}_3$$ . O bien

$$\vec{r} = \sum_{j=1}^{3} x_j\, \vec{i}_j$$ . Y todavía en forma más breve

(notación de EINSTEIN):

$\vec{r} = x_j \vec{i}_j$  Que al estar el SUBÍNDICE j repetido, se conviene en sumar respecto a éste.

Ejemplo: sea una partícula P que describe una trayectoria helicoidal uniformemente (fig. 6).

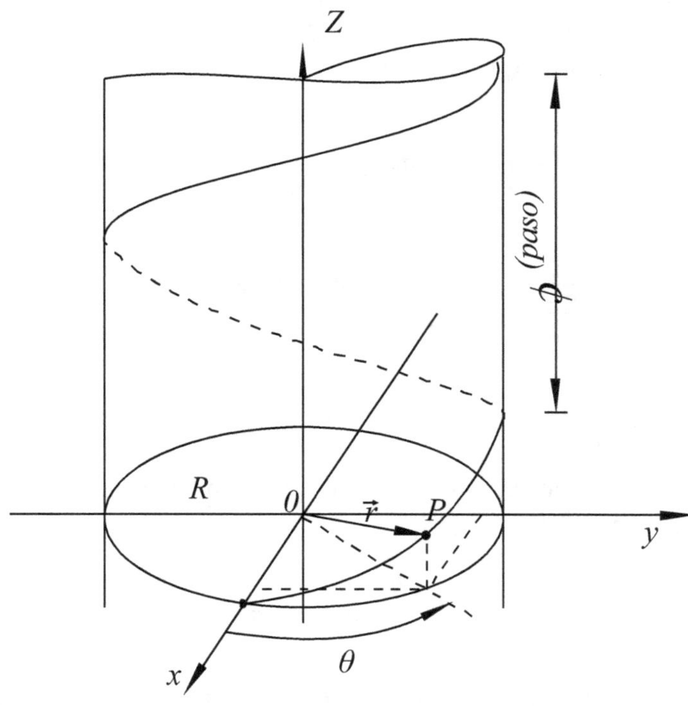


Fig. 6

Observando la figura vemos que:

x(t) = R cos θ

y(t) = R sen θ .

z(t) $= p = \dfrac{t}{T}$ donde p es el paso de la hélice y T el período o tiempo en recorrerlo.

También se puede escribir:

$$z(t) = \frac{p}{2\pi}\,\omega t \text{ donde } \omega = \frac{2\pi}{T}$$

Luego:

$$\vec{r}(t) = (R\cos\omega t)\vec{i} + (R\omega\,\text{sen}\,\omega t)\vec{j} + \frac{p\,\omega\,t}{2\pi}\vec{k}$$

Derivando respecto al tiempo tenemos la velocidad $\vec{V}$ :

$$\vec{V} = (-R\omega\,\text{sen}\,\omega t)\vec{i} + (R\omega\cos\omega t)\vec{j} + \frac{p\omega}{2\pi}\vec{k}$$

Que como vemos $\dot{z} = V_z = \dfrac{p\omega}{2\pi} =$ constante (la partícula asciende con velocidad constante).

La aceleración es: $\vec{a} = \ddot{\vec{r}} = (-R\omega^2\cos\omega t)\,\vec{i} + (R^2\,\text{sen}\,\omega t)\,\vec{j}$ no tiene componente según z como era de esperar: es un vector contenido en un plano horizontal (paralelo a xy) y apunta hacia el eje de la hélice.

### *Componentes Polares:*

Utilizaremos este método cuando la trayectoria es plana respecto a un S.R. Será muy utilizado en el estudio de órbitas planetarias y satélites.

Antes que nada, recordemos lo que es un S.C. polar en el plano: un punto P queda definido por una DISTANCIA $\rho$ a otro punto origen 0 y un ángulo medido anti horariamente $\theta$, respecto a un segmento de extremo en el punto origen 0 (Fig. 7). Es costumbre dibujarlo junto con el cartesiano x, y.

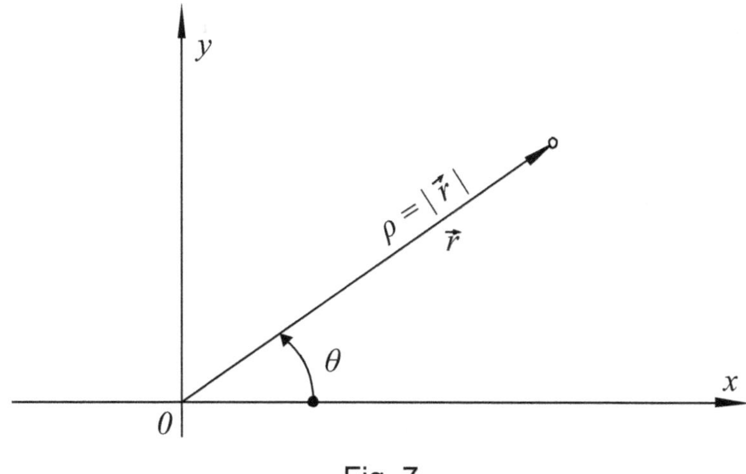

Fig. 7

Vemos que $\rho$ = mód de $\vec{r}$ o sea $\rho = |\vec{r}|$

En general serán $\rho$ y $\theta$ función del tiempo.

La vinculación entre $(\rho, \theta)$ y $(x, y)$ es, obviamente:

$$\left\{\begin{array}{l} \rho = +\sqrt{x^2 + y^2} \\ \theta = arctg\left(\dfrac{y}{x}\right) \end{array}\right\} \qquad \text{E inversamente:}$$

$$(1) \qquad \left\{\begin{array}{l} x = \rho \, \cos\theta \\ y = \rho \, \text{sen}\,\theta \end{array}\right\} \qquad \text{Se denominan ecuaciones de transformación.}$$

En este sistema polar se trabaja con dos direcciones perpendiculares: la radial y la transversal (Fig. 8).

Si la partícula pasa de P a P′ efectuando un desplazamiento $\Delta\vec{r}$ este desplazamiento se puede descomponer en la dirección radial y transversal (por el paralelogramo). Llamaremos respectivamente a estas componentes $\Delta\vec{r}_{rad}$ $\Delta\vec{r}_{trans}$ (Fig. 8).

Lo mismo se hace luego con la velocidad y con la aceleración. En esto consiste esencialmente el S.C. polar, pero veamos más detalles matemáticos: sabemos que

$\vec{r}(t) = x(t)\,\vec{i} + y(t)\,\vec{j}$ Y por las ecuaciones de transformación:

(2)     $\vec{r}(t) = (\rho \cos\theta)\vec{i} + (\rho sen\theta)\vec{j}$  donde ρ y θ son funciones de t. Esto mismo se puede poner así:

$\vec{r}(t) = \rho(\cos\theta\vec{i} + sen\theta\vec{j})$ Pero el paréntesis es un vector unitario (versor) en la dirección radial que anotaremos con:

$$\vec{U}_{rad} = \cos\theta\vec{i} + sen\theta\vec{j} \quad \text{(fig. 8)}$$

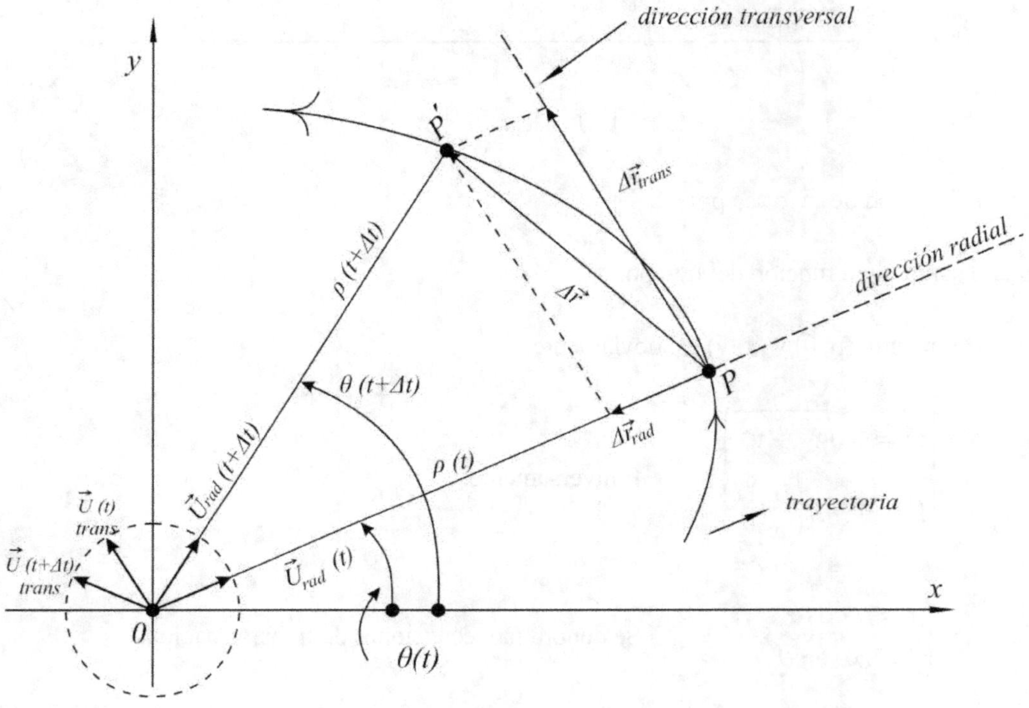


Fig. 8

De modo que podemos escribir: $\vec{r}(t) = \rho(t)\vec{U}_{rad}$

Veamos que ocurre con la <u>Velocidad:</u> derivamos respecto al tiempo $\vec{r}(t)$ en (2).

(3)     $\vec{V} = \dfrac{d\vec{r}}{dt} = \dfrac{d\rho}{dt}\cos\theta\vec{i} + \left(-sen\theta\dfrac{d\theta}{dt}\right)\vec{i} + \dfrac{d\rho}{dt}sen\,\theta\vec{j} + \rho\cos\theta\dfrac{d\theta}{dt}\vec{j}$

Agrupando de otro modo:

$$\vec{V} = \frac{d\rho}{dt}\left(\cos\theta\,\vec{i} + sen\,\theta\,\vec{j}\right) + \rho\,\frac{d\theta}{dt}\left(-sen\,\theta\,\vec{i} + \cos\theta\,\vec{j}\right)$$

El primer paréntesis ya lo conocemos, es el versor $\vec{U}_{rad}$, el segundo es otro versor (módulo 1) pero perpendicular a $\vec{U}_{rad}$, le denominaremos $\vec{U}_{trans}$ (fig. 8). El lector puede comprender ésto con sólo estudiar la figura 8. Así tenemos:

$$\vec{V} = \frac{d\rho}{dt}\,\vec{U}_{rad} + \rho\,\frac{d\theta}{dt}\,\vec{U}_{trans} \quad \text{O con notación puntual:}$$

$$\vec{V} = \dot{\rho}\,\vec{U}_{rad} + \rho\,\dot{\theta}\vec{U}_{trans} \quad \text{De modo que la velocidad queda expresada por}$$

componentes radial y transversal:

$$\left.\begin{cases}\vec{V}_{rad} = \dot{\rho} \\ V_{trans} = \rho\dot{\theta}\end{cases}\right\}\left(\text{componentes escalares}\right)\text{(Ver Fig. 9)}$$

<u>Advertencia:</u> no confundir la <u>dirección transversal</u> con la <u>tangente</u>, sólo en la circunferencia y con 0 en el centro coinciden.

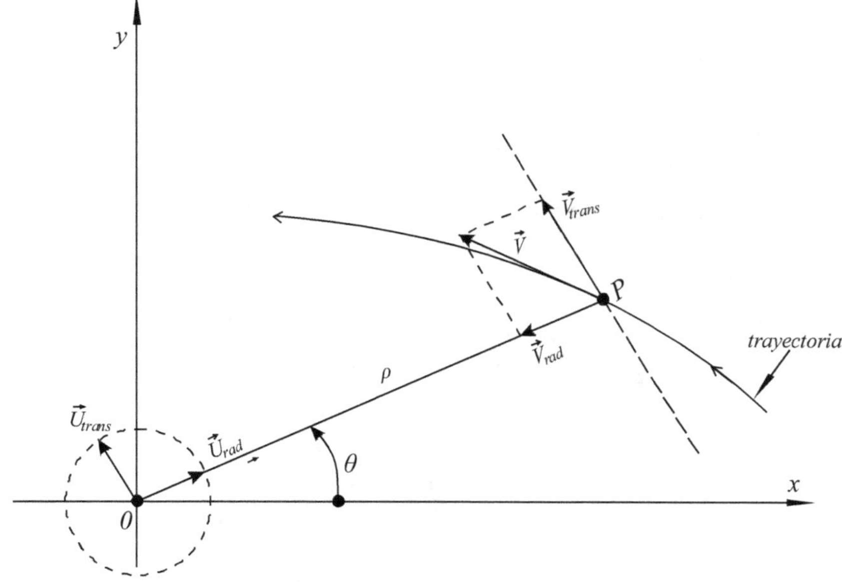


Fig. 9

_Veamos ahora la aceleración:_

Simplemente derivamos nuevamente respecto al tiempo la (3) resultando (el estudiante lo debe comprobar):

$$\vec{a} = \left( \ddot{\rho} - \rho\,\dot{\theta}^2 \right) \vec{U}_{rad} + \left( 2\,\dot{\rho}\,\dot{\theta} + \rho\,\ddot{\theta} \right) \vec{U}_{trans}$$

De modo que:

$$\left. \begin{array}{ll} \text{aceleración radial} & a_{rad} = \ddot{\rho} - \rho\,\dot{\theta}^2 \\ \text{aceleración transversal} & a_{trans} = 2\,\dot{\rho}\,\dot{\theta} + \rho\,\ddot{\theta} \end{array} \right\} \ (4)$$

Estas fórmulas son de gran importancia para más adelante.

**Utilización de la variable compleja para deducir todo lo anterior.**

Existe una forma operacional, rápida, de encontrar los resultados anteriores, utilizando conceptos de números complejos. Recordemos las tres formas de representar un número complejo (o variable compleja), (fig. 10). Para simbolizar un complejo pondremos encima del símbolo una rayita sin flecha:

1)  "posición compleja"

$$\bar{r} = x + i \qquad \text{y donde } i = +\sqrt{-1}$$

2)  Se puede poner:

$$\bar{r} = \rho\cos\theta + i\rho\,sen\,\theta \quad \text{o bien } \bar{r} = \rho\left(\cos\theta + i\,sen\,\theta\right)$$

Donde $\rho = |\,\bar{r}\,| = +\sqrt{x^2 + y^2}$

3)  En base a las fórmulas de Euler

$$sen\,\theta = \frac{e^{i\theta} - e^{-i\theta}}{2i} \ \text{ y } \cos\theta = \frac{e^{i\theta} + e^{-i\theta}}{2} \ \text{ es fácil demostrar que } \bar{r} = \rho\,e^{i\theta},$$

de modo que en resumen las tres formas:

1) $\overline{r} = x + i\,y$

2) $\overline{r} = \rho\left(\cos\theta + i\,sen\,\theta\right)$

3) $\overline{r} = \rho e^{i\theta}$.          Utilizaremos esta última

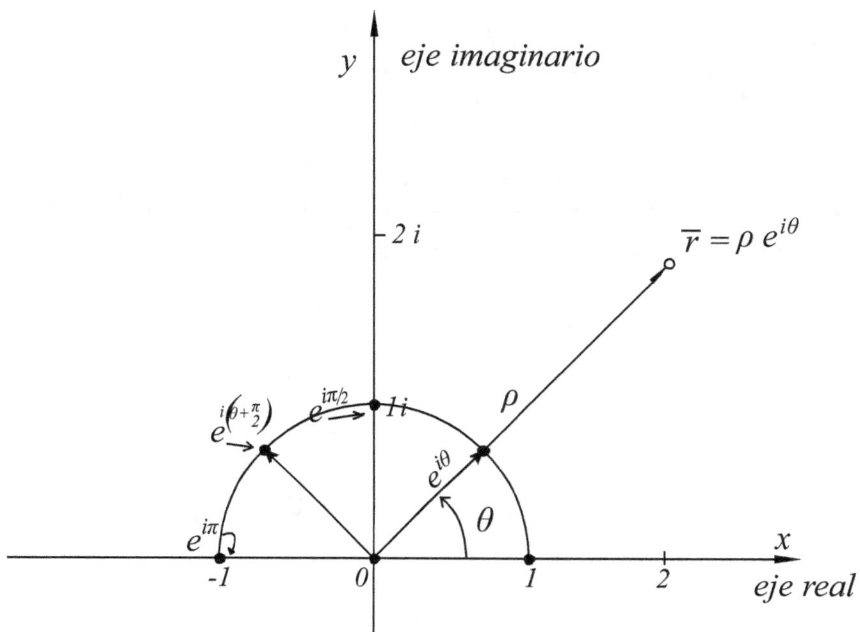


Fig. 10

**<u>Velocidad:</u>**

$$\overline{V} = \frac{d\overline{r}}{dt} = \frac{d\rho}{dt}\,e^{i\theta} + \rho\,i\,e^{i\theta}\,\frac{d\theta}{dt}$$ Pero como sabemos que $i = e^{i\pi/2}$ resulta:

$$\overline{V} = \dot\rho\,e^{i\theta} + \underbrace{\rho\,\dot\theta\,e^{i(\theta+\pi/2)}}_{transversal}$$
       radial

Vemos que la equivalencia es:

$$\vec{U}_{rad} \rightarrow e^{i\theta}$$
$$\vec{U}_{trnas} \rightarrow e^{i(\theta+\pi/2)}$$

## Aceleración:

$$\bar{a} = \frac{d\,\bar{V}}{dt} = \ddot{\rho}\,e^{i\theta} + \dot{\rho}\,ie^{i\theta}\,\dot{\theta} + \dot{\rho}\dot{\theta}\,e^{i(\theta+\pi/2)} + \dot{\rho}\,\dot{\theta}\,i\,e^{i(\theta+\pi/2)}\,\dot{\theta}$$

Reemplazando i = e $^{i\pi/2}$ y operando llegamos a la fórmula ya conocida:

$$\bar{a} = \underbrace{\left(\ddot{\rho}-\rho\dot{\theta}^2\right)e^{i\theta}}_{\bar{a}_{rad}} + \underbrace{\left(2\,\dot{\rho}\dot{\theta}+\rho\ddot{\theta}\right)e^{i(\theta+\pi/2)}}_{\bar{a}_{trans}}$$

Ejemplo: se dispara un cohete verticalmente desde la plataforma situada en B (fig. 11). Su vuelo se detecta con un telémetro o radar localizado en A, a una distancia d de B. Expresar la velocidad $\vec{V}$ y la aceleración $\vec{a}$ del cohete en función de $\dot{\theta}, \ddot{\theta}$.

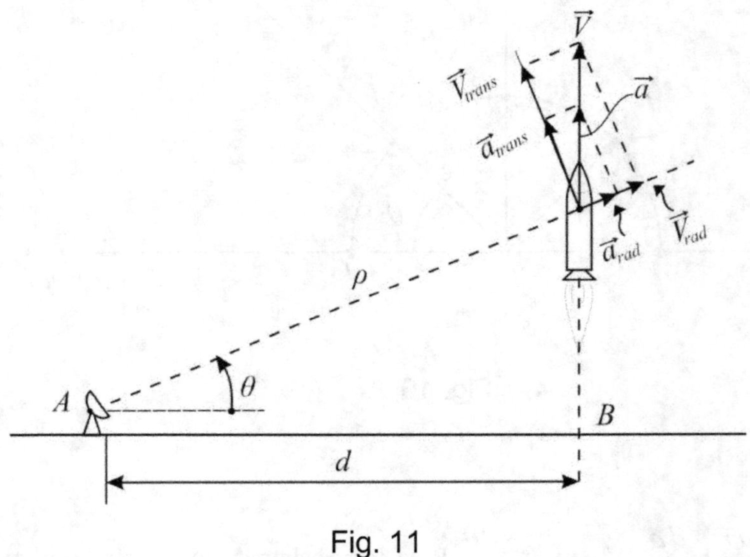


Fig. 11

## Solución:

$$V_{rad} = \dot{\rho} \qquad \text{, pero segun figura 11:}$$

$$\rho = \frac{d}{\cos\theta} \qquad \text{, luego:}$$

$$(5)\ \dot{\rho} = -\frac{(-\operatorname{sen}\theta)\dot{\theta}d}{\cos^2\theta} = +\frac{\operatorname{sen}\theta.\dot{\theta}\,d}{\cos^2\theta}$$

$$V_{trans} = \dot{\rho}\,\theta = \frac{\dot{\theta}\,d}{\cos\theta}, \text{ de modo que:}$$

$$|\vec{V}| = \sqrt{V_{rad}^2 + V_{trans}^2} = \sqrt{\frac{sen^2\theta\,\dot{\theta}^2\,d^2}{\cos^4\theta} + \frac{\dot{\theta}^2\,d^2}{\cos^2\theta}} =$$

$$= \frac{\dot{\theta}\,d}{\cos\theta}\sqrt{tg^2\,\theta + 1}$$

Veamos la <u>aceleración:</u> según (4) tenemos que calcular $\ddot{\rho}$, de modo que según (5):

$$\frac{d}{dt}(\dot{\rho}) = \ddot{\rho} = \frac{d}{dt}\left(\frac{tg\,\theta\,\dot{\theta}\,d}{\cos\theta}\right) = \sec^2\theta\,\frac{\dot{\theta}\,\dot{\theta}\,d}{\cos\theta} + \frac{tg\,\theta}{\cos\theta}\,\ddot{\theta}\,d +$$

$$+\left(-tg\,\theta\,\dot{\theta}\,d\,\frac{sen\,\theta}{\cos^2\theta}\,\dot{\theta}\right), \text{ luego:}$$

$$\ddot{\rho} = \frac{\sec^2\theta\,\dot{\theta}^2\,d}{\cos\theta} + \frac{tg\,\theta}{\cos\theta}\,\ddot{\theta}\,d - \frac{tg^2\theta}{\cos\theta}\,\dot{\theta}^2\,d, \text{ luego la aceleracion radial es:}$$

$$a_{rad} = \ddot{\rho} - \rho\dot{\theta}^2 = \frac{\dot{\theta}^2\,d}{\cos\theta}\left(\sec^2\theta - tg^2\theta - 1\right) + \frac{tg\,\theta}{\cos\theta}\,\ddot{\theta}d$$

y la transversal:

$$a_{trans} = 2\,\dot{\rho}\dot{\theta} + \rho\ddot{\theta} = \frac{2\,tg\,\theta\,\dot{\theta}^2 d}{\cos\theta} + \frac{d\,\ddot{\theta}}{\cos\theta}$$

Para hallar $|\vec{a}|$ hacemos $\sqrt{a_{rad}^2 + a_{trans}^2}$ (el alumno debe hacerlo).

### Coordenadas Intrínsecas y triedro intrínseco.

<u>Nota:</u> presentamos este tema en una forma intuitiva, rápida, sin el ánimo de ser precisos en algunos conceptos, sólo en aquellos que necesitaremos. Para detalles y mayor rigor el alumno puede consultar: Análisis Vectorial de CESAR TREJO Cap. II.

Las coordenadas intrínsecas que veremos seguidamente son validas para cualquier trayectoria, no necesariamente plana.

- *Definimos algunos elementos de este sistema de coordenadas*

***Coordenada intrínseca o curvilínea (S):*** Dada la trayectoria de la partícula P en forma paramétrica, en coordenadas cartesianas [x (t), y (t), z (t)] o en forma vectorial $\vec{r}(t) = x(t)\vec{i} + y(t)\vec{j} + z(t)\vec{k}$, llamaremos coordenada intrínseca en el instante t, de origen A, a:

$$S(t) = \int_{t_A}^{t} /\dot{\vec{r}}(t)/\, dt = +\int_{t_A}^{t} \sqrt{\dot{x}^2 + \dot{y}^2 + \dot{z}^2}\, dt$$

Para t = $t_A$, es $\vec{r}(t_A)$ el vector posición del origen A de s (t), es decir s ($t_A$) = 0 (Fig. 12a).

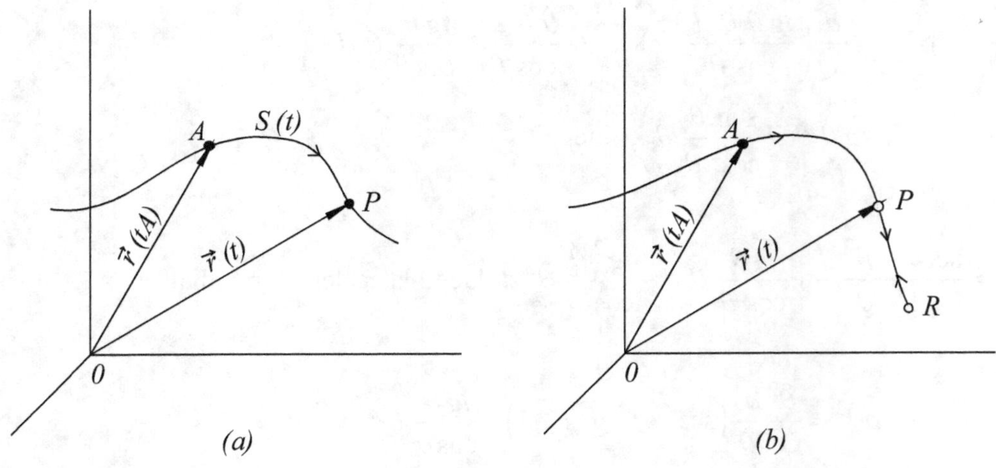


Fig. 12

Es claro que $dS = /\overrightarrow{dr}/ = \sqrt{dx^2 + dy^2 + dz^2}$, de modo que, dS es siempre positivo y así S(t) es <u>estrictamente creciente</u>: en la figura 12(a) se supone que P recorrió el arco AP pasando sólo una vez por cada punto, de este modo S(t) = longitud del arco AP, pero en la figura 12(b) se supone que P fue de A hasta R (punto de retroceso) y volvió hasta $\vec{r}(t)$, de modo que ahora es S(t) = longitud del arco AR + longitud del arco RP y <u>no</u> S(t) = longitud del arco AP.

***Versor Tangente*** $\vec{T}$ **:** es un vector unitario tangente a la trayectoria dado por:

$\vec{T} = \dfrac{d\vec{r}}{ds}$ o bien $\vec{T} = \dfrac{\dot{\vec{r}}}{/\dot{r}/}$. Como siempre es dS > = 0, el sentido de $\vec{T}$ es siempre el de $d\vec{r}$ (Fig. 13).

*Plano Osculador:* Es el plano que contiene al vector velocidad $\dot{\vec{r}}$ y al vector aceleración $\ddot{\vec{r}}$. Si $\overrightarrow{Q0}$ es el vector posición de un punto Q cualquiera del plano osculador, de coordenadas (x, y, z) y $\vec{r}$ lo es de una partícula (de coordenadas $x_p, y_p, z_p$), resulta que el vector ($\overrightarrow{Q0}$ - $\vec{r}$) pertenece al plano, de modo que, por definición, ($\overrightarrow{Q0}$ - $\vec{r}$), $\dot{\vec{r}}$, $\ddot{\vec{r}}$ son vectores coplanares, así su producto mixto es nulo:

$$\left[\left(\overrightarrow{Q0}\right)-r\right]x\,\dot{\vec{r}}\,]\cdot\ddot{\vec{r}} = \begin{vmatrix} \left(x-x_p\right) & \left(y-y_p\right) & \left(z-z_p\right) \\ \dot{x}_p & \dot{y}_p & \dot{z}_p \\ \ddot{x}_p & \ddot{y}_p & \ddot{z}_p \end{vmatrix} = 0$$

El desarrollo de este determinante conduce a la ecuación cartesiana del plano osculador.

*Circunferencia Osculadora:* Se puede demostrar que en el plano osculador existe una circunferencia, de radio R y centro C (fig. 14a), tal que dS=Rd$\theta$, donde d$\theta$ es el ángulo entre $\vec{T}(t)$ y $\vec{T}(t+dt)$.

*Radio de curvatura:* Es el radio R de la circunferencia osculadora, se puede calcular a partir de la ecuación vectorial $\vec{r}(t)$ por:

$$R = \frac{/\dot{\vec{r}}/^3}{/\dot{\vec{r}}\,x\,\ddot{\vec{r}}/}$$

*Centro de curvatura:* Es el centro de la circunferencia osculadora.

*Curvatura de "Flexión":* Es el valor recíproco de R:

$$\chi = \frac{1}{R} = \frac{/\dot{\vec{r}}\,x\,\ddot{\vec{r}}/}{/\dot{\vec{r}}/^3}$$

En general, todas estas magnitudes tienen un valor que depende del punto de la trayectoria, salvo en la trayectoria circular, donde son constantes. En la trayectoria recta y en los puntos de inflexión es $\chi = 0$ *(R→∞).*

**Versor normal $\vec{N}$ y binormal $\vec{B}$ :** El versor normal $\vec{N}$ es perpendicular a $\vec{T}$, contenido en el plano osculador y de sentido hacia el centro de la curvatura. El versor binormal $\vec{B}$ es perpendicular al plano osculador, tal que forma un triedro directo con $\vec{T}$ y $\vec{N}$, luego se puede dar por el producto vectorial $\vec{B} = \vec{T} \times \vec{N}$. En cuanto a $\vec{N}$ se puede demostrar que

está dado por $\vec{N} = \dfrac{\left(\dot{\vec{r}} \times \ddot{\vec{r}}\right) \times \dot{\vec{r}}}{/\left(\dot{\vec{r}} \times \ddot{\vec{r}}\right) \times \dot{\vec{r}} /}$

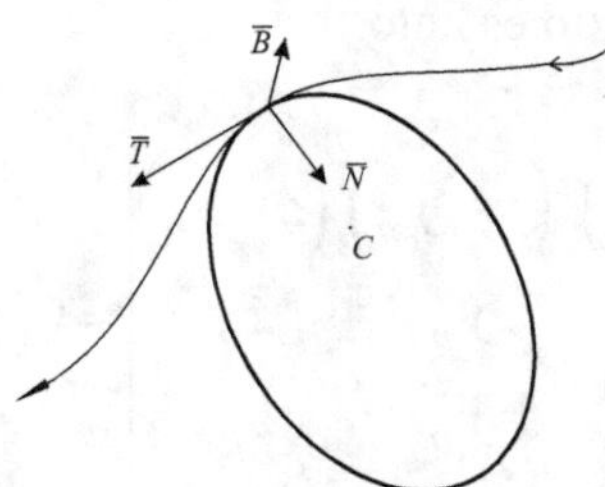


Fig. 13

En la figura 13 se muestra cualitativamente. El triedro intrínseco "viaja" con la partícula. Si P retrocede, $\vec{B}$ cambia de sentido. Fig. 13

*Componente intrínseca de la velocidad* $\vec{V}$ : Es claro que el módulo de la velocidad es $/\vec{V}/ = \dfrac{ds}{dt} = \dot{s}$ y como vector es $\vec{V} = \dot{S}\,\vec{T}$, no tiene componentes normal ni binormal.

*Componentes intrínsecas de la aceleración a:* Por definición se tiene (6) $\vec{a} = \dfrac{d\vec{V}}{dt} = \ddot{\vec{r}} = \ddot{S}\vec{T} + \dot{S}\dfrac{d\vec{T}}{dt}$. Ya podemos afirmar que $\ddot{S}\,.\vec{T}$ es la *componente vectorial tangencial.* ¿Qué resulta para $\dot{S}\dfrac{d\vec{T}}{dt}$? Veamos: estudiemos la variación del vector $\vec{T}$ que, claro está, sólo varía en dirección, pues $/\vec{T}/ = 1$. (Fig. 14a y 14b).

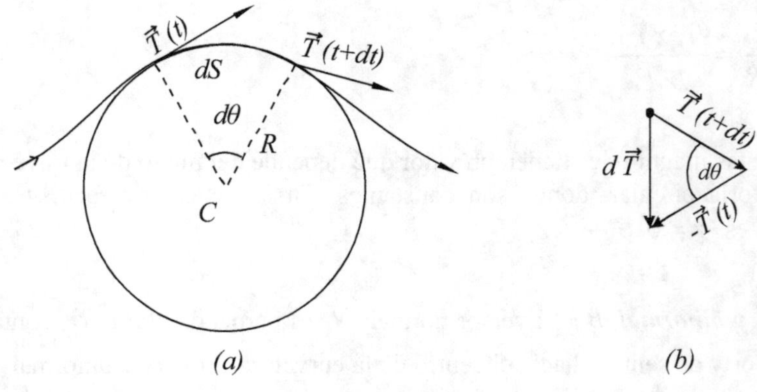


Fig. 12

Es claro (fig. 14b) que $d\vec{T} = \vec{T}(t+dt) - \vec{T}(t)$ apunta hacia el centro de curvatura C, o sea, es de dirección normal, de modo que podemos escribir: $d\vec{T} = \left| d\vec{T} \right| \vec{N}$, además observando la Fig. 14b vemos que:

$$\left| d\vec{T} \right| = \left| \vec{T} \right| d\theta \quad , \quad \text{pero como} \quad \left| \vec{T} \right| = 1$$

$$\left| d\vec{T} \right| = d\theta , \quad \text{ademas} \quad d\theta = \frac{dS}{R} \quad \left( \text{fig. 14a} \right)$$

$$\text{y asi:} \left| d\vec{T} \right| = \frac{dS}{R} \quad \text{o bien} \quad \frac{\left| d\vec{T} \right|}{dS} = \frac{1}{R} \quad \left( \text{curvatura} \right)$$

Por función de función, podemos escribir:

$$\frac{d\vec{T}}{dt} = \frac{d\vec{T}}{dS} \cdot \frac{dS}{dt} \qquad \text{O bien tomando módulo}$$

$$\left| \frac{d\vec{T}}{dt} \right| = \left| \frac{d\vec{T}}{dS} \right| \cdot \dot{S} = \frac{\dot{S}}{R}. \quad \text{como además el vector } d\vec{T} \text{ apunta hacia C}$$

podemos escribir al fin:

$$\frac{d\vec{T}}{dt} = \frac{\dot{S}}{R} \vec{N} \text{ Y reemplazando en la aceleración (6)}$$

$$\vec{a} = \ddot{S}\,\vec{T} + \frac{\dot{S}^2 \vec{N}}{R} \quad \text{o bien como } \dot{S} = \left| \vec{V} \right|;$$

$$\left[ \vec{a} = \frac{d\left| \vec{V} \right|}{dt}\vec{T} + \frac{\left| \vec{V} \right|^2 \vec{N}}{R} \right]$$

Podemos decir que:

$$\begin{cases} \text{aceleracion tangencial: } \vec{a}_T = \dfrac{d\left| \vec{V} \right|}{dt}\vec{T} \\[4mm] \text{aceleracion normal: } \vec{a}_N \dfrac{\left| \vec{V} \right|^2}{R} \vec{N} \end{cases}$$

Es común escribir simplemente V en lugar de $|\vec{V}|$ … pero ¡cuidado! En general

$$\frac{d\,\left|\vec{V}\right|}{dt} \neq \left|\frac{d\vec{V}}{dt}\right|.$$

Estamos viendo que la aceleración no tiene componente BINORMAL.

Si el módulo de la velocidad no varía no hay aceleración tangencial

$$\left[\frac{d\,|\vec{V}|}{dt}\right] = 0$$

Pero puede existir aceleración normal (por ej: en el movimiento circular uniforme).

Para trayectorias rectilíneas no existe aceleración normal pues R→∞ (curvatura nula).

**Resumen**

| Coordenadas | Cartesianas Ortog. | Polares planas | Intrínsecas |
|---|---|---|---|
| Velocidad $\vec{V} =$ | $\dot{x}\,\vec{i} + \dot{y}\,\vec{j} + \dot{z}\,\vec{k}$ | $\dot{\rho}\;\vec{U}_{rad} + \rho\,\dot{\theta}\vec{U}_{trans}$ | $\dot{S}\,\vec{T}$ |
| Aceleración $\vec{a} =$ | $\ddot{x}\,\vec{i} + \ddot{y}\,\vec{j} + \ddot{z}\,\vec{k}$ | $\left(\ddot{\rho}-\rho\,\dot{\theta}^2\right)\vec{U}_{rad} + \left(2\dot{\rho}\,\dot{\theta}+\rho\,\ddot{\theta}\right)\vec{U}_{tr}$ | $\ddot{S}\,\vec{T} + \dfrac{\dot{S}^2}{R}\,\vec{N}$ |

# Los fundamentos de la mecánica newtoniana. Los principios de Newton:
# 1) de inercia, 2) de masa, 3) de acción y reacción.

En la mecánica de Galileo-Newton (o clásica) se supone que las propiedades geométricas del ESPACIO, son euclídeas (o sea que vale la geometría de Euclides).

Además:

      a)    *Homogeneidad del espacio:* Significa simplemente que si trasladamos un S.R. de un lugar a otro las propiedades del espacio son las mismas (da lo mismo un laboratorio aquí que en otro lugar).

b)      *Isotropía del espacio:* Significa que si rotamos un S.R. un cierto ángulo tampoco cambian dichas propiedades.

c)      *Homogeneidad del tiempo:* Significa que un intervalo $\Delta$t "hoy" tiene un mismo valor en el futuro o en el pasado.

**Además:** se supone que el espacio y el tiempo no son alterados por los sucesos físicos ni por el movimiento del S.R. (es el espacio – tiempo "a priori" de E: KANT). Podemos decir espacio – tiempo absolutos.

***Sistema de referencia inercial (S.R.I.):*** Supongamos que fuese posible determinar que una partícula está libre de fuerzas actuando sobre ella (o bien, si actúan, están en equilibrio), en estas situaciones diremos que un S.R. es INERCIAL (SRI) si, referida la partícula a él, se encuentra en reposo o con velocidad $\vec{V} = cte$.

La dificultad insalvable esta que, en realidad, no disponemos de medios técnicos que permitan reconocer todas las fuerzas que puedan actuar sobre un cuerpo, con independencia del movimiento del mismo, por ende, nunca estaremos del todo seguros que un S.R. es inercial. A los fines de la ingeniería es suficientemente aproximado considerar que un S.R.I. es uno fijo a las estrellas (por ej. al sol).

La experiencia permite comprobar que dado un S.R.I., cualquier otro S.R. en movimiento rectilíneo y uniforme respecto al primero, es también un S.R.I. Esto se conoce como relatividad de Galileo: significa algo que muchos de nosotros hemos experimentado: en vehículos con velocidades relativas entre sí constantes, los experimentos de mecánica hechos en ellos, dan los mismos resultados. "Hay tanta comodidad en un avión con $\vec{V} = cte$ respecto a tierra (viaje sin virajes, pozos de aire, etc.) como en la propia tierra".

Cuando un S.R. tiene una aceleración respecto a un S.R.I. diremos que es un **S.R. no inercial** (S.R.N.I.).

Nuestro planeta es un S.R.N.I. pues está rotando respecto a las estrellas consideradas como S.R.I.

***Clasificación de las fuerzas***

En forma preventiva, pero que el alumno comprenderá más cabalmente a medida que se desarrolle la materia (en especial el cap. IV) haremos la siguiente clasificación de fuerzas:

1)      *Fuerzas de interacción:* Son aquellas que los cuerpos o partículas le ejercen al cuerpo o partícula estudiada. Pueden esos cuerpos ejercerlas por contacto directo (fuerzas de interacción <u>por contacto</u> o bien a través <u>de campos</u> (gravitacional, electromagnético, nuclear.)

La fuerza gravitacional sobre un cuerpo actúa distribuida átomo por átomo (fuerzas másicas o de volumen).

2)   _Fuerzas de inercia:_ (de arrastre y de Coriolis). Se necesitan en un sistema de referencia NO INERCIAL. Son también másicas como las gravitacionales (Cap. IV).

### _Principios de la mecánica de Newton_

1)   _Principio de Inercia:_ "Una partícula esta con $\vec{V} = cte$ (incluye el reposo ( $\vec{V} \equiv 0$ ), respecto a un S.R.I., si sobre ella la resultante de las fuerzas de INTERACCION es nula".

**Comentario:** Significa que una partícula libre de fuerzas recorrerá una trayectoria recta (que es la mínima distancia entre dos puntos de un espacio euclídeo), por eso algunos autores consideran que el principio de inercia de Newton define la geometría del espacio con el cual se trabajará.

2)   _Principio de masa:_ "La aceleración respecto a un S.R.I., experimentada por una partícula, es proporcional a la resultante de las fuerzas de interacción que sobre ella actúe". La constante de proporcionalidad es un ESCALAR llamado "masa inercial" de la partícula.

Expresado esto matemáticamente:

$$\left[ \sum_{j=1}^{N} \vec{F}_j = \vec{R} = m\,\vec{a} \right]$$ Donde $\vec{F}_j$ son las fuerzas de interacción y $\vec{a}$ la aceleración medida respecto a S.R.I.

1)   _Principio de acción y reacción:_ se refiere a la interacción entre dos cuerpos A y B (fig. 15): "si el cuerpo A le hace una fuerza $\vec{F}_{AB}$ al B, éste hace una fuerza $\vec{F}_{BA}$ al A tal que:

$$\vec{F}_{AB} = -\vec{F}_{BA}$$

Pero ¡cuidado!, la fuerza que hace A está aplicada en el cuerpo B y la que hace B está aplicada en A. Por más cercanos que sean los puntos de aplicación son puntos de distintos cuerpos. Además cualquier fuerza puede ser tomada como acción o reacción, eso depende del cuerpo que se esté estudiando.

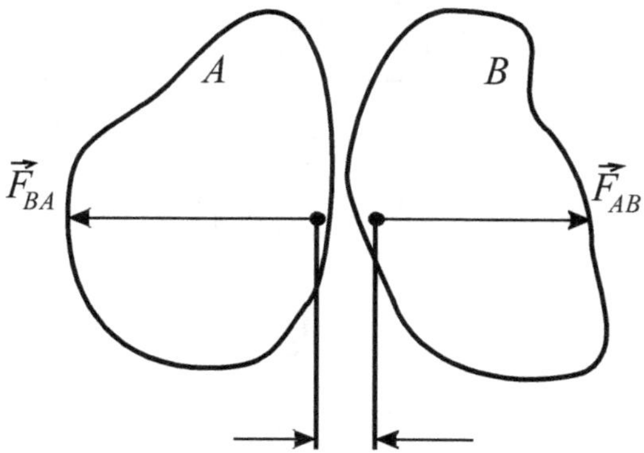



*Distancia <u>no nula</u>*

Fig. 15

Las leyes de Newton mencionadas, en general ya son conocidas por el alumno, pero se observan dificultades en la forma que el alumno las aplica. Podemos dar algunas "recetas":

1°)  Se individualiza, sin ambigüedad, el objeto que se estudiará (partícula, cuerpo o sistema).

2°)  Se define un S.R. (y un S.C. conveniente a la matemática del problema).

3°)  Se colocan sobre el objeto estudiado todos los vectores fuerzas que actúan.

Justamente en los puntos 2° y 3° pueden surgir dudas en el alumno, pues se suele ignorar que existen todavía formas distintas de aplicar la "receta" anterior, formas que llamaremos:

a)  De Newton
b)  De D´Alembert
c)  S.R.N.I.

Esto se visualiza en el cuadro siguiente:

| De Newton | De D´Alembert | S.R.N.I. |
|---|---|---|
| $\displaystyle\sum \vec{F}_{\text{interaccion}} = \vec{R} = m\,\vec{a}$ | $\vec{R} - m\,\vec{a} \equiv 0$ | $m\,\vec{a} = \vec{R} + \vec{F}_{\text{rel}} + \vec{F}_{\text{arr Cor}}$ |

**a)** <u>de Newton:</u> El S.R. es inercial, se colocan todas las fuerzas de interacción (sean de campo o por contacto) y se plantea: $\vec{R} = m\vec{a}$, donde $\vec{a}$ se mide respecto al S.R.I. (aceleración "absoluta").

**b)** <u>de D´Alembert:</u> Consiste simplemente en escribir la ley de Newton en forma equivalente: $\vec{R} - m\vec{a} \equiv 0$, sólo que D´Alembert llamó a $(-m\vec{a})$ "fuerza de inercia" (nosotros para no confundir con la forma (c) la denominaremos "fuerza de D´Alembert" $\vec{F}_{D'Al}$) así que:

$$\vec{R} + \vec{F}_{D'Al} \equiv 0$$

D´Alembert enunció: "si a las fuerzas de interacción agregamos el vector $m\vec{a}$ <u>cambiado de sentido</u> se puede estudiar el problema dinámico <u>como si</u> fuese de estática". He aquí la utilidad de esta forma.

**c)** <u>S.R.N.I.:</u> Esta forma es distinta y más polémica (el alumno la entenderá más cabalmente al final del cap. IV). Aquí sólo adelantaremos que consiste en referir el objeto de estudio a un S.R. NO INERCIAL (por ejemplo, la TIERRA, una calesita, el propio cuerpo, etc.).

La aceleración se mide respecto al S.R.N.I. (aceleración relativa). A las fuerzas de interacción $\vec{R}$ deben agregarse, en general, dos fuerzas más: la de arrastre $\vec{F}_{arr}$ y la de Coriolis $\vec{F}_{cor}$. Estas fuerzas son másicas (como las de gravedad) pero tienen carácter relativo, es decir, depende del S.R. adoptado. Ilustremos ésto con un ejemplo sencillo aunque no del todo general: sea un "furgón" cerrado (fig. 16) que posee una aceleración cte. $\vec{a}$ respecto a Tierra (que aquí se supondrá un S.R.I.). El furgón es un S.R.N.I. Del techo del furgón cuelga una plomada. El objeto de estudio es el plomo P. Es intuitivo que si $\vec{a} = cte$, la plomada queda inclinada hacia "atrás" con un cierto ángulo. Veamos que piensan dos observadores A y B (A en tierra y B en el furgón).

**Opinión de A:** "Veo una partícula P acelerada, pues sobre ella actúan dos fuerzas (de interacción): la gravitatoria $\vec{P}$ y la que hace el hilo $\vec{T}$.

Resulta así que $\vec{P} + \vec{T} = m\vec{a}$

**Opinión de B:** "Para mí la partícula está en reposo, en equilibrio con tres fuerzas: $\vec{P}, \vec{T}$ y una tercera que "tira" hacia atrás ($\vec{F}_{arr}$).

El observador B justifica la existencia de $\vec{F}_{arr}$ diciendo que él mismo se encuentra "empujado" hacia atrás.

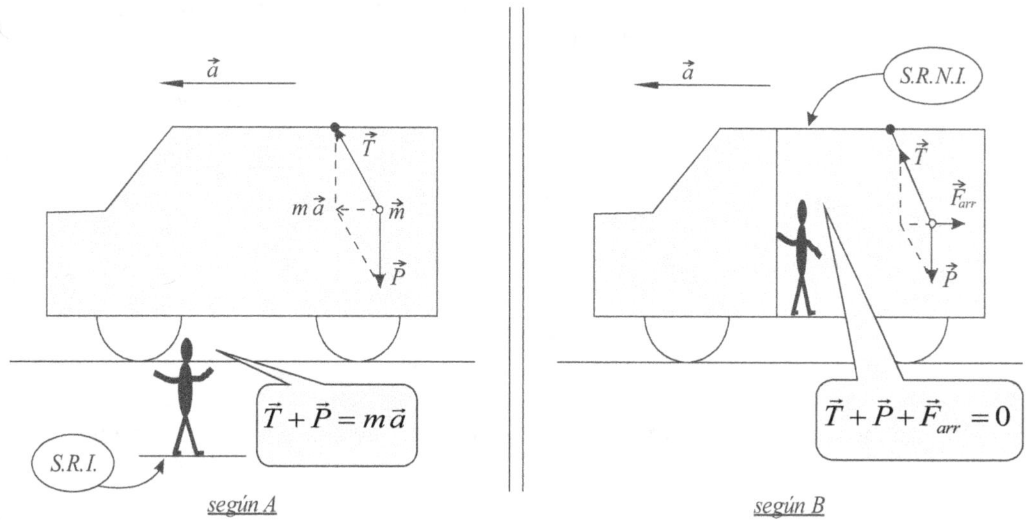


Fig. 16

¿Quien tiene razón? Cada uno la tiene desde su sistema de referencia. Lo importante es que sean equivalentes, o sea, si se plantea un problema de ingeniería, como ser, el cálculo de grosor del hilo que resista, tanto A como B arriban a un valor correcto.

En este caso no se tiene $\vec{F}_{Coriolis}$. Como vemos las fuerzas de interacción $\vec{P}$ y $\vec{T}$ son necesarias en ambos S.R. no así la de inercia $\vec{F}_{arr}$. Este tema es muy interesante y puede tener mayores consecuencias como supieron ver E. Mach, Einstein, etc. La polémica puede generarse si se obliga a B a encontrar un objeto que cause la fuerza $\vec{F}_{arr}$ hacia atrás. Según E. Mach esta fuerza podría ser también algún tipo de interacción con el resto del Universo.

***Aplicación del principio de acción y reacción***

Analicemos un caso concreto: "sea una partícula P que gira atada a un hilo H (fig. 17). "¿Qué fuerzas de interacción actúan sobre $\vec{P}$, aparte del peso y el rozamiento con la atmósfera?...

La fuerza $\vec{F}_h$ que hace el hilo sobre P. Se suele pensar además en una "fuerza centrífuga". Si analizamos este problema en la forma (a) de Newton no tenemos tal fuerza centrífuga... entonces ¿Qué fuerza estira al hilo? La reacción de P sobre el hilo H. Esta fuerza apunta si hacia fuera, pero está aplicada sobre el hilo H y no sobre P (fig. 17b), de modo que, si estamos estudiando a P, no hay que considerarla.

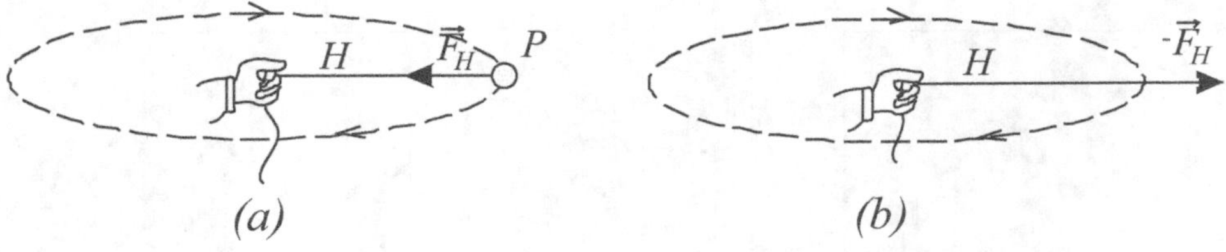


Fig. 17

Otro ejemplo: Una fuerza $\vec{F} = 1000$ N tira desde un extremo A de una lanza de 10 Kg a un carro de 1000 Kg (fig. 18). Hallar:

1) Aceleración del conjunto.
2) Fuerza $\vec{F}_B$ que hace la lanza sobre el carro en B.
3) Diagrama de tracción de la barra.

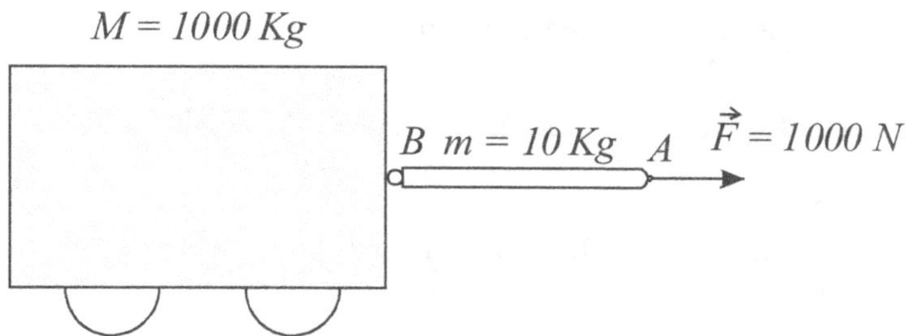



Fig. 18

**<u>Solución:</u>**

1)  $a = \dfrac{1000\ N}{1010\ Kg} \cong 0{,}990\ m/s^2$

2)



$$\vec{F}_B = M\vec{a}$$

$$F_B = 1000\,Kg \times 0{,}990\,m/s^2 = 990\,N$$

Observe el alumno que se "pierden" 10 N en la lanza.

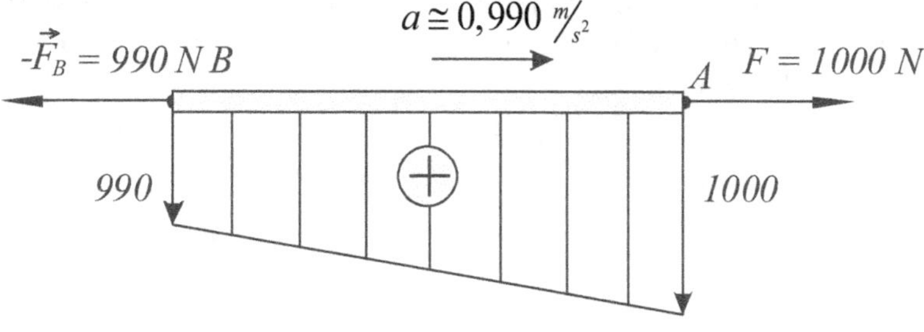

(la barra o lanza está traccionada, pero NO en equilibrio).

*Hagamos un comentario más sobre las interpretaciones*: la ecuación, de Newton:

$$(7)\ \vec{R} = m\frac{d^2\vec{r}}{dt^2}\ \text{ Es una EC. DIFERENCIAL de 2do. ORDEN}$$

Por lo que el alumno debe saber de ecuaciones diferenciales diremos que resolver (7), supuesto dados como datos $\vec{R}$ y $m$, significa hallar una función VECTORIAL $\vec{r}$ que satisfaga a (7). Pero como esta ecuación es de 2do. orden implica dos integraciones que arrojan dos constantes arbitrarias $\vec{C}_1$ y $\vec{C}_2$ (aquí son vectoriales), de modo que la SOLUCIÓN GENERAL tiene la forma $\vec{r}\left(t, \vec{C}_1\, y\, \vec{C}_2\right)$. A su vez $\vec{r}\left(t, \vec{C}_1\, y\, \vec{C}_2\right)$ es una función que corresponde a una FAMILIA de trayectorias y no a una sola como corresponde a un problema particular... ¿Cómo encontrar la trayectoria de "nuestro" problema? Para ello hay que conocer, además de la fuerza $\vec{R}$ y la masa $m$, la posición $\vec{r}$ y la velocidad $\dot{\vec{r}}$ de la partícula en algún instante $t$ definido (en general se suele dar para $t = 0$ y se denominan CONDICIONES INICIALES).

Así es posible reemplazar las dos constantes arbitrarias $\vec{C}_1\, y\, \vec{C}_2$ por los valores particulares, resultando la SOLUCIÓN PARTICULAR de la forma $\vec{r}\left(t, \vec{r}(0), \dot{\vec{r}}(0)\right)$, es decir, "nuestra trayectoria".

Todo lo anterior puede ser resumido así:

"No sólo las fuerzas determinan la trayectoria de una partícula, sino también las condiciones iniciales de posición y velocidad". Los alumnos que no tienen siempre presente ésto suelen tener dificultades para "entender" la mecánica. Ejemplo (Fig. 19a y b): tanto en (a) como en (b) la fuerza actuante es el peso $\vec{P}$ sin embargo en (a) la trayectoria es rectilínea vertical (ora ascendente, ora descendente), y en (b) es una parábola ¿Por qué?, porque son distintas las velocidades iniciales.

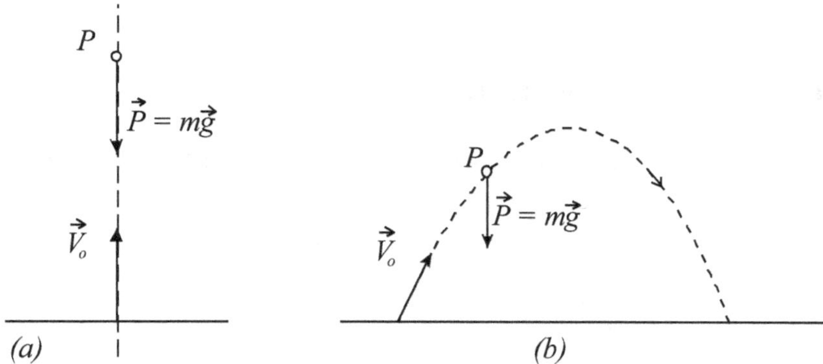

Fig. 19

### *Movimiento rectilíneo de una partícula:*

Si la trayectoria de una partícula es recta se puede elegir un S.C. cartesiano tal que uno de sus ejes (por ej. el x) coincida con la trayectoria, de modo que en lugar de escribir vectorialmente:

$$\vec{R} = m\,\frac{d^2\,\vec{r}}{d\,t^{2}}$$

Lo haremos escalarmente:

$$R = m\,\frac{d^2\,x}{d\,t^{2}}$$ (¡Cuidado! ESCALAR no significa módulo, pues aquí R o

x pueden ser + o -).

En general la fuerza R puede depender de la posición x, de la velocidad $\dot{x}$ y del tiempo t, o sea:

$$R\left(x,\,\dot{x},\,t\right) = m\,\frac{d^2\,x}{d\,t^{2}}$$ . En casos, así de generales, suele resultar difícil la

integración.

<u>Nota:</u> Aún podríamos pensar en R función de la aceleración $\ddot{x}$ pero no trataremos ésto aquí.

Para no complicar estudiaremos casos en que R es función sólo de una variable.

## Fuerza función solo del tiempo:

Significa que en un instante t de tiempo la fuerza F sobre la partícula no depende de la posición en el eje x, así:

$$m\frac{d^2x}{dt^2}\;F\,(t)\quad\text{o bien}$$

$$\frac{d^2x}{dt^2}=\frac{F(t)}{m}\,,\quad\text{integramos dos veces:}$$

$$\text{para }\;t=t_0,\;V=\frac{dx}{dt}=V_0,\text{ luego }\int_{V_0}^{V}\frac{dV}{dt}\cdot dt=\int_{t_0}^{t}\frac{F(t)}{m}\cdot dt$$

$$\text{o sea }(V-V_0)=\int_{t_0}^{t}\frac{F(t)}{m}\cdot dt,\text{ o bien}$$

$$V=\int_{t_0}^{t}\frac{F(t)}{m}\cdot dt+V_0,\text{ pero }V=\frac{dx}{dt}$$

Integrando otra vez con $x = x_0$ para $t = t_0$:

$$\int_{x_0}^{x}\frac{dx}{dt}\cdot dt=\int_{t_0}^{t}V_0\,dt+\int_{t_0}^{t}\left[\int_{t_0}^{t}\frac{F(t)}{m}\cdot dt+V_0\right]\cdot dt,\quad\text{quedando}$$

$$x=x_0+V_0\,(t-t_0)+\int_{t_0}^{t}\left[\int_{t_0}^{t}\frac{F(t)}{m}\cdot dt\right]\cdot dt$$

Las integrales, claro está, se podrán resolver si conocemos la función $F\,(t)$. He aquí las dos constantes $x_0$, $V_0$ (condiciones iniciales).

<u>Ejemplo:</u> Sobre una carga eléctrica q, de masa m, actúa una única fuerza proveniente de un campo eléctrico $\vec{E}$ especialmente uniforme, paralelo al eje x, dependiente del tiempo, en la forma:

$E(t) = E_{max} \cos(\omega t - \psi)$ Donde $E_{max}$ es la amplitud, $\omega = 2\pi f$ es la frecuencia angular y $\psi$ la fase inicial, lo que significa que para t = 0 el campo vale E (0) = $E_{max} \cos \psi$. Hallar la posición x como función del tiempo, suponiendo que la carga está en el origen y sin velocidad para $t_0 = 0$.

**<u>Solución:</u>** resolvemos:

$$x = \int_0^t \left[ \int_0^t \frac{F(t)}{m} \; dt \right] \cdot dt \; \text{con} \; F(t) = q \; E_{max} . \cos(\omega t - \psi)$$

Pues aquí es $x_0 = 0$, $V_0 = 0$, $t_0 = 0$ y la fuerza de campo es $\vec{F} = q\,\vec{E}$. Resulta al integrar (compruébelo el alumno):

$$x(t) = -\frac{q \, E_{max}}{m \, \omega^2} \cdot \cos(\omega t - \psi) + \left( \frac{q \, E_{max}}{m \, \omega} \cdot sen \, \psi \right) \cdot t + \frac{q \, E_{max}}{m \, \omega^2} \cdot \cos \psi$$

Es decir, una superposición de dos funciones de t más una cte.

Si $\psi = 0$ resulta $x(t) = -\dfrac{q \, E_{max}}{m \, \omega^2} \cos \omega t + \dfrac{q \, E_{max}}{m \, \omega^2}$, o sea la partícula oscila

alrededor de la posición media $\dfrac{q \, E_{max}}{m \, \omega^2}$ con amplitud $\dfrac{q \, E_{max}}{m \, \omega^2}$; pero si $\psi \neq 0$ aparece aparte del término oscilatorio, un movimiento de traslación dado por $\left[ \dfrac{q \, E_{max}}{m \, \omega} . sen \, \Psi \right] . t$ El alumno debe tratar de graficar x (t). Este estudio tiene importancia en el efecto de campos electromagnéticos en iones libres (por ej.: propagación de ondas electromagnéticas en la ionosfera).

## Fuerza que depende solo de la velocidad

Cuando existe un movimiento relativo entre una partícula y un fluido (líquido o gas) aparece sobre la partícula una fuerza de sentido contrario al sentido de la vector velocidad relativa $\vec{V}$ (fuerza resistente o de "arrastre"). Esta fuerza tiene una intensidad (o módulo) que es proporcional a la intensidad de la velocidad afectada de alguna potencia en general, de modo que podemos escribir:

$|\vec{F}| = K |\vec{V}|^n$ Donde K es una constante que podemos llamar "coeficiente de resistencia o de arrastre" y $n$ un exponente. Las experiencias de la mecánica de los fluidos muestran que son comunes los casos en que n=1 ó 2.

**El caso n = 1**, de modo que $\vec{F} = -K\vec{V}$, se da cuando la partícula se mueve en un medio VISCOSO (en general para un "número de Reynolds bajo").

Se denomina ley de Stokes y se escribe para el caso de una partícula de radio r en un fluido de VISCOSIDAD $\eta$:

$$\vec{F} = -\left(6\,\pi\,r\,\eta\right)\,\vec{V}$$

**El caso n = 2**, de modo que $|\vec{F}| = K |\vec{V}|^2$ ($\vec{V}^2$ ya no es vector pues $\vec{V}^2 = \vec{V}.\vec{V}$ donde el punto indica producto escalar), se da para un número de Reynolds alto donde importa más la densidad del fluido que la VISCOSIDAD. (Para más detalles consultar el breve pero claro libro de Ascher H. Shapiro: FORMAS Y FLUIDOS (Editorial Eudeba).

Ejemplo: (caso n = 1). Sea una partícula de masa m que cae en un medio viscoso siguiendo la ley de Stokes (en primera aproximación puede valer para un paracaidista). (fig. 20). Suponer gravedad $\vec{g}$ uniforme. Hallar la velocidad de la partícula como función del tiempo.

**Solución:** En la figura 20 se supone que la velocidad es hacia abajo. La ley de Newton escrita con componentes escalares S/x es:

$$m\,g - k\,v = m\,\frac{d^2 x}{d\,t^2}$$ Podemos escribirla en términos de velocidad

$V = \dfrac{dx}{dt}$   $m\,g - k\,v = m\,\dfrac{dV}{dt}$ , en estos términos es una ecuación diferencial de primer orden en V que se integra fácilmente previa "separación" de variables. Supondremos que para $t = 0$ es $V = V_0$. Sin comentarios efectuemos una serie de pasos algebraicos: corregir gráfico

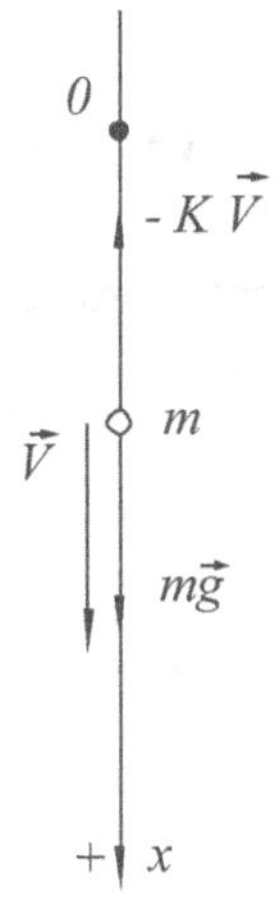

$$m\frac{dV}{dt} = K\left(\frac{m\,g}{K} - V\right); \frac{dV}{dt} = \frac{K}{m}\left(\frac{mg}{K} - V\right)$$

$$\frac{dV}{\frac{K}{m}\left(\frac{m\,g}{K} - V\right)} = dt \quad \text{o bien}$$

$$\frac{dV}{\left(V - \frac{mg}{K}\right)} = -\frac{K}{m}dt$$

Fig. 20

Ya está lista para la integración miembro a miembro:

$$\int_{v_0}^{v} \frac{dV}{\left(v - \frac{m\,g}{K}\right)} = \frac{-K}{m} \int_0^t dt, \text{ resulta:}$$

$$\left[\ell\eta\left(V - \frac{m\,g}{K}\right)\right]_{v_0}^{v} = -\frac{K}{m}\,t, \text{ o sea:}$$

$$\ell\eta\left(V - \frac{m\,g}{K}\right) - \ell\eta\left(V_0 - \frac{m\,g}{K}\right) = -\frac{K}{m}\,t \text{ ó bien:}$$

$$\ell\eta\left[\frac{V - \frac{m\,g}{K}}{V_0 - \frac{m\,g}{K}}\right] = -\frac{K}{m}\,t$$

Pasando a los antilogaritmos:

$$\frac{V - \frac{m\,g}{K}}{V_0 - \frac{m\,g}{K}} = e^{-\frac{K}{m}\,t}, \quad \text{luego, finalmente:}$$

$$\left( V\left(t\right) = \frac{m\,g}{K} + \left( V_0 - \frac{m\,g}{K} \right) e^{-\frac{k}{m}t} \right)$$

Concepto de <u>Velocidad terminal o límite</u>: Para un tiempo "muy largo" (t → ∞) resulta $V_{\lim} = \dfrac{m\,g}{K}$ ; alcanzada esta velocidad, se equilibran la fuerza "motriz" que aquí es $\overrightarrow{mg}$ con la resistente $-K\vec{V}$ y la partícula prosigue moviéndose con $\vec{V} = cte.$ Podemos tratar tres casos según sea el valor y sentido de $\vec{V}_0$ :

*a*) $\vec{V}_0 = 0$ (La partícula parte del reposo) Así resulta:

$$V\left(t\right) = \frac{m\,g}{K}\left(1 - e^{-\frac{K}{m}t}\right) = V_{\lim}\left(1 - e^{-\frac{K}{m}t}\right)$$

Para un tiempo $t = \dfrac{m}{K}$ resulta:

$$V\left(\frac{m}{K}\right) = V_{\lim} \cdot \left(1 - e^{-1}\right)$$ O sea aproximadamente en ese tiempo la partícula alcanza el 63% de la velocidad límite (fig. 21).

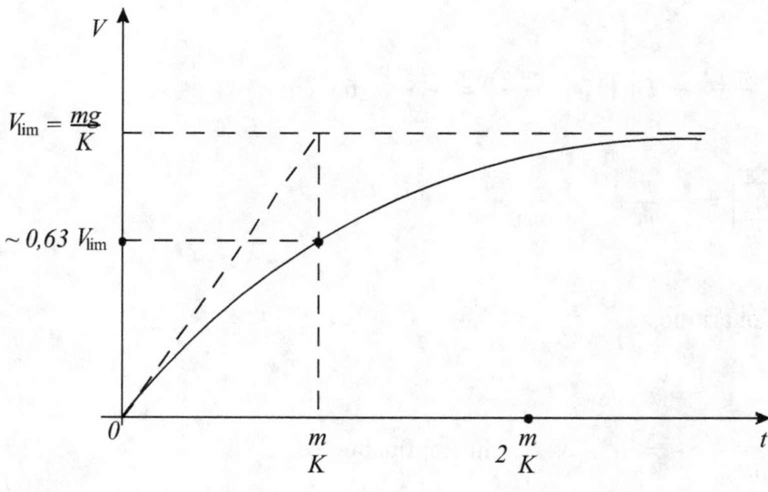


Fig. 21

$b) V_0 > V_{\lim}$. En este caso la fuerza resistente $\vec{F}$ es mayor que el peso $\overrightarrow{mg}$ de modo que tenemos una resultante entre $\overrightarrow{mg}$ y $\vec{F}$ que es "frenante", fig. 22. La velocidad cae hasta alcanzar el valor $V_{\lim}$ (fig. 23).

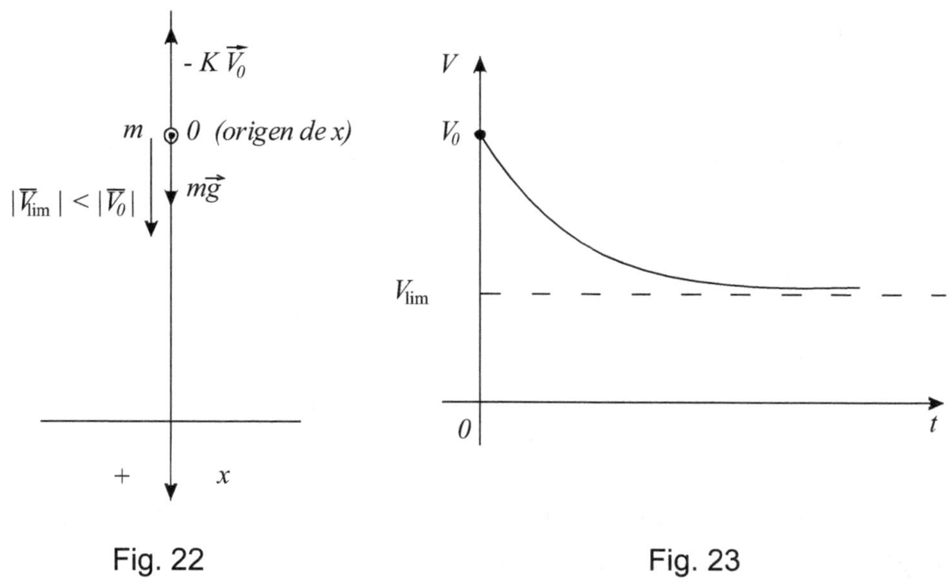

Fig. 22

Fig. 23

$c)$ $V_0$ hacia arriba: Primero sube hasta detenerse, luego desciende (Fig. 24). Cuando sube tanto el peso $\overrightarrow{mg}$ como $-K\vec{V}$ son fuerzas hacia abajo, de modo que tenemos una resultante "frenante" hacia abajo grande en relación a los casos anteriores.

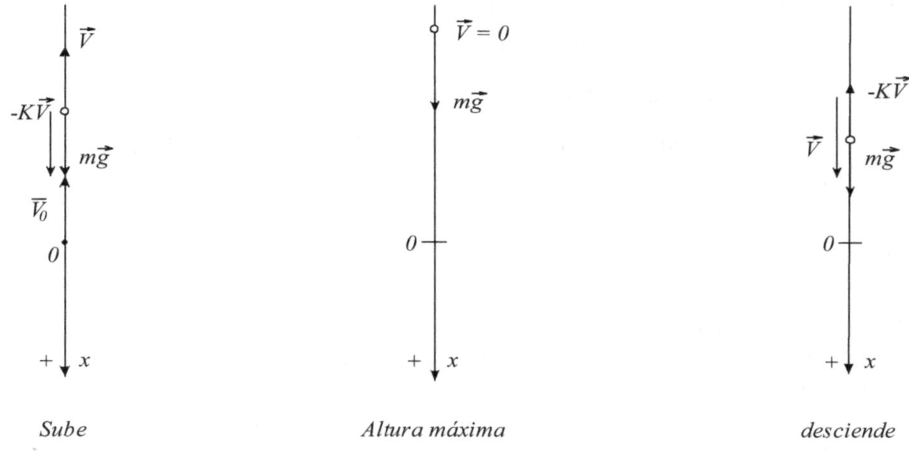

Fig. 24

En la fig. 25 se tiene la gráfica de $\vec{V}(t)$.

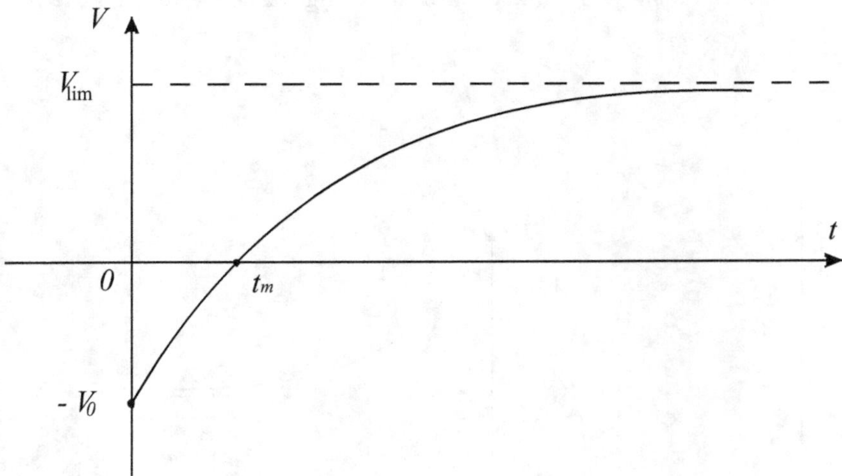


Fig. 25

Para calcular la altura máxima, dado un valor de $V_0$ hay que hallar $x(t)$ integrando nuevamente y luego reemplazar el tiempo $t$ por aquel en que se anula $\vec{V}\left(t_m \text{ en fig. } 25\right)$.

## Fuerza función solo de la posición
## Trabajo, energía cinética, potencial y mecánica.

Consideremos fuerzas $\vec{F}(x)$, es decir que sólo dependen de la posición de la partícula en el eje $x$. Aunque $x$ sea función del tiempo (como cuando hay movimiento) las fuerzas consideradas aquí no dependen explícitamente del tiempo (no son fuerzas del tipo $\vec{F}(x,t)$ , de modo que fijada la partícula en un punto, la fuerza permanece constante por más que transcurra el tiempo.

Los casos más importantes y conocidos son:

a)   Interacción gravitacional (Fig. 26).
b)   Interacción electroestática (y magneto estática) (Fig. 27).
c)   Interacción elástica (Fig. 28).

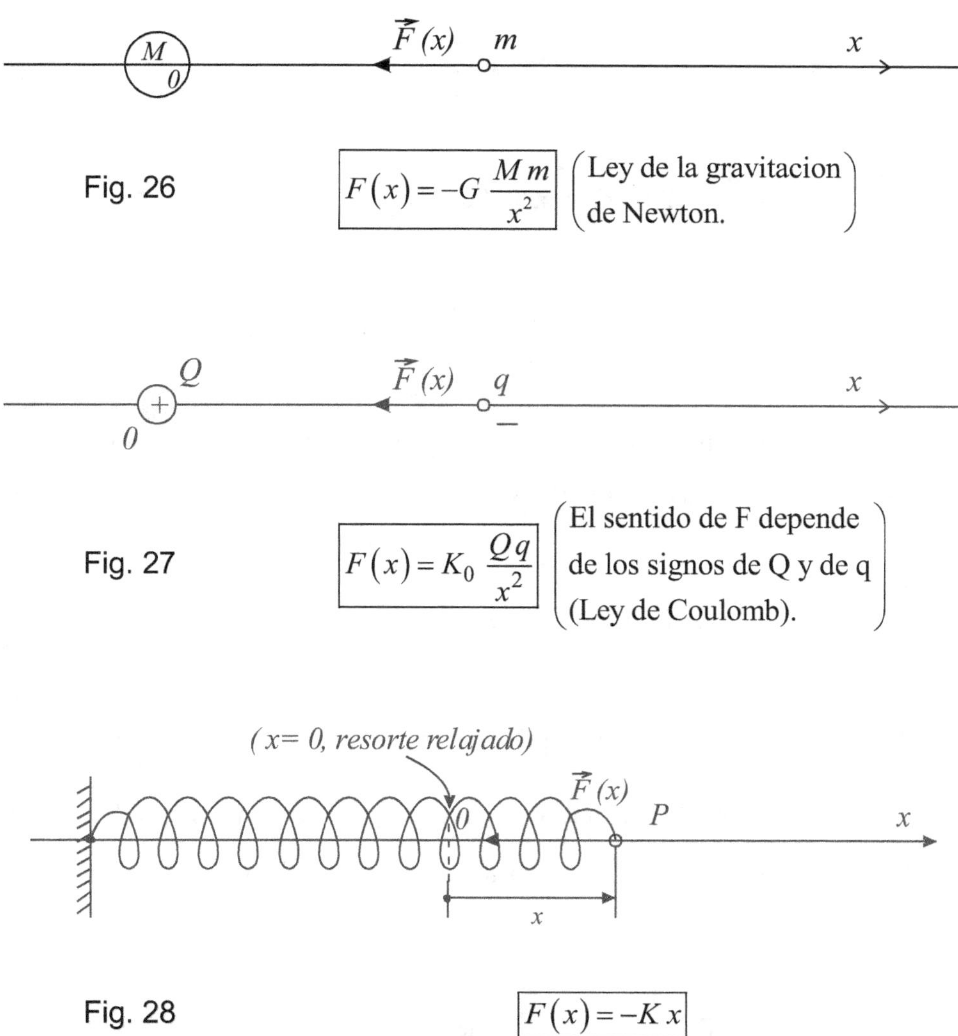



**Fig. 26**
$$F(x) = -G\,\frac{M\,m}{x^2}$$
$\left(\begin{array}{l}\text{Ley de la gravitacion}\\ \text{de Newton.}\end{array}\right)$

**Fig. 27**
$$F(x) = K_0\,\frac{Q\,q}{x^2}$$
$\left(\begin{array}{l}\text{El sentido de F depende}\\ \text{de los signos de Q y de q}\\ \text{(Ley de Coulomb).}\end{array}\right)$

**Fig. 28**
$$F(x) = -K\,x$$

En todos los casos, aunque sólo por ahora, supondremos que uno de los cuerpos (por ej. el que está en el origen), está en reposo respecto al S.R. elegido. De modo que cuando aquí hablemos de energía cinética ésta será de la partícula P con exclusividad. En el caso del resorte suponemos que éste no tiene masa propia. Estas suposiciones no serán necesarias cuando estudiemos la dinámica de los sistemas (cap. V) donde todo esto adquiere más generalidad.

Planteamos ahora la ecuación de Newton:

$$m \, \frac{d^2 x}{d t^2} \; = \; F\left(x\right), \text{ para integrar tengamos en cuenta que:}$$

$$\frac{d^2 x}{d t^2} = \frac{dV}{dt} \text{ Y además multipliquemos m.a.m. por dx:}$$

$$m \frac{dV}{dt} \, d x = F\left(x\right) d x, \text{ además } \frac{d x}{d t} = V, \text{ de modo que:}$$

$m \, V \, dV = F\left(x\right) dx$. Cuando la partícula P esté en $x = x_0$ tendrá en general la velocidad $V_0$ y cuando esté en $x$ tendrá la velocidad V así que integrando m.a.m. entre estos límites:

$$m \int_{V_0}^{V} V \, dV = \int_{x_0}^{x} F\left(x\right) dx \text{ La integral del primer miembro}$$

da: $\left(\dfrac{1}{2} \, m \, V^2 - \dfrac{1}{2} \, m \, V_0^2\right)$ que, como sabemos, es la variación de la ENERGÍA CINÉTICA $\left(E_c\right)$ de la partícula P experimentada entre $x_0$ y $x$ y anotaremos con $\Delta E_c$. La integral del segundo miembro es el TRABAJO de la fuerza $\vec{F}\left(x\right)$ entre $x_0$ y $x$ y que anotaremos $\tau_{x_0 \to x}$ de modo que:

$$\left[\tau_{x_0 \to x} = \Delta E_c\right] \text{ Es decir: "el trabajo de la fuerza resultante } \vec{F}\left(x\right) \text{ es igual a}$$

la variación de la energía cinética o teorema de las "FUERZAS VIVAS". En el capítulo siguiente se demostrará que es válido para todo tipo de fuerzas y no sólo para $\vec{F}\left(x\right)$.

### *Energía potencial. Concepto:*

Supongamos por momentos que sobre P actúa una fuerza $\vec{F}_{ext}\left(x\right)$ causada por algún sistema exterior al que estamos estudiando, tal que para todo x sea:

$\vec{F}_{ext}(x) = -\vec{F}(x)$, o sea, en equilibrio con la fuerza de interacción estudiada (por ej. elástica, Fig. 25).

La partícula P se moverá entonces con velocidad constante y no habrá variación de la energía cinética.

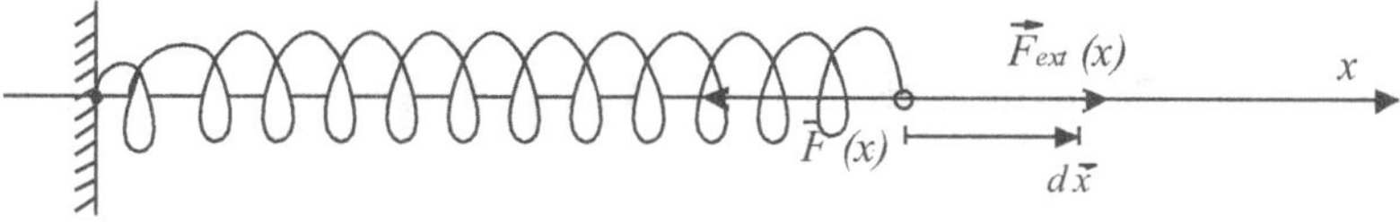


Fig. 29

Cuando $\vec{F}_{ext}$ deforme el resorte un $d\vec{x}$, efectuará el sistema exterior un trabajo $d\tau_{ext} = \vec{F}_{ext}.d\vec{x}$ (el punto indica producto escalar).

Si $d\vec{x}$ tiene el sentido de $\vec{F}_{ext}$ este trabajo es positivo e implica el "paso" de energía del sistema exterior al que estamos estudiando (resorte – partícula).

Esta energía no se pierde sino que ha contribuido a aumentar la ENERGÍA POTENCIAL (elástica) $E_P$ del sistema y podemos escribir, ya que hay variación de energía cinética, que:

$$d\tau_{ext} = dE_P$$

Es claro (ver fig. 29) que la fuerza de interacción $\vec{F}(x)$ efectúa un trabajo de signo contrario al exterior, de modo que:

$$(8) \qquad \boxed{F(x)\, dx = -d\, E_P}$$

Lo dicho aquí vale para todos los sistemas. Resumiendo: la fuerza de interacción $\vec{F}(x)$ del sistema en estudio efectúa trabajo a "expensas" de la energía potencial que "posee" tal sistema.

Note el estudiante que la energía potencial la asociaremos al SISTEMA y no a la partícula P exclusivamente. No se posee criterio (ni quizás convenga crearlo) que permita "repartir" la energía potencial entre los cuerpos que integran el sistema: esto está muy vinculado con el concepto de CAMPO (gravitacional, magnético, elástico, etc.) y este concepto supone una DISTRIBUCION ESPACIAL de la energía.

***Conservación de la energía mecánica:***

Supongamos que sobre P sólo actúa $\vec{F}(x)$: por (8) tenemos:

$$F(x)\,dx = -d\,E_P \quad \text{Y por el teorema de las fuerzas vivas:}$$

$$d\,\tau = F(x)\,dx = d\,E_c, \text{ de modo que:}$$

$$d\,E_c = -d\,E_P \text{ ó bien:}$$

$$d\left(E_c + E_P\right) \equiv 0, \text{ lo que significa que:}$$

$$(9) \qquad \boxed{E_c + E_P = cte.}$$

Es decir, "la suma de energía cinética y potencial, denominada energía mecánica, se mantiene constante durante el movimiento con tal que sólo estén presentes fuerzas de posición". Explícitamente podemos escribir:

$$\frac{1}{2}\,m\,V_0^2 + E_P(x_0) = \frac{1}{2}\,m\,V^2 + E_P(x) = cte$$

Este teorema tiene gran importancia en la resolución de problemas, como veremos en un ejemplo.

Existen interacciones (como las fuerzas $\vec{F}(t), \vec{F}(\vec{V})$) que transforman energía mecánica en otro tipo y viceversa. Es claro que en estos casos no es válida la (9) sino un PRINCIPIO más general: el de conservación de la energía en todas sus formas. Además hay que tener precaución en los sistemas electromagnéticos-mecánicos: el sistema eléctrico de la fig. 27 conserva la energía mecánica si las partículas se mueven con velocidad constante, no así si hay aceleraciones, pues toda carga acelerada emite energía electromagnética en forma de ondas (teoría de Maxwell). Últimamente también se supone que una masa gravitacional acelerada emite energía en forma de ondas gravitacionales.

***Ejemplo de conservación de la energía mecánica:***

Un collar C de 10 Kg. de masa se desliza sin rozamiento en una varilla vertical como se muestra en la Fig. 30. El resorte acoplado al collar tiene una longitud natural de 0,1 m y una constante de rigidez K = 6 N/cm. Si el collar parte del reposo en la posición 1, determinar su velocidad después de que se ha desplazado 0,15 m hacia la posición 2.

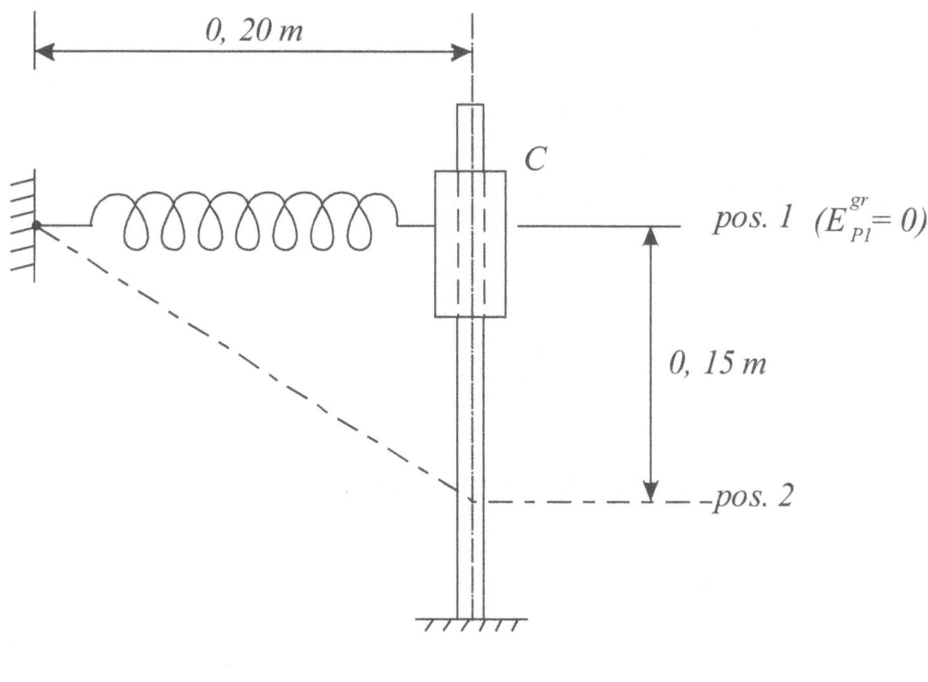


Fig. 30

## Solución:

*Pos. 1: energía potencial:* La elongación del resorte es de $x_1=0,1$ m de modo que posee una energía potencial <u>elástica</u> dada por:

$$E_{p1}^{e1} = \frac{1}{2}\, K\, x_1^2 = \frac{1}{2} \cdot \frac{6\,N}{10^{-2}m}\, 10^{-2}\, m^2 = 3\,Joul$$

Tomando la pos. 1 como nivel arbitrario de energía potencial <u>gravitacional</u> nula, tendremos:

$$E_{p1} = E_{p1}^{e1} + E_{p1}^{gr} = 3\,Joul$$

_Energía cinética:_ como $V_1 = 0 \rightarrow E_{cl} = 0$

<u>Pos. 2:</u> La elongación del resorte en esta posición es:

$$x_2 = 0,25m - 0,10m = 0,15m.,\text{ luego la energía potencial elástica es:}$$

$$E_{p2}^{e1} = \frac{1}{2} \cdot \frac{6\,N}{10^{-2}m}\,(1,5)^2 \cdot 10^{-2}\,m^2 = 6,75\,Joul.$$

Y la energía potencial gravitacional ha disminuido:

$$E_{p2}^{gr} = -10\ x\ 9,8\ x\ 0,15\,Joul = -14,7\,Joul$$

Luego la energía potencial en esta posición 2:

$$E_{p2} = E_{p2}^{e1} + E_{p2}^{gr} = 6,75\,Joul - 14,7\,Joul = -7,95\,Joul.$$

Apliquemos el principio de conservación de la energía mecánica:

$$\frac{1}{2}\,m\,V_1^2 + E_{p1} = \frac{1}{2}\,m\,V_2^2 + E_{p2}$$

$$0 + 3\,Joul = \frac{1}{2}\,m\,V_2^2 - 7,95\,Joul,\text{ luego despejando}$$

$$\left[ V_2 = \sqrt{\frac{10,95\ Joul}{5\,Kg}} \cong 1,48\ m/s \right]$$

**_Caso gravitacional. Velocidad de escape. Energía potencial gravitacional:_**

Supongamos una esfera homogénea A, de radio R y masa M, en reposo respecto a un S.R.I. (Fig. 31). Podríamos, en primera aproximación, pensar en nuestro planeta, salvo que éste gira, no es homogéneo, ni esférico.

La fuerza de interacción gravitacional de P con A tiene un módulo dado por:

$\left|\vec{F}(x)\right| = G\dfrac{Mm}{x^2}$ Donde G es la constante de gravitación universal, además $x \geq R$ (luego trataremos el caso en que $x < R$).

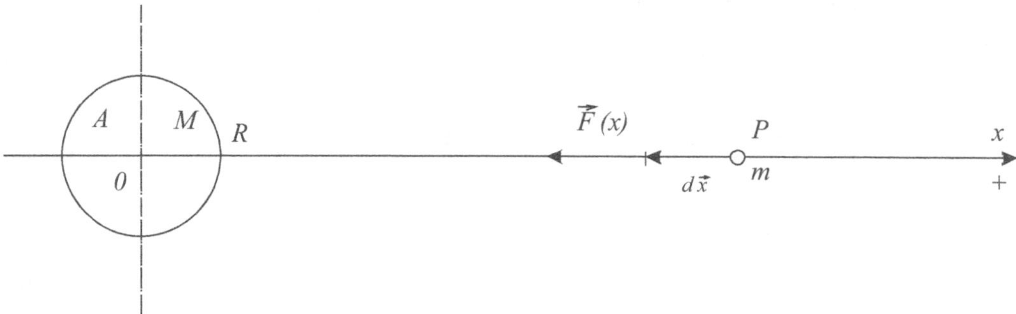



Fig. 31

El trabajo de $\vec{F}(x)$ desde cualquier $x > R$ hasta $x = R$ se calcula integrando $d\tau = \vec{F}(x).d\vec{x} = \left|\vec{F}(x)\right|.\left|d\vec{x}\right|$ entre los límites x y R y luego cambiando de signo porque integramos en sentido contrario al positivo, o sea:

$$\tau_{x \to R} = -\int_x^R \left|F(x)\right|.\left|dx\right| = -GMm\int_x^R \frac{dx}{x^2} \text{ , resultando}$$

$$\boxed{\tau_{x \to R} = GMm\left(\frac{1}{R} - \frac{1}{x}\right)}$$

El trabajo desde el infinito hasta $x = R$ (superficie de la esfera) es:

$$\boxed{\tau_{\infty \to R} = \frac{GMm}{R}}$$

Es claro que al moverse la partícula P desde el $\infty$ a la superficie ha disminuido la energía potencial en lo que ha trabajado $\vec{F}(x)$ (fórmula 8) o sea:

$$\Delta E_P = -\frac{G\,M\,m}{R}$$

_Velocidad de "escape":_ ¿Qué velocidad mínima $V_{esc}$ tiene que poseer P en la superficie de A para que a expensas sólo de su energía cinética se aleje indefinidamente de A? se supone que estos cuerpos están en el vacío, es decir, no hay disipación de energía mecánica.

_Respuesta:_ Es claro que $\dfrac{1}{2}\,m\,V_{esc}^2 = \dfrac{G\,M\,m}{R}$, luego

$$V_{esc} = \sqrt{\frac{2G\,M}{R}} \quad \text{(No depende de m).}$$

_Caso $x < R$:_ Veamos, sin mayores detalles matemáticos, lo que ocurre en el interior de A, es decir para $x < R$ (fig. 32).

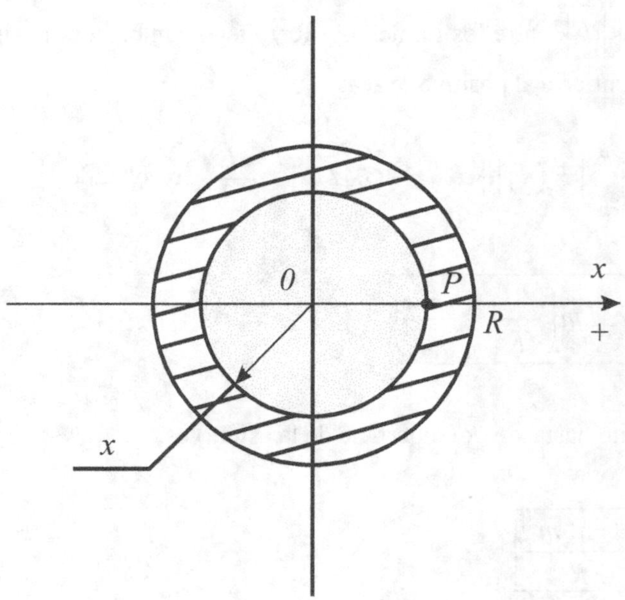



Fig. 32

Se demuestra fácilmente (ver Resnick – Halliday, tomo I, cap. 16-6) que el "cascarón" rayado no ejerce fuerza gravitacional neta sobre P, de modo que sólo actúa la fuerza gravitacional del resto no rayado, cuya masa es:

$$M_{res} = \frac{4}{3}\,\pi x^3 \delta \text{, donde } \delta \text{ es la densidad de A.}$$

Así, la fuerza sobre P está dada por la ley de Newton:

$$\left|\,\vec{F}(x)\,\right| = G\,\frac{M_{res}\,m}{x^2} = G\cdot\frac{4}{3}\,\pi\cdot\frac{x^3\,d\,m}{x^2} \text{, o sea}$$

$$\left|\,\vec{F}(x)\,\right| = \left(\frac{4}{3}\,\pi G \delta m\right) x \text{, es decir, la fuerza gravitacional para } x < R \text{ es}$$

proporcional directamente a $x$ y no a $1/x^2$.

Calculemos el trabajo $\vec{F}(x)$ desde $x < R$ hasta $x = 0$ (centro de A):

$$\tau_{x\to 0} = -\int_x^0 \left|\,\vec{F}(x)\,\right|\,\left|\,d\vec{x}\,\right| = -\frac{4}{3}\,\pi\,G\,\delta\,m \int_x^0 x\,dx$$

$$\boxed{\tau_{x\to 0} = \frac{4}{3}\,\pi\,G\,\delta\,m\left(\frac{x^2}{2}\right)}$$

Para $x = R$:

$$\tau_{R\to 0} = \frac{4}{3}\,\pi\,G\,\delta\,m\,\frac{R^2}{2} \text{, multiplicando numerador y denominador por R:}$$

$$\tau_{R\to 0} = \frac{4}{3}\,\pi\,G\,\delta\,m\,\frac{R^3}{2R} = \frac{G\,M\,m}{2R} \text{, o sea que:}$$

$$\tau_{R\to 0} = \frac{1}{2}\,\tau_{\infty\to R}$$

El trabajo total desde el $\infty$ al centro de A es:

$$\tau_{\infty \to 0} = \frac{G\,M\,m}{R} + \frac{1}{2}\,\frac{G\,M\,m}{R} = \frac{3}{2}\cdot\frac{G\,M\,m}{R}$$

De modo que la disminución de energía potencial desde el $\infty$ al centro es:

$$(10) \quad \Delta E_p = -\frac{3}{2}\,\frac{G\,M\,m}{R}$$

La mínima energía potencial del sistema (A, P) se tiene cuando P está en el centro de A. Se le puede asignar el valor cero o bien el dado por (10); esto último es lo que se acostumbra (de todos modos lo que interesa son las variaciones de $E_P$ y no sus valores absolutos).

Además se acostumbra a trabajar con la energía potencial dividida por la masa de $P : \dfrac{E_p}{m} = U$, que denominamos POTENCIAL GRAVITATORIO (causado por la masa de A.)

En la fig. 33 se representa U en función de x en la forma habitual. Note el alumno el cambio de función para $x = R$.

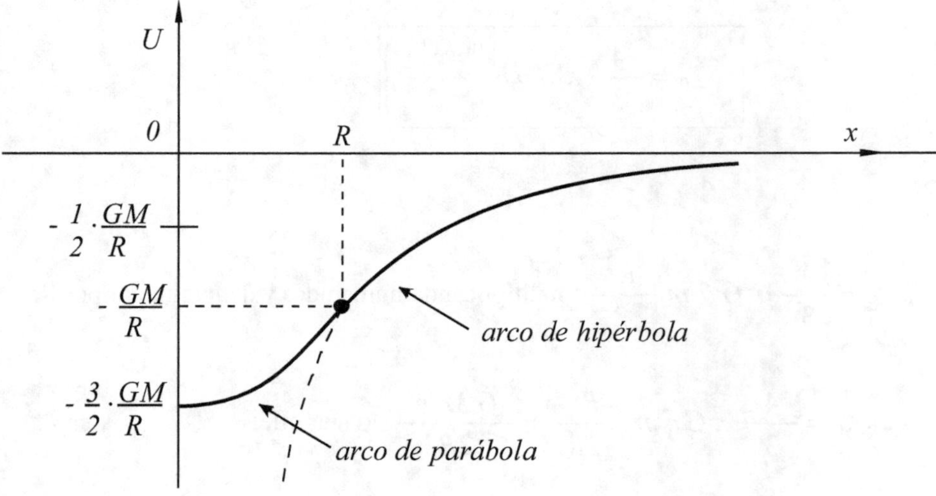


Fig. 33

<u>Para $0 \leq x \leq R$</u>: $U(x) = - \dfrac{3}{2}\left(\dfrac{GM}{R}\right) + \dfrac{4}{3}\,\pi G \delta \left(\dfrac{x^2}{2}\right)$

<u>Para $R \leq x$</u>: $U(x) = - \dfrac{GM}{R} + GM\left(\dfrac{1}{R} - \dfrac{1}{x}\right) = - \dfrac{GM}{x}$

Vemos que $U(x) \to 0$ para $x \to \infty$ de modo que $U$ es máxima para $x \to \infty$, pero este máximo es CERO, el mínimo es negativo y vale $-\dfrac{3}{2}\left(\dfrac{GM}{R}\right)$ en el centro de A. Esta gráfica puede desplazarse hacia arriba o hacia abajo cualquier valor, sin que importe, pues lo que interesa, como ya hemos dicho, es $\Delta U$.

En la fig. 34 se representa $\left| \vec{F}(x) \right|$. Entre U y F existe la relación dada por (8):

$$\left| \vec{F}(x) \right| = \left| \dfrac{dE_p}{dx} \right| = m \left| \dfrac{dU}{dx} \right| \text{, o bien en forma vectorial}$$

$$\vec{F}(x) = -m\,\dfrac{dU}{dx}\,\vec{i}\text{ , (Donde } \vec{i} \text{ es un versor sobre el eje x), sabemos que}$$

$\dfrac{dU}{dx}\vec{i}$ es el GRADIENTE de U, que, en este caso, es unidimensional. En el capítulo siguiente se generaliza.

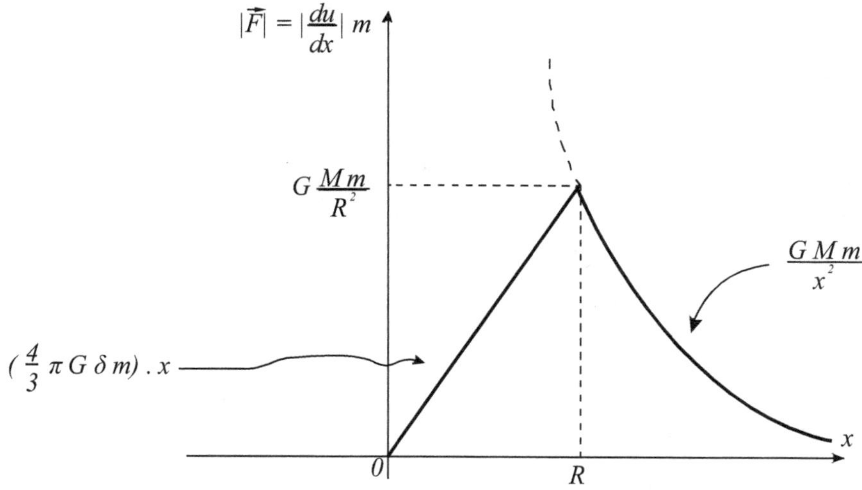


Fig. 34

# Capítulo II: Movimiento curvilíneo

En este capítulo generalizamos algunos resultados hallados en los subtemas del capítulo anterior.

## Teorema del trabajo y la energía cinética o de las "fuerzas vivas"

En la fig. 35 se representa la partícula P con su trayectoria $\vec{r}(t)$. Sobre P actúa una resultante $\vec{R}$ de fuerzas de interacción de cualquier tipo, por ejemplo $\vec{R}\left(\vec{r},\dot{\vec{r}},t\right)$, es decir, función de la posición $\vec{r}$, de la velocidad $\dot{\vec{r}}$ y del tiempo $t$. Al producirse un desplazamiento $d\vec{r}$, $\vec{R}$ realiza un trabajo $d\tau$ dado por el producto escalar: $\vec{R}.\overrightarrow{dr}$. El trabajo desde un punto 1 a otro 2 de la trayectoria está dado por la integral curvilínea realizada sobre la trayectoria:

$$\tau_{i\to 2} = \int_{1\to 2}\vec{R}.d\vec{r}$$ , integral que se podrá resolver si se conoce la trayectoria $\vec{r}(t)$ pues así puede reemplazarse:

$$d\vec{r} = \vec{V}dt = \dot{\vec{r}}dt$$ Y se integra así según el tiempo t (entre $t_1$ y $t_2$), de modo que t sería el parámetro de integración.

Por la Ley de Newton tenemos: $\vec{R} = m\vec{a} = m\dfrac{d\vec{V}}{dt}$ , luego

$$\tau_{1\to 2} = m\int_{\vec{V}_1}^{\vec{V}_2}\frac{d\vec{V}}{dt}\cdot d\vec{r} = m\int_{\vec{V}_1}^{\vec{V}_2}\vec{V}\cdot d\vec{V} = \frac{m}{2}V_2^2 - \frac{m}{2}V_1^2$$

O sea, $\tau_{1\to 2} = \Delta E_c$ , resultando ya conocido, pero aquí demostrado SIN RESTRICCION sobre el tipo de fuerzas.

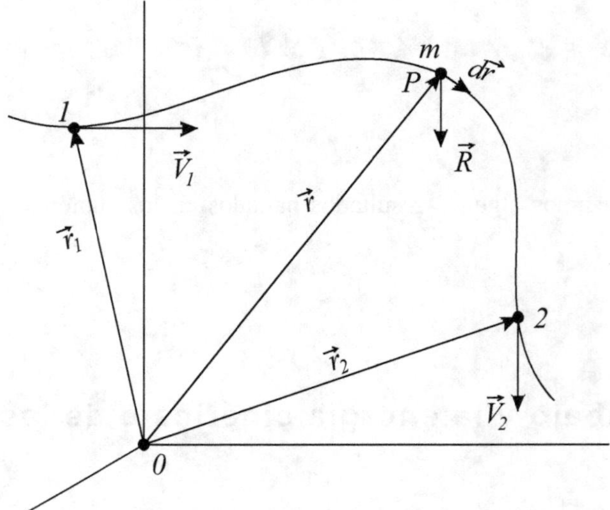



Fig. 35

***Fuerzas conservativas. Función potencial escalar.***

Se denominan fuerzas conservativas aquellas cuyo trabajo en una trayectoria cerrada cualquiera es nulo:

$$\oint \vec{F} . d\vec{r} \equiv 0$$

Por análisis sabemos entonces que $\vec{F}.d\vec{r}$ debe ser el diferencial de una función escalar. En mecánica hacemos: $\vec{F}.d\vec{r} = -dE_p$ (el signo menos se justifica por (8)). Como el diferencial de una función $E_P(xyz)$ es:

$$dE_p = \frac{\partial E_p}{\partial x}\, dx + \frac{\partial E_p}{\partial y}\, dy + \frac{\partial E_p}{\partial z}\, dz, \quad \text{ademas}$$

$$d\vec{r} = dx\,\vec{i} + dy\,\vec{j} + dz\,\vec{k}, \quad \text{es claro que}$$

$$\vec{F} . d\vec{r} = F_x\, dx + F_y\, dy + F_z\, dz =$$

$$= -\left( \frac{\partial E_p}{\partial x}\, d\,x \;+\; \frac{\partial E_p}{\partial y}\, dy \;+\; \frac{\partial E_p}{\partial z}\, d\,z \right)$$

Entonces debe ser: $\vec{F} = -\left( \dfrac{\partial E_p}{\partial x}\, \vec{i} \;+\; \dfrac{\partial E_p}{\partial y}\, \vec{j} \;+\; \dfrac{\partial E_p}{\partial z}\, \vec{k} \right)$, es decir, el

GRADIENTE de $E_p$ cambiado de SENTIDO. Se anota brevemente:

$$\boxed{\vec{F} = -\nabla E_P}$$

En síntesis: cuando una  fuerza es conservativa se puede expresar como el gradiente de una energía potencial, cambiado de sentido. Habitualmente se trabaja con la fuerza sobre la masa $\left( \dfrac{\vec{F}}{m} \right)$ y se denomina CAMPO (gravitacional, eléctrico, etc.).

Nota: Aquí hemos dicho masa en un sentido general: masa gravitacional para el campo gravitacional, masa eléctrica q para el eléctrico, etc.

Cuando se cumple que:

$\oint \vec{F} . d\vec{r} \equiv 0$, entonces es fácil demostrar que el trabajo entre dos puntos 1 y 2 del espacio dominado por un campo $\vec{F}$ (fig. 36) no depende de la trayectoria empleada para ir de 1 a 2 pues, podemos descomponer la trayectoria cerrada $1 - \ell - 2 - m - 1$ y aprovechar el carácter aditivo de las integrales;

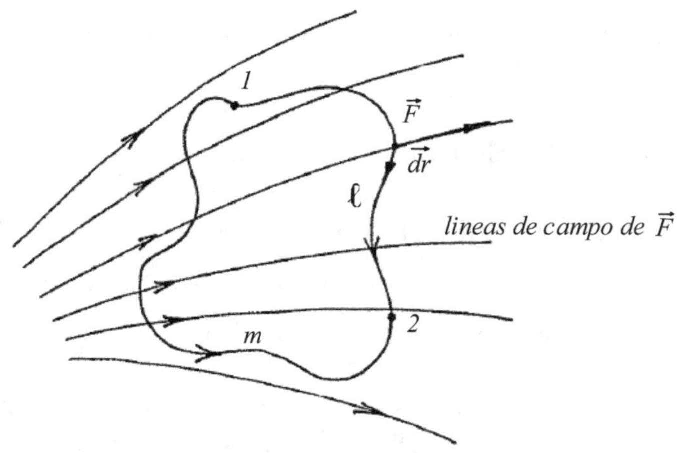


Fig. 36

$$\oint \vec{F}\,.\,d\vec{r} = \int_{1-\ell-2} \vec{F}\,.\,d\vec{r} + \int_{2-m-1} \vec{F}\,.\,d\vec{r} \equiv 0 \text{, luego}$$

$$\int_{1-\ell-2} \vec{F}\,.\,d\vec{r} = - \int_{2-m-1} \vec{F}\,.\,d\vec{r} = + \int_{1-m-2} \vec{F}\,.\,d\vec{r}, \quad \text{con} \quad \text{lo} \quad \text{que}$$

queda demostrado que el trabajo de $\vec{F}(\vec{r})$ es igual tanto para el trayecto *1 - ℓ - 2* como para el *1 - m - 2*.

***Conservación de la energía mecánica:***

La conservación de la energía mecánica $E_m = E_p + E_c$ resulta de lo anterior y del teorema de las fuerzas vivas, en efecto:

$$d\tau = \vec{F}\,.\,d\vec{r} = -\nabla E_P\,.\,d\vec{r} = -dE_p \text{ Y además por el teorema:}$$

$$d\tau = d E_c \qquad \text{, de modo que}$$

$$d E_c = - d E_p \qquad \text{, o bien}$$

$$d\,(E_C + E_P) = 0 \text{ Que implica}$$

$$E_c + E_p = cte. \qquad \text{(Independiente de } \vec{r} \text{), reencontrando un resultado ya}$$

conocido, pero aquí para cualquier trayectoria.

<u>Fuerzas no conservativas:</u> Por oposición a la definición de fuerzas conservativas diremos que las fuerzas son NO conservativas si:

$$\oint \vec{F}\,.\,d\vec{r} \neq 0 \text{ Para alguna trayectoria cerrada.}$$

Es importante aclarar que estas propiedades son "globales" para el campo $\vec{F}$, es decir, puede ser $\oint \vec{F}\,.\,d\vec{r} \neq 0$ para una cierta trayectoria, pero no para otra y ya esto es suficiente para caracterizar al campo  como NO conservativo.

Si la integral es mayor que cero (positiva) significa que a lo largo de la trayectoria cerrada predominó el trabajo de fuerzas MOTRICES o dicho de otra forma: ha existido transformación de energía de algún tipo (electromagnética, por ejemplo) en mecánica, o sea, ésta ha aumentado. Si la integral es menor que cero (negativa) ocurrió lo contrario:

predominó el trabajo de fuerzas RESISTENTES y hubo transformación de energía mecánica en otro tipo, disminuyendo así la energía mecánica.

***Ejemplo típico de fuerzas no conservativas: rozamiento tipo Coulomb:***

El rozamiento "tipo Coulomb" es el que ocurre cuando un cuerpo SOLIDO desliza en contacto "seco" con otro sólido y reza así:

"estas fuerzas no dependen del MODULO de la velocidad relativa ni del área de contacto entre los cuerpos, dependen sí, de la fuerza $\vec{N}$ que presiona un cuerpo contra el otro y del estado de la superficie de contacto, en la forma:

$$\left| \vec{F}_{ROZ} \right| \leq \mu \left| \vec{N} \right|, \text{ donde } \mu \text{ es el coeficiente de rozamiento.}$$

Puede parecer a primera vista que son fuerzas que no dependen de la velocidad $\vec{V}$, pero no es así pues dependen del SENTIDO de la velocidad (aunque no del módulo): la $\vec{F}_{ROZ}$ por deslizamiento, siempre es contraria a la velocidad $\vec{V}$.

¿Cómo escribir ésto matemáticamente? Así:

$$\vec{F}_{ROZ} = -\left| \vec{F}_{ROZ} \right| \frac{\vec{V}}{\left|\vec{V}\right|} \text{ Donde claro está que } \frac{\vec{V}}{\left|\vec{V}\right|} \text{ es un vector unitario}$$

(versor) paralelo a $\vec{V}$ y el menos indica la oposición de sentidos entre $\vec{F}_{ROZ}$ y $\vec{V}$. El módulo $\left| \vec{F}_{ROZ} \right|$ ya lo hemos dado.

Resulta claro así que:

$$\oint \vec{F}_{ROZ} \cdot d\vec{r} = \oint \vec{F}_{ROZ} \cdot \vec{V} dt < 0, \text{ o sea que transforma la energía}$$

mecánica en otro tipo (calor).

## Movimiento de proyectiles de masa constante:

En la fig. 37 se muestra una partícula P de masa m que pasa por (o parte de) el origen de coordenadas con velocidad $\vec{V}_0$.

Suponemos que P se moverá en un campo de gravedad $\vec{g}$ uniforme e independiente del tiempo. Suponemos además que sobre P actúa sólo la fuerza de gravedad m $\vec{g}$. Elegimos el S.C. de modo que el plano (xy) contenga los vectores $\vec{V}_0$ y $\vec{g}$ y el eje $y$ sea paralelo a $\vec{g}$.

<u>Comentario:</u> El movimiento de proyectiles cerca de la superficie terrestre (por ej. de artillería) se diferencia notablemente del aquí estudiado por varias causas: existen fuerzas aerodinámicas resistentes que dependen de la velocidad y del estado de la atmósfera, el campo de gravedad no es uniforme, existen fuerzas inerciales de CORIOLIS (Cap. IV), el proyectil no es puntual y en general posee una rotación generándose otras fuerzas aerodinámicas. La consideración de estos factores en nuestro estudio alargaría este subtema más allá del tiempo disponible.

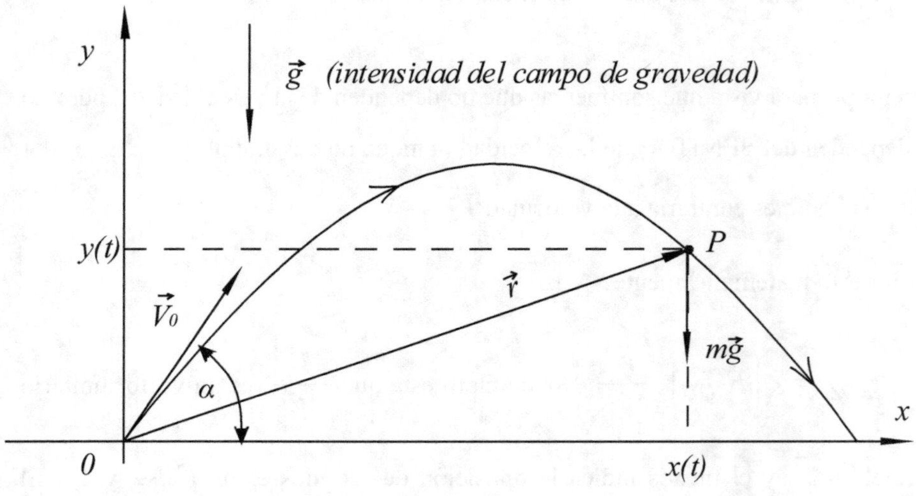


Fig. 37

Planteamos la ecuación de Newton:

$$m_i \frac{d^2\,\vec{r}}{d\,t^2} = m_G\,\vec{g}$$ , hemos puesto $m_i$ para indicar "masa inercial" y $m_G$ para indicar "masa gravitacional".

Esto no es habitual, lo hacemos así para que el alumno recuerde una cuestión conceptual importante: cuando un cuerpo es más pesado, es decir, cuanto más "masa gravitacional" posee también, inexorablemente, más fuerza se necesita para acelerarlo, es decir, más "masa inercial" posee. Esto constituye un hecho experimental reiteradas veces comprobado (por ej. por EÜTVOS).

En la mecánica clásica no existe ningún razonamiento que justifique tal hecho empírico. Decimos brevemente que la "masa inercial" es PROPORCIONAL a la "masa gravitacional": $m_i = k\, m_G$, pero habitualmente se utiliza el mismo patrón de medida para ambas (por ej. el kilogramo) de modo que se hace $m_i = m_G = m$ sin distinción. Esto lleva a simplificar m en ambos miembros de la ecuación de Newton:

$\dfrac{d^2 \vec{r}}{dt^2} = \vec{g}$, razón por la cual se tiene el conocido hecho de que todos los cuerpos caen en caída libre con la misma aceleración independientemente de su masa (Galileo).

Si escribimos lo mismo, pero por componentes escalares en un S.C. cartesiano ortogonal, tenemos:

$$\left. \begin{array}{l} \dfrac{d^2 x}{dt^2} = 0 \\[2em] \dfrac{d^2 y}{dt^2} = -\,g \\[2em] \dfrac{d^2 z}{dt^2} = 0 \end{array} \right\} \quad \text{que debemos integrar con las siguientes condiciones iniciales}$$

<u>Para t = 0:</u> $\vec{r}(0) = 0$; $\vec{V}_0 = \left(V_0 \cos \alpha\right) \vec{i} + \left(V_0\ sen\ \alpha\right) \vec{j} + 0$, donde $\alpha$ es el ángulo de "alzada" (Fig. 37).

La primera integración da la velocidad de P como una función del tiempo:

$$(11) \qquad \left\{ \begin{array}{l} \dfrac{dx}{dt} = V_0 \cos \alpha = cte \\[2em] \dfrac{dy}{dt} = -g\,t + V_0\ sen\ \alpha \\[2em] \dfrac{dz}{dt} = 0 \end{array} \right\}$$

Por la tercera tenemos que el movimiento ocurre en el plano (x y). Vectorialmente tenemos así:

$$\vec{V}(t) = \left(V_0 \cos \alpha\right)\vec{i} + \left(-gt + V_0\ sen\ \alpha\right)\vec{j}$$

Integrando nuevamente tenemos la posición $\vec{r}(t)$:

$$(12)\quad \vec{r}(t)\begin{cases} x(t) = \left(V_0\ \cos \alpha\right)t \\[2em] y(t) = -\dfrac{gt^2}{2} + \left(V_0\ sen\ \alpha\right)t \end{cases}$$

o sea:

$$\vec{r}(t) = \left(V_0\ \cos\alpha\right)t\,\vec{i} + \left[-\dfrac{gt^2}{2} + \left(V_0\ sen\ \alpha\right)t\right]\vec{j}$$

Interesante resulta redistribuir esta última suma así:

$$\vec{r}(t) = \left(V_0 \cos \alpha\right)t\,\vec{i} + \left(V_0\ sen\ \alpha\right)t\,\vec{j} + \left(-\dfrac{gt^2}{2}\,\vec{j}\right)$$

o bien

$$\vec{r}(t) = \vec{V_0}\,t + \dfrac{\vec{g}t^2}{2} \quad \text{pues } -g\,\vec{j} = \vec{g}$$

En la fig. 38 se tiene una interpretación conceptual: el movimiento de P puede ser interpretado como superposición de dos movimientos "más sencillos", uno rectilíneo y uniforme, con velocidad $\vec{V_0}$ (movimiento que el proyectil realizaría de no existir gravedad) y otro de caída libre, con aceleración $\vec{g}$.

El alumno debe así comprender que apenas el proyectil sale del cañón comienza a caer en caída libre. Esto es cierto para cualquier ángulo $\alpha$, aún para $\alpha = \pi/2$ (tiro vertical, fig. 39).

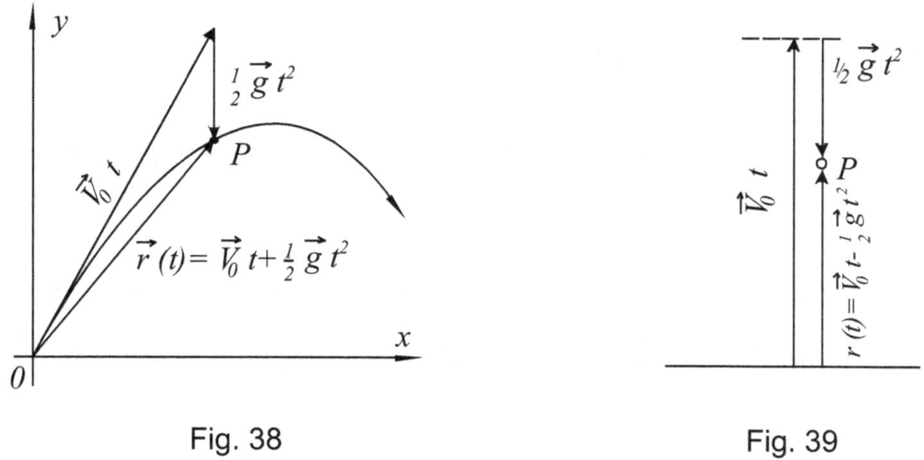


Fig. 38        Fig. 39

<u>Comentario:</u> si P fuese un cuerpo hueco y en su interior nos encontrásemos junto con un grupo de objetos, "superada" la etapa de grandes aceleraciones distintas de $\vec{g}$ (en el interior del cañón) todo sucedería dentro de P como SI NO EXISTIESE GRAVEDAD, pues nosotros y los objetos nos encontramos en caída libre con la misma aceleración $\vec{g}$ independiente de nuestras masas y de los objetos: esto se conoce como "vuelo en ingravidez" y se consigue en la práctica programando el vuelo de un avión de forma que en todo momento tenga el mismo movimiento que P.

Esto es cierto también para $\alpha = \pi/2$, tanto en ascenso como en descenso.

<u>Ecuación de la trayectoria:</u> podemos eliminar el tiempo t entre la primera y la segunda de las (12) de modo de poner $y$ en función de:

$$t = \frac{x}{V_0 \cos \alpha} \quad \text{Y reemplazando la segunda:}$$

$$(13) \quad \boxed{y = x\,(tg\,\alpha) - \left( \frac{g}{2V_0^2 \cos^2 \alpha}\,x^2 \right)} \quad \text{Función de } 2^{do} \text{ grado en x, de}$$

modo que la trayectoria es una PARÁBOLA.)

<u>ALTURA Máxima:</u> buscando el valor máximo de (13) obtenemos:

$$y_{max} = \frac{V_0^2\ sen^2\ \alpha}{2g}\ ,\ \text{para un "tiro vertical"}$$

$$\left(\alpha = \pi/2\right)\quad \text{Tenemos: } y_{max} = \frac{V_0^2}{2g}$$

<u>Alcance</u>: para y=0 tenemos 2 raíces: x=0 y otra que es el alcance (supuesta la superficie horizontal) $x_{alc}$:

$$(14)\quad x_{alc} = \frac{V_0^2}{g}\ sen\ 2\alpha,\ \text{de modo que el alcance depende del}$$

módulo de la velocidad inicial (ésta es una característica del arma y del cartucho) y del ángulo de "alzada".

<u>Alcance máximo</u>: lo tenemos para $\alpha = \pi/4$, pues así:

$$sen\ 2\alpha = sen\ \pi/2 = 1,\ \text{luego}$$

$$x_{alc.max.} = \frac{V_0^2}{g}\left(\text{doble de la } y_{max}\right)$$

<u>Simetría respecto a $\alpha = \pi/4$</u>: ¿Qué ocurre con el alcance (14) cuando se dispara con un ángulo $\alpha_1 = \pi/4 + \beta$ ó con otro $\alpha_2 = \pi/4 - \beta$ (fig. 40)? Veamos:

$$x_{alc1} = \frac{V_0^2}{g}\ sen\ 2\left(\frac{\pi}{4}+\beta\right) = \frac{V_0^2}{g}\ \cos 2\beta$$

$$x_{alc2} = \frac{V_0^2}{g}\ sen\ 2\left(\frac{\pi}{4}-\beta\right) = \frac{V_0^2}{g}\cos 2\beta$$

O sea que:

$$\boxed{x_{alc1} = x_{alc2}}\ \text{Este resultado se generaliza en el punto siguiente;}$$

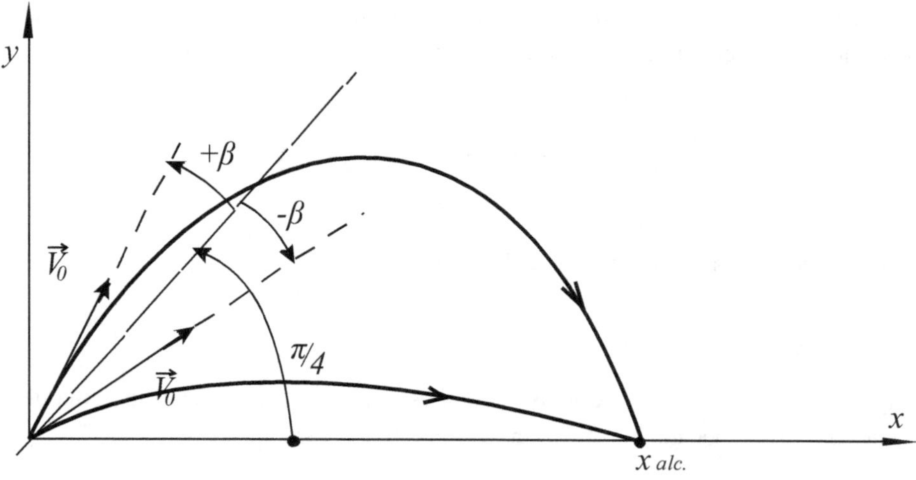


Fig. 40

<u>Problema fundamental</u>: "dadas las coordenadas ($x_\beta$, $y_\beta$) de un "blanco" encontrar el o los ángulos de alzada α, que para cierta velocidad $V_0$ el proyectil P dé en el blanco".

<u>Solución</u>: como debe cumplirse la (13):

$$y_\beta = x_\beta\, tg\,\alpha - \left(\frac{g}{2V_0^2\cos^2\alpha}\right) x_\beta^2$$ Tendremos que hallar α (o bien tg α) en función de los datos $x_\beta$, $y_\beta$, $V_0$: para no tener "mezclado" el coseno con la tangente reemplazamos $\dfrac{1}{\cos^2\alpha} = \left(1 + tg^2\,\alpha\right)$ que se deduce de $sen^2\alpha + \cos^2\alpha = 1$ y así:

$$y_\beta = x_\beta\; tg\,\alpha - \frac{g}{2V_0^2}\left(1 + tg^2\,\alpha\right) x^2, \qquad \text{resolviendo} \quad \text{como} \quad \text{una}$$

ecuación de segundo grado en tg α:

$$tg\,\alpha = \frac{V_0^2}{g\,x_\beta} \pm \frac{1}{x_\beta}\sqrt{\frac{V_0^4}{g^2} - x_\beta^2 - \frac{2V_0^2}{g}\,y_\beta}$$

Si las coordenadas ($x_\beta$, $y_\beta$) del blanco hacen que la cantidad sub-radical sea mayor que cero, tendremos dos soluciones reales $\alpha_1$, $\alpha_2$, es decir, el blanco es alcanzado con dos ángulos (tiro "directo" y tiro en "alto"). Pero si las coordenadas son tales que esa cantidad es menor que cero los dos α son complejos conjugados e interpretamos que el blanco no puede ser alcanzado (para una dada $V_0$). Todos los puntos del plano (x, y) tales que:

$$\frac{V_0^4}{g^2} - x^2 - \frac{V_0^2\, y}{g} = 0 \quad \text{Constituyen la PARÁBOLA de SEGURIDAD.}$$

Si el blanco está sobre ella es alcanzable (en el límite) sólo con un ángulo.

### Conservación de la energía mecánica:

Como el campo de gravedad g es conservativo sabemos que debe cumplirse el teorema de conservación de la energía mecánica, pero probaremos ésto en forma particular.

En cualquier punto de la trayectoria el módulo de la velocidad está dado por:

$$V^2 = V_x^2 + V_y^2 = V_0^2\, \cos^2 \alpha + \left(V_0\, sen\, \alpha - g\, t\right)^2 , \text{desarrollando:}$$

$$V^2 = V_0^2\, \cos^2 \alpha + V_0^2\, sen\, \alpha - 2V_0\, sen\, \alpha\, g\, t + g^2\, t^2 , \text{reagrupando:}$$

$$V^2 = V_0^2 - 2g\left(V_0\, sen\, \alpha\, t - \frac{g\, t^2}{2}\right) \text{Donde el paréntesis es y:}$$

$V^2 = V_0^2 - 2\, g\, y$, de paso demostraremos que el módulo de la velocidad sólo es función de la altura y (Fig. 37). Por otro lado, despejando $V_0^2$ y multiplicando m.a.m por m/2 tenemos:

$$\frac{m}{2} \cdot V_0^2 = \frac{m}{2}\, V^2 + m\, g\, y = cte$$

(Se conserva la energía mecánica).

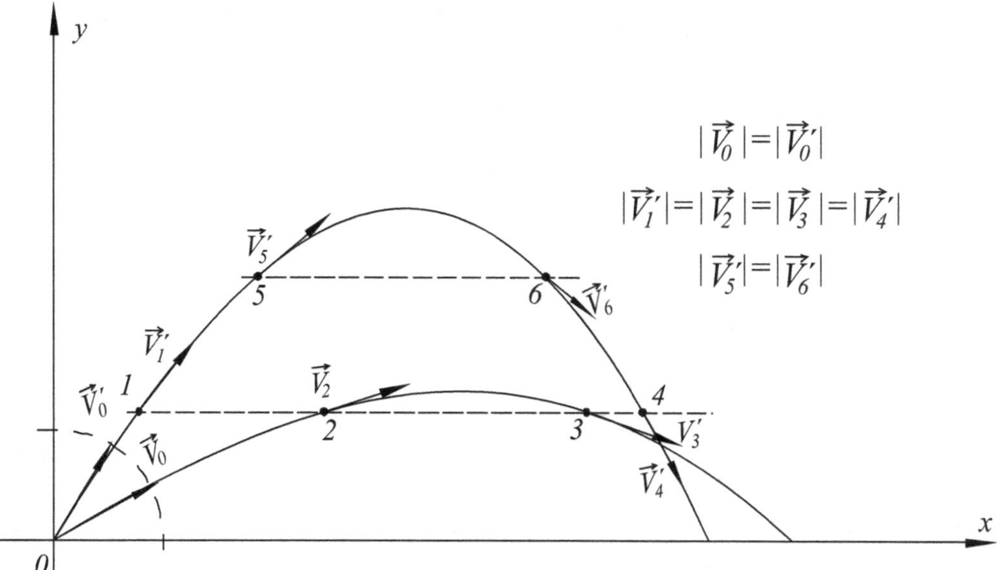



Fig. 41

## Impulso y cantidad de movimiento

<u>Definición:</u> Sea una partícula P de masa m que posee una velocidad $\vec{V}$ respecto a un S.R.I.; definiremos "cantidad de movimiento" (o momentum lineal) $\vec{p}$ al producto m . $\vec{V}$ ;

$$\vec{p} = m\vec{V}$$ . Es claro que es una magnitud vectorial y relativa a un S.R. por serlo la velocidad $\vec{V}$ .

La segunda ley de Newton de la dinámica fue enunciada por éste en la forma:

$$\boxed{R = \frac{d\,\vec{p}}{dt}}$$ Lo que ocurre es considerar que la masa m es independiente de la velocidad y del tiempo, resulta la forma equivalente:

$$\vec{R} = \frac{d}{dt}\left(m\vec{V}\right) = m\frac{d\vec{V}}{dt} = m\vec{a}$$ Pero no serían equivalentes si m fuese función de la velocidad (como en Relatividad de Einstein) o función del tiempo (como en sistemas de partículas con ganancia o pérdidas de masa, cap. V) o ambas cosas.

<u>Impulso:</u> se define como el producto de la fuerza $\vec{R}$ por el tiempo, en forma diferencial:

$$d\vec{I} = \vec{R}\,dt \text{ , y el impulso en el intervalo finito } (t_2 - t_1):$$

$$\vec{I} = \int_{t_1}^{t_2} \vec{R}\,dt$$

***Veamos la relación entre cantidad de movimiento $\vec{p}$ e impulso $\vec{I}$ :***

$$\vec{I} = \int_{t_1}^{t_2} \vec{R}\,dt = \int \frac{d\vec{p}}{dt}\,dt \;=\; \vec{p}\,(t_2) - \vec{p}(t_1) = \Delta\vec{p} \text{ , o sea:}$$

"el impulso de una fuerza en el intervalo de tiempo $(t_1 - t_2)$ provoca la variación de la cantidad de movimiento $\Delta\vec{p}$ en tal intervalo".

Note el alumno que el impulso $\vec{i}$ es una magnitud asociada a un intervalo de tiempo (finito o infinitésimo).

Es claro que si $\vec{R} \equiv 0$ resulta $\vec{p} = cte$ , es decir, "que si sobre una partícula no actúa fuerza de interacción resultante, la cantidad de movimiento se mantiene constante respecto a un S.R.I.".

Para una partícula P todo lo dicho antes puede no tener mayor importancia, o mejor dicho, es otra forma de decir lo que ya se sabe por Ley de Newton, pero, el concepto de cantidad de movimiento adquiere gran importancia en el estudio de los sistemas de partículas (cap. V), de modo que aquí no le daremos más desarrollo.

## Momento cinético (o momentum angular) y teorema del momento cinético:

<u>Definición:</u> en la figura 42 se muestra una partícula P con cantidad de movimiento $\vec{p} = m\vec{V}(P)$ respecto a un S.R.I. $\vec{P}$ es el vector posición de P, $\vec{Q}$ es el vector posición de un punto cualquiera Q del espacio y $\left(\vec{P} - \vec{Q}\right)$ es el vector posición de P respecto de Q.

Definiremos el MOMENTO CINETICO de la partícula P respecto del punto Q y de un S.R.I., como el momento de la cantidad de movimiento de P respecto a Q, o sea:

$$\vec{\ell}\,(Q) = \left(\vec{P} - \vec{Q}\right) x\,\vec{p} = \left(\vec{P} - \vec{Q}\right) x\,m\,\vec{V}\,(P),$$ donde la x indica el producto vectorial.

Podemos decir que esta magnitud tiene un "doble" carácter relativo: lo es respecto a un S.R. porque lo es $\vec{p}$ y lo es respecto al punto Q elegido para calcular el momento de $\vec{p}$ .

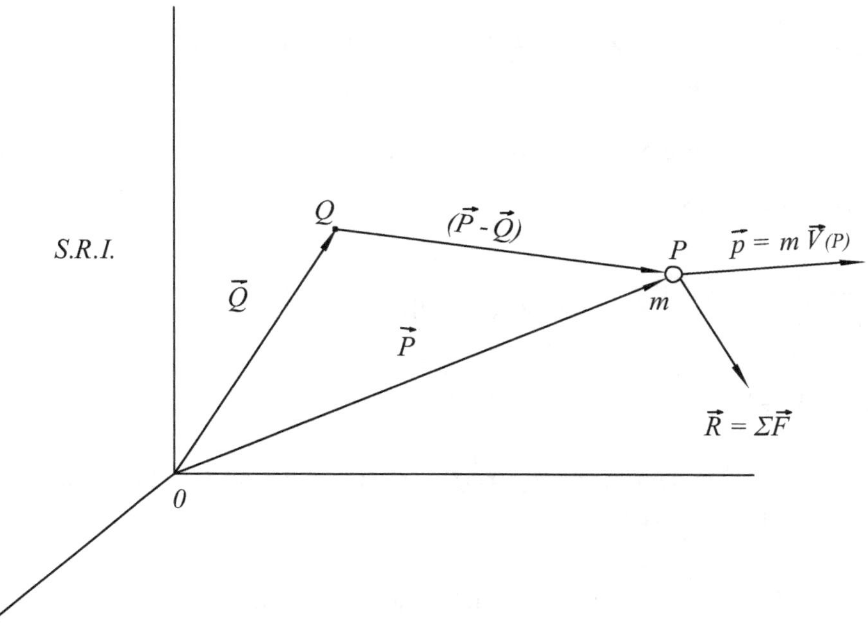


Fig. 42

<u>Teorema del momento cinético:</u> supongamos que sobre P actúa una fuerza resultante $\vec{R}$ (Fig. 42). Sabemos que el momento $\vec{M}_R\,(Q)$ de $\vec{R}$ respecto a Q esta dado por:

$$\vec{M}_R\,(Q) = \left(\vec{P} - \vec{Q}\right) x\,\vec{R}.$$

Veamos qué relación puede existir entre $\vec{M}_R\,(Q)$ y $\vec{\ell}\,(Q)$. Para ello derivemos el momento cinético $\vec{\ell}\,(Q)$ respecto al tiempo:

$$\frac{d\,\vec{\ell}\,(Q)}{dt} = \frac{d}{dt}\left[\left(\vec{P} - \vec{Q}\right) x\,m\,\vec{V}\,(P)\right] = \left[\vec{V}(P) - \vec{V}(Q)\right]\,x\,m\,\vec{V}(P) + \left(\vec{P} - \vec{Q}\right)\,x\,\vec{a}\,(P)$$

Donde $\vec{V}(P)$ y $\vec{V}(Q)$ son las velocidades de P y Q respectivamente.

Como:

$$\vec{V}(P) \; x \; m \, \vec{V}(P) \equiv 0 \quad y \quad m \, \vec{a}(P) = \vec{R} \; \text{Resulta}$$

$$\boxed{\frac{d\,\vec{\ell}(Q)}{dt} = \dot{\vec{\ell}}(Q) = - \; \vec{V}(Q) \; x \; m \, \vec{V}(P) + \vec{M}_R(Q)}$$

Si tenemos libertad en la elección del punto Q conviene que sea uno fijo respecto al S.R. $\left(\vec{V}(Q) \equiv 0\right)$, de modo que así:

$$\boxed{\dot{\vec{\ell}}(Q) = \vec{M}_R(Q)} \qquad \left(\text{si } \left(\vec{V}(Q) \equiv 0\right)\right)$$

Se puede elegir el origen 0 como punto de referencia.

***Impulso angular ($\vec{H}$):*** Simplemente al impulso (lineal) de una fuerza se define el impulso angular de un momento de fuerza como:

$$d\vec{H} = \vec{M}_R(Q)\,dt \text{ , o bien para un intervalo finito de tiempo:}$$

$$\boxed{\vec{H} = \int_{t_1}^{t_2} \vec{M}_R(Q)\,dt} \; \text{Es fácil comprobar por el teorema anterior que:}$$

$$\vec{H} = \vec{\ell}(Q)_2 - \vec{\ell}(Q)_1 + \int_{t_1}^{t_2} \vec{V}(Q) \, x \, m\vec{V}(P)\,dt \text{ ,donde los subíndices indican}$$

los instantes de tiempo. Para $\vec{V}(Q) \equiv 0$ :

$$\boxed{\vec{H} = \vec{\ell}(Q)_2 - \vec{\ell}(Q)_1 = \Delta\vec{\ell}(Q)} \text{ , es decir "el impulso angular en su intervalo}$$

($t_2 - t_1$) causa la variación del momento cinético en dicho intervalo".

Conservación del momento cinético: como corolario de los puntos anteriores se desprende el siguiente resultado importante: si el impulso angular $\vec{H}$ es nulo para un cierto intervalo, se mantiene constante el momento cinético en ese mismo intervalo.

$$\text{Obviamente: si } \vec{H} = 0 \to \vec{\ell}\,(Q)_2 - \vec{\ell}\,(Q)_1 = 0 \to \vec{\ell}\,(Q)_2 = \vec{\ell}\,(Q)_1$$

Hay dos causas muy importantes que hacen el impulso angular nulo: son las mismas dos causas en que $\vec{M}_R(Q)$ resulta nulo:

1) La partícula P está en equilibrio $\left(\vec{R} \equiv 0\right)$.

2) La recta de acción de $\vec{R}$ contiene al punto Q de referencia durante todo el intervalo de tiempo.

En las figuras 39 se muestran algunos casos en que se cumple 2).

a)      Un cuerpo gravitacional A considerado fijo en un S.R.I. hace orbitar a una partícula P (ejemplo: A≡Tierra, P≡Satelite artificial o bien A≡Sol, P≡Planeta).

b)      Ídem a a), pero los cuerpos están cargados eléctricamente.

c)      P vinculado elásticamente a un punto 0.

d)      P apoyado en un plano horizontal y vinculado a un hilo inextensible que se tira a través del orificio 0.

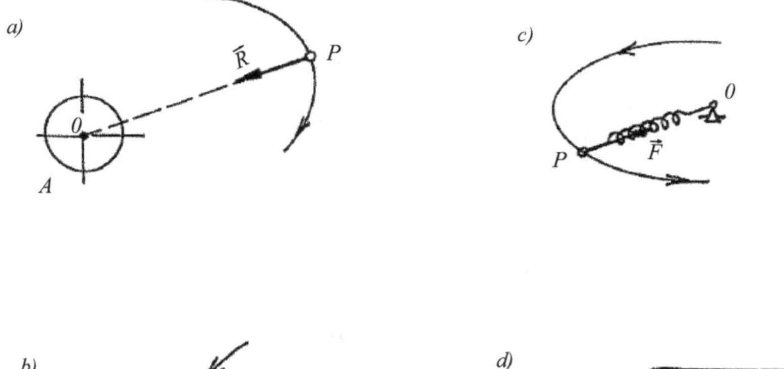


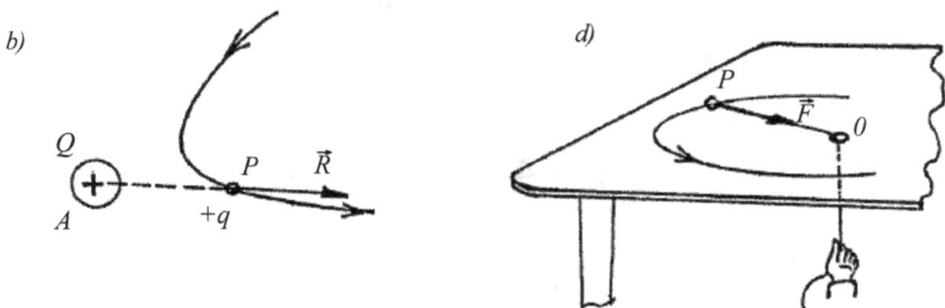


Figs. 43

**_Conservación de una componente del momento cinético:_**

Un resultado útil implícito en el teorema del momento cinético es el siguiente: "si una fuerza R se mantiene paralela a una dirección fija dada (por ejemplo Z en la Fig. 44) la componente del momento cinético en esa dirección se mantiene constante" (por ejemplo $\vec{\ell}(Q)_z = cte$). En efecto: para cualquier punto de la recta Z que define la dirección de $\vec{R}$ es:

$$\vec{M}_R\,(Q) = \left(\vec{P}-\vec{Q}\right) x\,\vec{R}$$ Perpendicular a esa dirección, de modo que si $\vec{K}$ es un versor en Z se puede escribir

$$\vec{M}_R\,(Q) \cdot \vec{K} = \left(\frac{d\vec{\ell}(Q)}{dt}\right) \cdot \vec{K} \equiv 0$$ y como $\vec{K}$ es de dirección fija puede introducirse dentro del operador derivada:

$$\frac{d}{dt}\left(\vec{\ell}\,(Q) \cdot \vec{K}\right) \equiv 0,$$ luego implica $\vec{\ell}\,(Q) \cdot \vec{K} = \ell\,(Q)_z = cte$, con lo que queda demostrado.

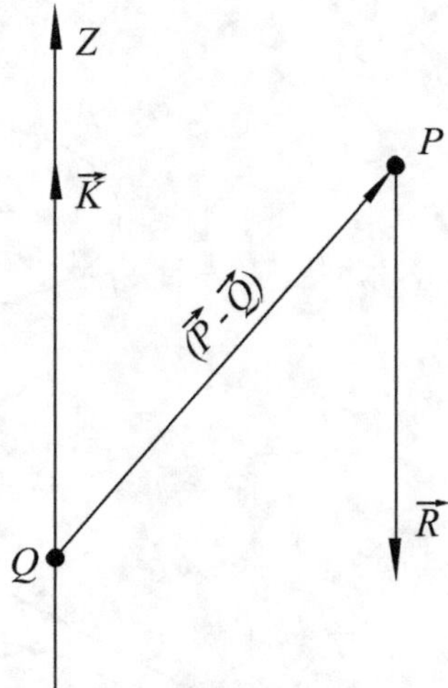


Fig. 44

<u>Ejemplos de aplicación:</u>

1) Una partícula P (Fig. 45) es lanzada con velocidad $\vec{V}_0$ desde un punto del borde de un cascaron esférico de superficie interna lisa (sin rozamientos). Demostrar que si $\vec{V}_0$ no apunta a algún punto de Z entonces nunca podrá pasar por el punto M del fondo.

Solución: por ser lisa la superficie, la reacción de vínculo $\vec{N}$ es radial, de modo que no produce momento respecto a 0. Sólo el peso $m\vec{g}$ produce momento, pero $m\vec{g}$ es siempre paralelo a Z así que sabemos que la componente Z del momento cinético $\vec{\ell}(0)$ se mantiene constante, o sea: $\vec{\ell}(0)\cdot\vec{K}=\vec{\ell}_0(0)\cdot\vec{K}=cte$, pero como esta constante es distinta de cero por condición inicial resultaría que si P pasa por M el momento cinético $\vec{\ell}(0)=-r\,\vec{K}\,x\,m\vec{V}$ seria perpendicular a Z contradiciendo justamente la condición $\vec{\ell}(0)\cdot\vec{K}\neq0$

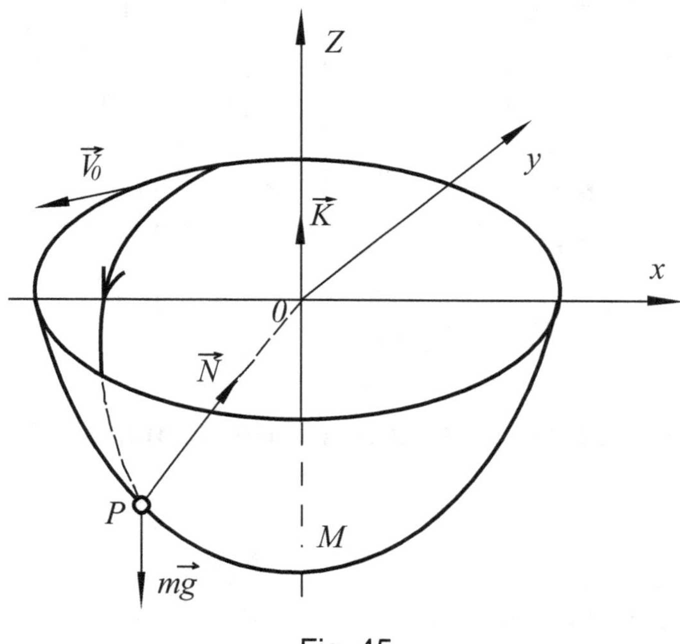


Fig. 45

2) En la fig. 46 (a) se muestra una partícula P, de masa m, que se mueve en un plano horizontal liso, vinculada a un hilo inextensible POM. Inicialmente la velocidad $\vec{V}_0$ es normal a $\overrightarrow{PO}=\vec{r}_0$. La mano M hace cierta fuerza constante $\vec{F}$ hacia abajo, logrando acortar la distancia OP al valor $r_1$ (Qué valor tiene en ese momento la velocidad $V_1$?)

Solución: en la Fig. 46 (b) se muestran las dos componentes de $\vec{V}_1$ : $\vec{V}_{1trans}$ y $\vec{V}_{1rad}$.

Por conservación del momento cinético es (1) $r_0\, mV_0 = r_1\, mV_{1Trans}$ y por teorema del trabajo y la energía cinética es

$$(2) \qquad F\left(r_0 - r_1\right) = \frac{1}{2}\, m\left(V_{1trans}^2 + V_{1rad}^2\right) - \frac{1}{2}\, m_0\, V_0^2$$

Entre (1) y (2) hallamos:

$$V_{1trans} = \frac{V_0 r_0}{r_1} \qquad y \qquad V_{1rad} = \sqrt{2\frac{F}{m}\left(r_0 - r_1\right) - V_0^2\left[\left(\frac{r_0}{r_1}\right) - 1\right]}$$

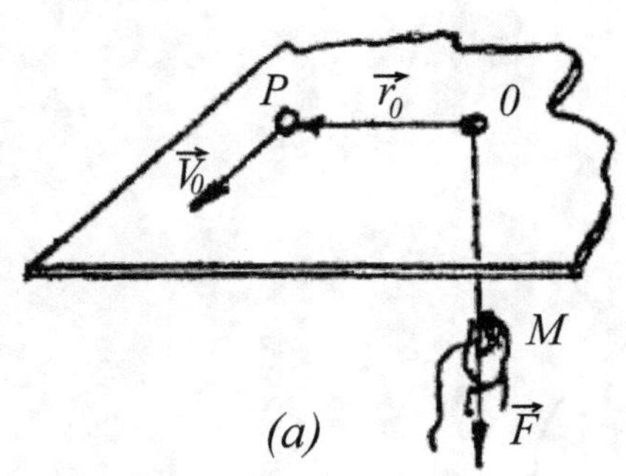


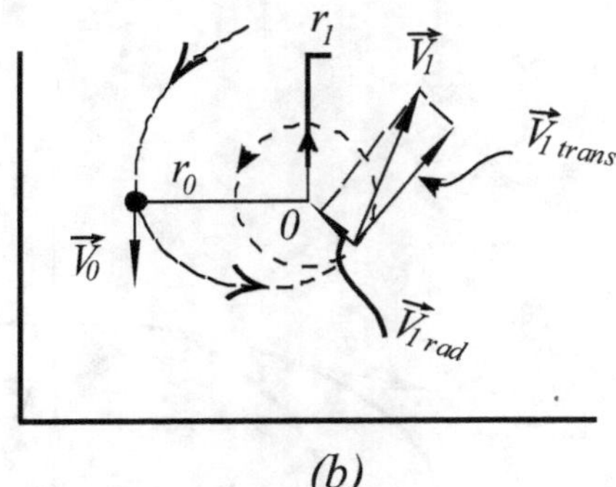


Fig. 46

## Movimientos centrales y utilización de coordenadas polares:

Las fuerzas que apuntan siempre a un punto fijo respecto a un S.R.I. se denominan FUERZAS CENTRALES. Ya hemos dado ejemplos de ellas en las Figuras 43. Estudiaremos aquí con algún detalle las características del movimiento bajo este tipo de fuerzas.

***Demostración de que la trayectoria es plana:***

Sea un S.I. tal que el punto 0 (fig. 47), el cual es siempre contenido por la recta de acción de la fuerza, tenga velocidad nula $\left(\vec{V}(0) \equiv 0\right)$. En este S.R. la trayectoria es plana, en efecto: como el momento de $\vec{F}$ respecto de 0 es nulo:

$\vec{M}_F(0) \equiv 0$     Resulta   el   momento   cinético   constante:    $\vec{\ell}(0) = cte$.

Además, por definición $\vec{\ell}(0) = \vec{r} \, x \, m\vec{V}(P)$, o sea que el vector posición $\vec{r} = \vec{P} - 0$ y $\vec{\ell}(0)$ son perpendiculares y como $\vec{\ell}(0)$ es de dirección fija es claro que $\vec{r}$ "barre" un plano. En la fig. 47 se ilustra lo dicho.

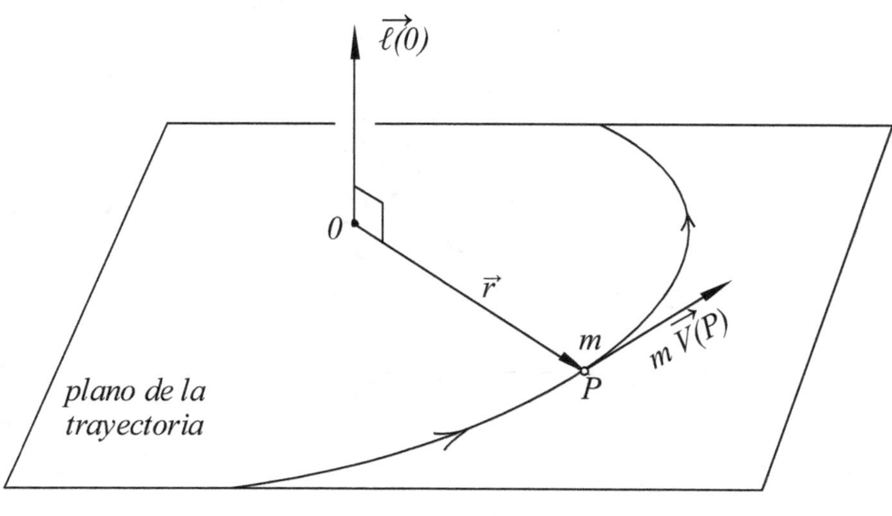


Fig. 47

Al ser la órbita plana veremos que resulta conveniente utilizar coordenadas polares.

***Demostración de que la VELOCIDAD AREOLAR es constante:***

En la fig. 48 se muestra a la partícula P en los instantes t y (t + dt). En el intervalo de tiempo dt, el vector posición $\vec{r}$ "barrió" un área dA (rayada en la Fig. 48). Se denomina velocidad areolar (en módulo) a:

$$\left|\vec{C}\right| = \frac{dA}{dt}$$

. Se le da carácter vectorial basándose en las propiedades del producto vectorial, en efecto:

$$d\vec{A} = \frac{\vec{r} \, x \, d\vec{r}}{2}$$

, pues el modulo de este producto, $\dfrac{|\vec{r}| \cdot |d\vec{r}| \cdot sen\,\beta}{2}$

es el área rayada. $d\vec{A}$ es un vector perpendicular al plano que determinan $\vec{r}$ y $d\vec{r}$ y cuyo sentido está dado por la regla "de la mano derecha". En el caso de la fig. 48 $d\,\vec{A}$ apunta hacia el lector.

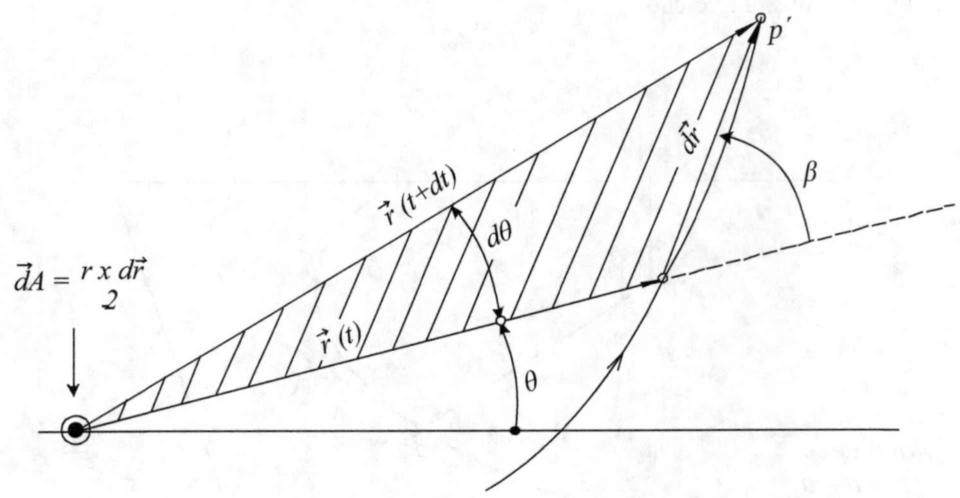


Fig. 48

Obviamente $\vec{C} = \dfrac{d\,\vec{A}}{dt} = \dfrac{\vec{r}\,x\,d\vec{r}}{2\,dt} = \dfrac{\vec{r}\,x\,\vec{V}}{2}$ , de modo que podemos interpretar a la velocidad areolar como "el SEMIMOMENTO de la velocidad $\vec{V}$ respecto de 0".

Es inmediato de aquí que:

$$(15) \qquad \boxed{\;\vec{C} = \dfrac{\vec{r}\,x\,m\vec{V}}{2\,m} = \dfrac{\vec{\ell}\,(0)}{2\,m}\;}$$

Donde m es la masa de la partícula P. Entonces es claro que es el caso de fuerzas centrales al ser $\vec{\ell}\,(0) = $ cte. es $\vec{C} = cte$ (Velocidad areolar constante, incluye esto que la trayectoria es plana).

Lo que hemos demostrado fue enunciado como ley empírica por JOHANN KEPLER alrededor del 1600, basándose en los pacientes trabajos de medición astronómica de

TYCHO BRAHE. Se conoce como "segunda ley de KEPLER del movimiento planetario. Claro está que aquí aparece como una propiedad de toda fuerza central.

En síntesis: Bajo fuerzas centrales las trayectorias son planas y la velocidad areolar es constante (si se considera a la velocidad areolar como VECTOR incluye lo primero).

De aquí en más, las demás propiedades del movimiento tendrán que ver con la forma en que varía la fuerza con la distancia $P0 = \rho$.

## Formula de BINET y ecuación diferencial de la Trayectoria para fuerzas centrales función de ρ:

En la fig. 49 se muestra la partícula P sometida a una fuerza $\vec{F}$ central función de ρ, que puede ser tanto de atracción (hacia 0) como de repulsión (desde 0). Esta fuerza es entonces radial, de modo que no posee componente transversal (no confundir con tangencial, que en general sí posee). Resulta así, según la ley de Newton de la dinámica, que la correspondiente aceleración transversal es nula:

$$(17) \quad a_{trans} = 2\dot{\rho}\,\dot{\theta} + \rho\ddot{\theta} \equiv 0$$

$$(18) \quad a_{rad} = \frac{F}{m} = \ddot{\rho} - \rho\,\dot{\theta}^2$$

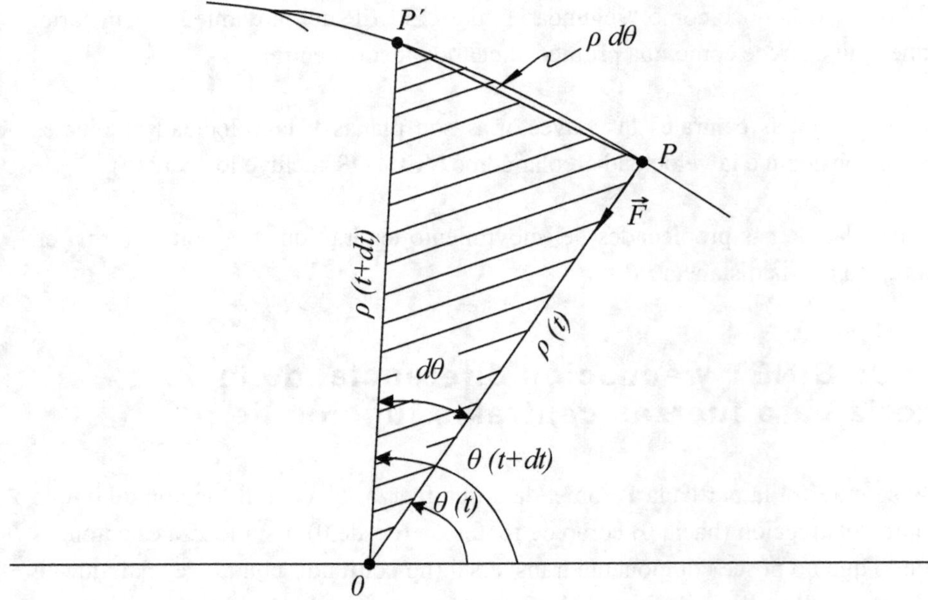



Fig. 49

De (17) se pueden reencontrar los resultados del tema anterior, en efecto, la (17) se puede escribir así (compruébelo el alumno):

$$a_{trans} = \frac{1}{\rho} \left( \frac{d}{dt} \; \rho^2 \; \dot{\theta} \right) \equiv 0, \text{ de modo que debe ser:}$$

$$\rho^2 \, \dot{\theta} = cte., \quad \text{o bien} \quad \rho \cdot \rho \; \frac{d\theta}{dt} = cte$$

Según la figura 49 se observa que $\rho \cdot \rho \, d\theta = 2 \, dA$. (O sea el doble del área barrida por $\rho$ en el intervalo dt), y así: $2 \dfrac{dA}{dt} = cte$. (Velocidad areolar constante).

También podemos escribir en términos del momento cinético:

$$(19) \quad \left| \vec{\ell}(0) \right| = \ell = 2m \left| \vec{C} \right| = m\rho^2 \, \dot{\theta} \quad (m\rho^2 \text{ es el momento de}$$

inercia de la partícula P respecto de 0).

***Fórmula de BINET:***

Consiste en sustituir en (18) todas las derivadas respecto al tiempo por derivadas de $\rho$ respecto a $\theta$, o sea considerando $\rho$ como función de $\theta$, a fin de lograr la ecuación de la trayectoria, como luego veremos.

En base a derivadas de función de función:

$$\dot{\rho} = \frac{d\rho}{d\theta}\,\dot{\theta} \quad \text{Y según (19): } \dot{\theta} = \frac{2C}{\rho^2} \quad \text{(donde } C = \left|\vec{C}\right|, \text{ módulo de la}$$

velocidad areolar), luego:

$$\dot{\rho} = \frac{2C}{\rho^2}\cdot\frac{d\rho}{d\theta} \quad \text{Que también se puede escribir}$$

$$(20) \quad \dot{\rho} = -2C\frac{d}{d\theta}\left(\frac{1}{\rho}\right) \quad \text{(Compruébelo el alumno).}$$

Veamos ahora la derivada segunda $\ddot{\rho}$:

$$\ddot{\rho} = \frac{d\dot{\rho}}{d\theta}\,\dot{\theta} = \frac{d\dot{\rho}}{d\theta}\,\frac{2C}{\rho^2} \quad \text{Y por (20): } \quad \frac{d\dot{\rho}}{d\theta} = -2C\frac{d^2}{d\theta^2}\left(\frac{1}{\rho}\right)$$

De modo que: $\ddot{\rho} = -\dfrac{4C^2}{\rho^2}\cdot\dfrac{d^2}{d\theta^2}\left(\dfrac{1}{\rho}\right)$, reemplazando $\ddot{\rho}$ y $\dot{\theta}$ en (18) se obtiene finalmente:

$$(21) \quad \boxed{a_{rad} = -\frac{4C^2}{\rho^2}\left[\frac{d^2}{d\theta^2}\left(\frac{1}{\rho}\right) + \frac{1}{\rho}\right]} \qquad \textit{(BINET)}$$

***Ecuación diferencial de la trayectoria para fuerzas centrales:***

Por Newton es $a_{rad} = \dfrac{F(\rho)}{m}$, reemplazando en el primer miembro de (21) y reacomodando términos:

$$(22) \quad \boxed{\frac{d^2}{d\theta^2}\left(\frac{1}{\rho}\right) + \frac{1}{\rho} = -\rho^2\,\frac{F(\rho)}{4\,C^2\,m}} \quad , \text{ que es la ecuación}$$

diferencial (de segundo orden en $1/\rho$) de la trayectoria. Podemos resolver con ella dos tipos fundamentales de problemas:

1)  Conocida F($\rho$) hallar la trayectoria como $\rho = \rho(\theta)$;
2)  Conocida la trayectoria $\rho(\theta)$ hallar F($\rho$) que resulta compatible con ella.

Claro está que todo está sujeto a que se den <u>condiciones iniciales</u>.


## Campo gravitatorio. Orbitas en campos gravitatorios y eléctricos:

Frecuentemente se da el caso en que F($\rho$) depende de la reciproca del cuadrado de la distancia $\rho$. Este tipo de fuerzas sabemos que se dan en la <u>interacción gravitacional</u> de dos partículas de masas M y m:

$$\left|\vec{F}\right| = G\,\frac{M\,m}{p^2} \quad \text{Y en la interacción eléctrica de dos partículas con cargas}$$

Q y q: $\left|\vec{F}\right| = K_0\,\dfrac{Q\,q}{\rho^2}$ . Para generalizar escribiremos la componente escalar radial de

$\vec{F}$ así:

$$F = \frac{K}{\rho^2}. \text{ Si K es positiva F es positiva lo que significa repulsión. Si K es}$$

negativa F es negativa lo que significa atracción.

Para cargas eléctricas se dan ambas cosas dependiendo de los signos de Q y q.

Veremos luego que en estos casos las trayectorias son curvas CONICAS (circunferencia, elipse, parábola e hipérbola), con el foco en 0 (1ra. Ley de KEPLER).

<u>Comentario:</u> Si F depende de otras potencias de $\rho$ (por ej. K $\rho$, $\dfrac{K}{\rho^{3'}}$ $\dfrac{K}{\rho^{5'}}$ $\dfrac{K}{\rho^{7'}}$ , etc.)

resultan otros tipos de trayectorias (espirales, exponenciales, lemniscatas) o bien circunferencias, elipses, pero con el centro o foco en otro punto distinto de 0. El interesado puede consultar estos casos en: Mecánica Teórica de Murrat Spiegel, cap. 5, o Curso de Mecánica General de Henri Cabannes (8 – 3 – 3).

Como necesitaremos tener presente las propiedades de las cónicas haremos un breve repaso.

### *Definición de CÓNICAS en General:*

"dados un punto fijo 0 llamado foco y una recta S llamada directriz (fig. 50), diremos que la partícula P describe una CONICA si se mueve en el plano que 0 y S determinan y de forma tal, que el COCIENTE de la distancia P0 ($\rho$) con la distancia PS (d) se mantiene igual a una constante ε llamada excentricidad", o sea:

$$\frac{\rho}{d} = \varepsilon = cte$$

Se acostumbra llamar parámetro (p) a la distancia OP′ tal que el segmento OP′ es paralelo a S.

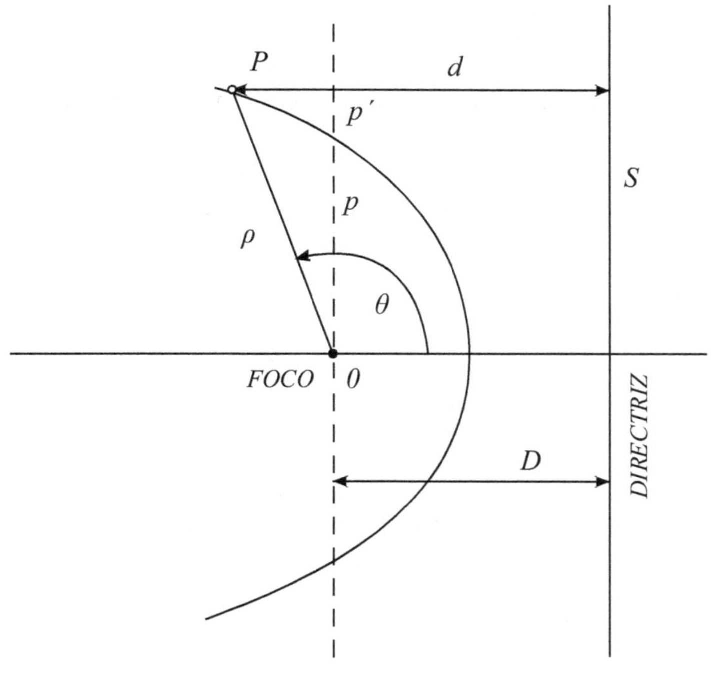


Fig. 50

Según Fig. 50 y considerando el signo de cos $\theta$ (negativo para $\dfrac{\pi}{2} < \theta < \dfrac{3}{2}\,\pi$ )

tenemos: $\rho\cos\theta + d = D$ (donde D es la distancia FOCO – DIRECTRIZ). En particular

para P$'\left(\theta = \dfrac{\pi}{2}\right)$ :

$\dfrac{\rho}{d} = \dfrac{P}{D} = \varepsilon,$ luego, $D = \dfrac{P}{\varepsilon}$ y $d = \dfrac{\rho}{\varepsilon}$ de modo que reemplazando:

$\rho\,\cos\theta + \dfrac{\rho}{\varepsilon} = \dfrac{P}{\varepsilon}$ , poniendo $\rho$ como función de $\theta$:

$$(16) \qquad \boxed{\rho = \dfrac{P}{\varepsilon\,\cos\theta + 1}}$$ (Ecuación de una CONICA en coordenadas

polares)

También se puede escribir:

$$\boxed{\dfrac{1}{\rho} = \dfrac{1}{p} + \dfrac{\varepsilon}{p}\,\cos\theta}$$

1) <u>Circunferencia:</u> $\rho$ se mantiene siempre igual a p, de modo que la excentricidad $\boxed{\varepsilon = 0}$ .

2) <u>Elipse:</u> Si $0 < \varepsilon < 1$ según (16) tenemos que $\rho$ varía entre dos limites:

$$\rho_{\min}\ \text{para}\ \theta = 0 : \rho_{\min} = \dfrac{p}{1+\varepsilon}$$

$$\rho_{\max}\ \text{para}\ \theta = \pi : \rho_{\max} = \dfrac{p}{1-\varepsilon}$$

Los puntos correspondientes A y A$'$ (Fig. 46) se denominan (APSIDES).

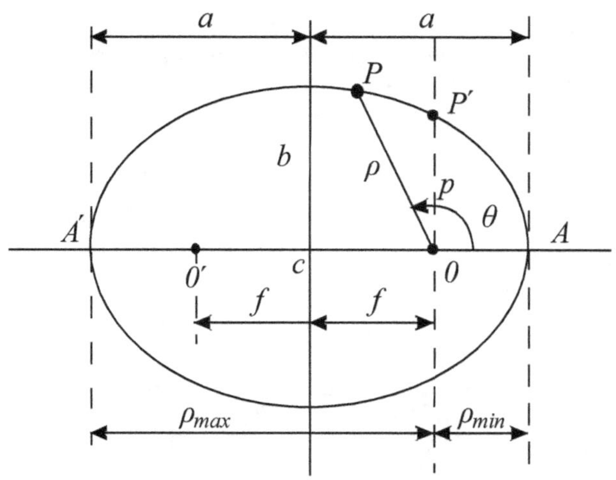

Fig. 51

La elipse puede definirse también como "el lugar geométrico de los puntos P del plano cuya suma de las distancias P0 y P0′ a dos FOCOS 0 y 0′ se mantienen constante", o sea

P0 + P0′=cte. Esta propiedad está contenida en (16) con $0 < \varepsilon < 1$. Se demuestra que

$$\varepsilon = \frac{f}{a} = \frac{\sqrt{a^2 - b^2}}{a}$$

$a$ es el semieje mayor

$b$ es el semieje menor

El estudiante puede demostrar las siguientes igualdades que serán útiles más adelante:

$$\rho_{\min} = a\left(1-\varepsilon\right)$$

$$p = \left(1-\varepsilon^2\right) = \frac{b^2}{a}$$

$$f = \varepsilon\, a$$

3) <u>Parábola</u>: "Lugar geométrico de los puntos P que equidistan de 0 y S″, o sea $\rho = d$ luego la excentricidad es 1: $\varepsilon = \dfrac{\rho}{d} = 1$. La ecuación (16) resulta:

$$\rho = \frac{p}{1 + \cos\theta}$$ , de modo que para $\theta > \pi$, resulta $\rho\to\infty$ (fig. 52).

$$\rho_{min} = \frac{p}{2}$$

<u>Nota:</u> no tiene ASINTOTAS.

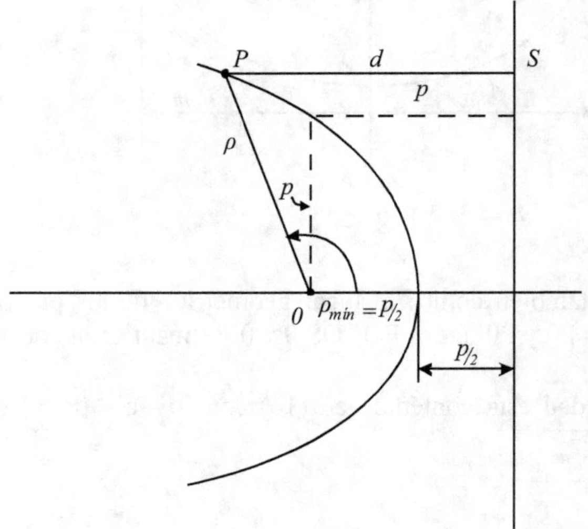


Fig. 52

4)  <u>Hipérbola:</u> " es el lugar geométrico de los puntos P del plano cuya diferencia de las distancias P0 y P0´a dos FOCOS 0 y 0´se mantiene constante", o sea:

P0´ – P0 = 2a = cte. (fig. 53) Resulta una excentricidad

$$\boxed{\varepsilon > 1}$$

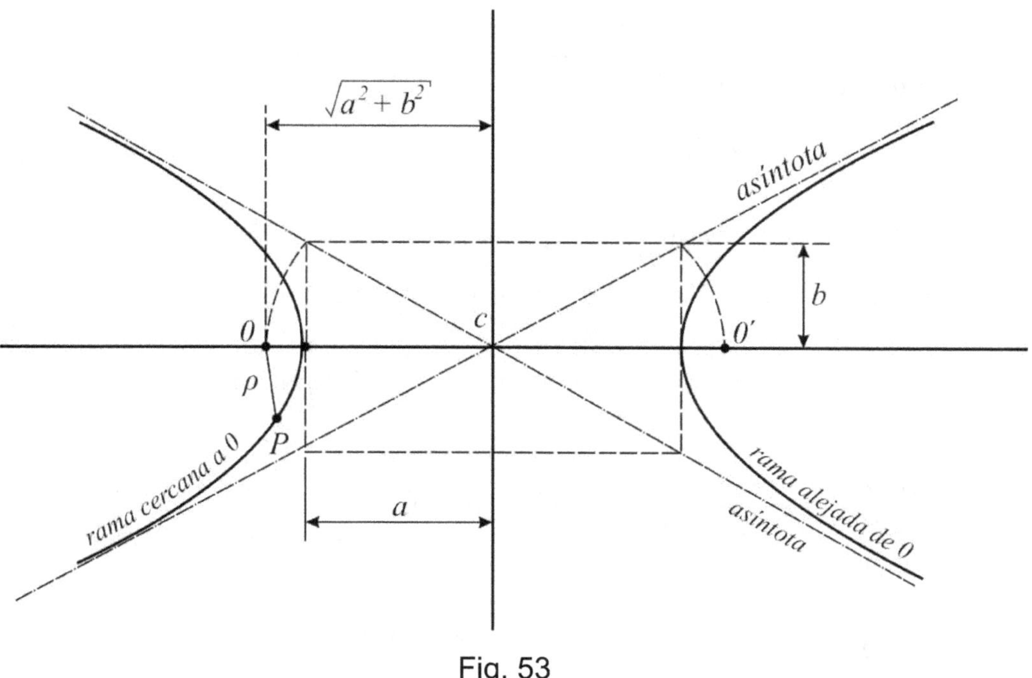


Fig. 53

Tiene como vemos dos ramas: cercana a 0, de Ecuación:

$$\rho = \frac{p}{\varepsilon\ \cos\theta + 1}$$

Alejada de 0, de ecuación:

$$\rho = \frac{p}{\varepsilon\ \cos\theta - 1}$$

Se diferencia de la parábola, además por tener asíntotas.

<u>Fuerzas tipo</u> $\dfrac{K}{\rho^2}$ :

Reemplazando $F = \dfrac{K}{\rho^2}$ en la ecuación diferencial (22) resulta:

$$\frac{d^2}{d\theta^2}\left(\frac{1}{\rho}\right) + \frac{1}{\rho} = -\frac{K}{4\,C^2\,m}$$ O bien introduciendo el momento cinético $\ell = 2mC$ :

$$(23)\quad \frac{d^2}{d\theta^2}\left(\frac{1}{\rho}\right) + \frac{1}{\rho} = -\frac{K\,m}{\ell^2}$$ . Integrada nos dará la trayectoria como $\rho\,(\theta)$, para ello efectuemos el siguiente cambio de variable:

$$Z = \frac{1}{\rho} + \frac{K\,m}{\ell^2}$$ , y teniendo en cuenta que $\dfrac{K\,m}{\ell^2}$ es independiente de $\theta$:

$$\frac{d^2 Z}{d\theta^2} = \frac{d^2}{d\theta^2}\left(\frac{1}{\rho}\right)$$ , reemplazando en (23):

$$\frac{d^2 Z}{d\theta^2} + Z \equiv 0$$ , cuya solución general es conocida:

$$Z = A\,\cos\theta\,\left(\theta-\theta_0\right)$$ , donde A y $\theta_0$ son constantes. $\theta_0$ se puede anular si se toma un eje de referencia, para medir ángulos, conveniente, de modo que $Z = A\cos\theta$, volviendo a la variable original:

$$\boxed{\frac{1}{\rho} = -\frac{K\,m}{\ell^2} + A\cos\theta}$$ , solución que comparada con la ecuación

de las cónicas $\dfrac{1}{\rho} = \dfrac{1}{p} + \dfrac{\varepsilon\,\cos\theta}{p}$ nos percatamos que efectivamente la trayectoria es una cónica. Identificando constantes resulta:

$$(24)\quad \boxed{\frac{1}{p} = -\frac{K\,m}{\ell^2}}\quad,\quad \boxed{\frac{\varepsilon}{p} = A}$$

***Estudio de la excentricidad:*** Analizaremos aquí de qué depende que la trayectoria (u órbita) sea elipse, parábola, etc.

Para el APSIDE A se tiene (Fig. 54) por (16).

$$\frac{1}{\rho_{min}} = \frac{1}{p} + \frac{\varepsilon}{p} = \frac{1+\varepsilon}{p}$$ , o bien despejando $\varepsilon$: $\varepsilon = \dfrac{p}{\rho_{min}} - 1$

Además por (24) $\varepsilon = -\dfrac{\ell^2}{K\,m\,\rho_{\min}} - 1$, como el momento cinético $\ell$ depende de $\theta$,

podemos escribir para el APSIDE $\ell = \rho_{\min} m V_A$, reemplazando:

$$\varepsilon = \frac{\rho_{\min}\; m\; V_A^2}{K} - 1$$

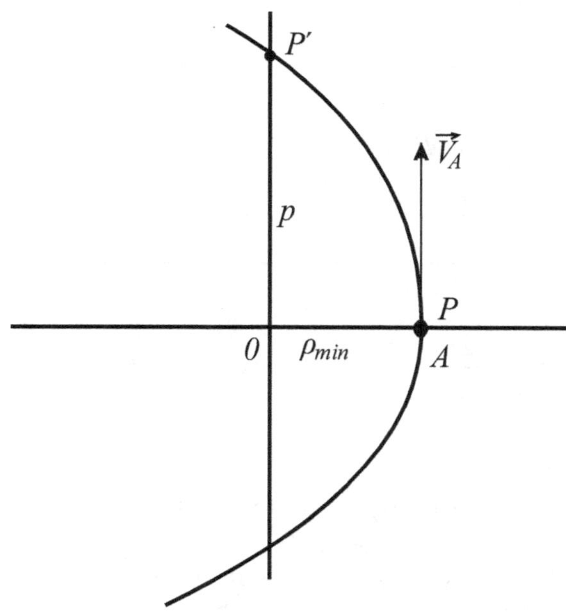


Fig. 54

<u>Caso gravitatorio:</u>  $K = -G\,M\,m$, en este caso:

$$\boxed{\;\varepsilon = \frac{\rho_{\min}\; V_A^2}{G\,M} - 1\;}$$

Donde M es la masa situada en el foco 0 y que provoca el campo gravitacional.

***Veamos ahora distintas trayectorias***

Circunferencia: $\varepsilon = 0$, luego $V_A = \sqrt{\dfrac{GM}{\rho_{\min}}}$

Elipse: $0 < \varepsilon < 1$, luego $\sqrt{\dfrac{GM}{\rho_{\min}}} < V_A < \sqrt{\dfrac{2GM}{\rho_{\min}}}$

Parábola: $\varepsilon = 1$, luego $V_A = \sqrt{\dfrac{2GM}{\rho_{\min}}}$

Hipérbola: $\varepsilon > 1$, luego $V_A > \sqrt{\dfrac{2GM}{\rho_{\min}}}$     (rama cercana a 0)

Fijada la distancia de 0 al ápside A, $0A = \rho_{\min}$ éstas fórmulas dan las velocidades o rangos de velocidades para conseguir las distintas cónicas. Vemos que la órbita circular y parabólica son las más "difíciles" de conseguir pues requieren una única velocidad, en cambio las otras (elipse e hipérbola) se consiguen con amplios rangos.

***Consideraciones sobre la energía:***

Las fuerzas consideradas aquí (sólo función de la posición) son como sabemos conservativas, de modo que vale la conservación de la energía mecánica $\left( E_m = E_c + E_p \right)$ , además sabemos que estas fuerzas pueden ser expresadas como el gradiente, cambiado de sentido, de una función escalar (energía potencial).

Replanteamos la ecuación de Newton de la dinámica:

$$F(\rho) = m\, a_{rad} = m\ddot{\rho} - m\, \rho\, \dot{\theta}^2$$, pero como F es función sólo de $\rho$ debe ser posible eliminar $\dot{\theta}$, en efecto, por fórmula (19):

$$\dot{\theta} = \frac{\ell}{m\rho^2}$$, luego reemplazando

$$(25) \quad F(\rho) = m\ddot{\rho} - \frac{\ell^2}{m\rho^3}$$

Caso gravitatorio:

$$F(\rho) = -\frac{GMm}{\rho^2} \text{ , luego la (25) queda:}$$

$$(26) \quad -\frac{GMm}{\rho^2} = m\ddot{\rho} - \frac{\ell^2}{m\rho^3}$$

### Movimiento "simulado" rectilíneo

Es posible analizar el movimiento curvilíneo de P como si fuese rectilíneo, de dirección ρ; esto se logra escribiendo la (26) así:

$$(27) \quad -\frac{GMm}{\rho^2} + \frac{\ell^2}{m\rho^3} = m\ddot{\rho}.$$

Note el alumno que la primera apunta hacia 0, en cambio la segunda es de sentido contrario, por ello se suele llamar "centrifuga".

¿Cómo interpretar el significado de la centrifuga $\dfrac{\ell^2}{m\rho^3}$ ?

Desde ya que no es una fuerza de interacción. Ocurre que eliminar $\dot{\theta}$ significa referir la partícula P a un sistema de referencia no inercial, que gira "acompañando" al radio ρ precisamente con velocidad angular $\dot{\theta}$.

En este S.R.N.I. existen fuerzas de inercia centrifugas $(m \rho\dot{\theta}^2) = \dfrac{\ell^2}{m\rho^3}$

El primer miembro de (27) se puede escribir así:

$$-\frac{GMm}{\rho^2} + \frac{\ell^2}{m\rho^3} = -\frac{d}{d\rho}\left(-\frac{GMm}{\rho} + \frac{\ell^2}{2m\rho^2}\right)$$

Analizaremos el paréntesis $-\dfrac{G\,M\,m}{\rho}$ es la energía potencial de interacción gravitatoria asociada al sistema de partículas de masa M y m; $\dfrac{\ell^2}{2\,m\,\rho^2}$ es la energía potencial inercial centrifuga asociada al campo inercial centrífugo. En las Figuras 55 están graficadas. La suma de ambas se denomina habitualmente "energía potencial efectiva".

$$\varepsilon_{pef} = -\frac{G\,M\,m}{\rho} + \frac{\ell^2}{2\,m\,\rho^2} \quad \text{(fig. 55,c)}$$

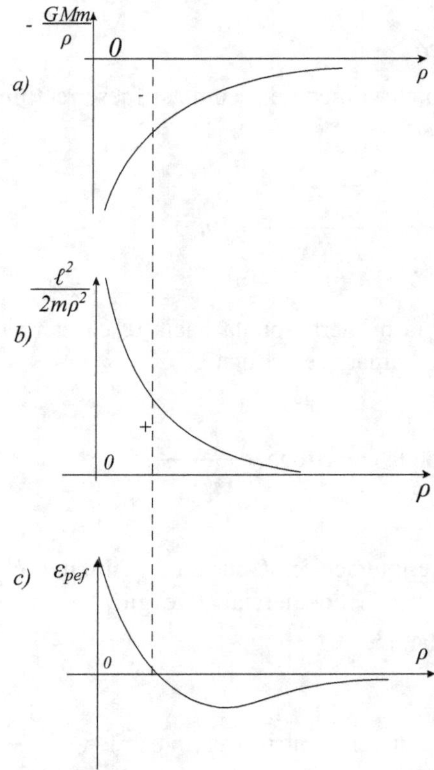


Fig. 55

Energía mecánica: $E_m = E_p + E_c = -\dfrac{G\,M\,m}{\rho} + \dfrac{1}{2}\,m\,V^2$ pero en coordenadas polares: $V^2 = \dot{\rho}^2 + \rho\dot{\theta}^2$, eliminando $\dot{\theta}^2$ por (19) resulta:

$$E_m = \left( -\frac{G\,M\,m}{\rho} + \frac{\ell^2}{2\,m\,\rho^2} \right) + \frac{1}{2}\,m\,\dot{\rho}^2 = E_{p\,ef} + \frac{1}{2}\,m\dot{\rho}^2$$

Expresión similar a la encontrada en la página 41:

$E_m = E_p + \dfrac{1}{2}\,m\,\dot{x}^2$, pero no olvidemos que aquí utilizamos en lugar de $E_p$ la "energía potencial efectiva $E_{p\,ef}$" que incluye la "parte angular" del movimiento.

En la figura 56 (a) se representan distintos niveles de energía mecánica $\left( E_{m1}, E_{m2}, \ldots \right)$. Si, por ejemplo, para el nivel $E_{m2}$, la partícula P, en un cierto instante t, ésta a la distancia $\rho$ de 0, tendrá una energía cinética (parcial o radial) $\dfrac{1}{2}\,m\,\dot{\rho}^2$ dada por el segmento BB´ que va de la curva $E_{p\,ef}$ hasta el nivel $E_{m2}$ (Fig. 51 (a)). Por lo tanto para esa distancia se tiene una velocidad radial $\dot{\rho} \neq 0$. En los puntos A y A´ la energía cinética $\dfrac{1}{2}\,m\,\dot{\rho}^2$ es nula, o sea que la velocidad radial $\dot{\rho} = 0$ para esos puntos (ápsides). La partícula P, para ese nivel $E_{m2}$ de energía mecánica, no puede encontrarse a una distancia $\rho < \rho_A$ ni $\rho > \rho_A$ de modo que el movimiento está limitado:

$\rho_A \leq \rho \leq \rho_A$, y resulta una órbita elíptica (fig. 56 b).

Para el nivel de energía mecánica mínima $E_{m1}$ siempre es $\dfrac{1}{2}\,m\,\dot{\rho}^2 = 0$ de modo que $\dot{\rho} = 0 \rightarrow \rho = cte$ y resulta una órbita circular.

Para el nivel $E_{m3} = 0$ se tiene un límite inferior para ρ pero no superior, la órbita es "abierta" y es parabólica.

Para el nivel $E_{m4} > 0$ se tiene algo similar, salvo que la órbita es hiperbólica. De modo que para los distintos niveles se tienen distintos limites para ρ y resultan las distintas órbitas (en la fig. 56 se muestran las órbitas en correlación con el gráfico de $E_{p\,ef}$).

Salvo que el momento cinético sea $\vec{\ell}(0) \equiv 0$ la partícula P no puede llegar al centro 0, por ello se dice en sentido figurado que $E_{p\,ef}$ constituye una "barrera" de energía potencial o también "barrera del momento cinético".

En la Figura 56 (b) se ha incluido una trayectoria (cónica degenerada) que como hemos dicho sólo es posible para $\vec{\ell}(0) = 0$

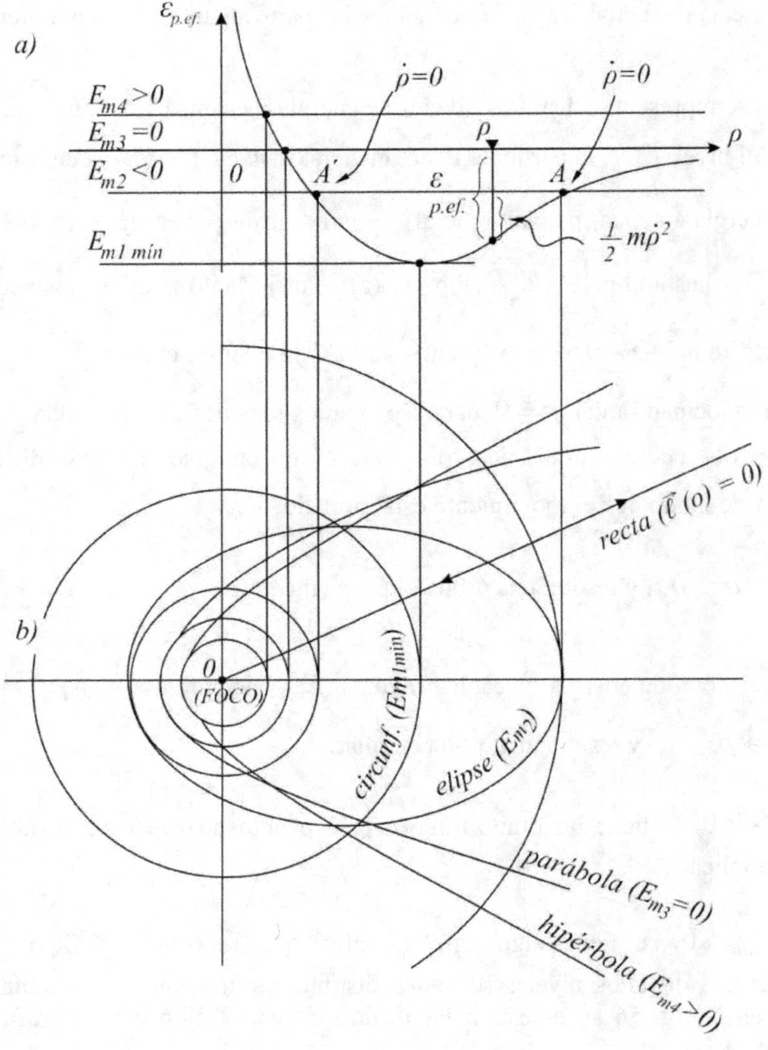


Fig. 56

<u>Caso electroestático:</u> Para dos cargas eléctricas puntuales Q y q de distintos signos resulta algo similar a la anterior pues así la fuerza F ($\rho$) también es de atracción. Para cargas de

igual signo, al ser F ($\rho$) de repulsión, la órbita posible es la rama alejada de 0 de la hipérbola, pues en $\dfrac{K}{\rho^2}$ es $K = K_0 \, \rho \, q > 0$, de modo que en la ecuación

$$\frac{1}{\rho} = -\frac{K}{\ell^2} \, m + A \cos\theta,$$ el primer sumando queda negativo.

Además en todas las fórmulas aparece la relación carga-masa $\left(\dfrac{q}{m}\right)$ pues no hay proporción entre carga eléctrica y masa inercial.

### *Leyes de KEPLER:*

Hasta aquí hemos demostrado que para fuerzas del tipo $\dfrac{K}{\rho^2}$ resulta:

1) Las órbitas son CONICAS, con la partícula causante del campo en uno de los focos.

2) La velocidad areolar respecto de uno de los focos es constante.

Estos dos enunciados son formas generalizadas de las dos primeras leyes de KEPLER, pero nos falta la tercera:

3) Para órbitas cerradas (circunferencia o elipse) "los períodos T de revolución a la segunda potencia son proporcionales a la tercera potencia de los radios o semiejes mayores a", o sea:

$$T^2 = \mu a^3$$ Donde $\mu$ es una constante de proporcionalidad que luego veremos con qué magnitudes se relaciona.

<u>Demostración de 3)</u>: Por ser la velocidad areolar constante, podemos escribir:

$$C = \frac{dA}{dt} = \frac{A}{T},$$ para una elipse $A = \pi a b$, luego

$$C = \frac{\pi a b}{T},$$ además por (15) $C = \frac{\ell}{2m}$ y despejando T

$$T = \frac{2\,m\,\pi\,ab}{\ell}$$ , elevando a la segunda potencia m.a.m.;

$$T^2 = \frac{4\,m^2\,\pi^2\,a^2\,b^2}{\ell^2}$$ , podemos eliminar b² por propiedad de la elipse:

$b^2 = a\,p$ (donde p es el parámetro), además, por (24) $p = \dfrac{\ell^2}{G\,M\,m^2}$ (con K= -GMm)

y así $b^2 = \dfrac{a\,\ell^2}{G\,M\,m^2}$ , reemplazando queda finalmente:

$$\boxed{T^2 = \frac{4\,\pi^2}{G\,M}\,a^3}$$ O sea $\mu = \dfrac{4\,\pi^2}{G\,M}$ (tercera ley de KEPLER).

<u>Comentario:</u> estas leyes no son válidas en general para fuerzas de otro tipo.

<u>Ejemplo:</u> Se pone en órbita un satélite artificial con una velocidad $\vec{V}_0$ horizontal y de 36.000 Km/hora (Fig. 57), a una altura sobre el nivel del mar de 630 Km.

Calcular:

a)  La altura máxima alcanzada por el satélite
b)  Periodo de revolución.

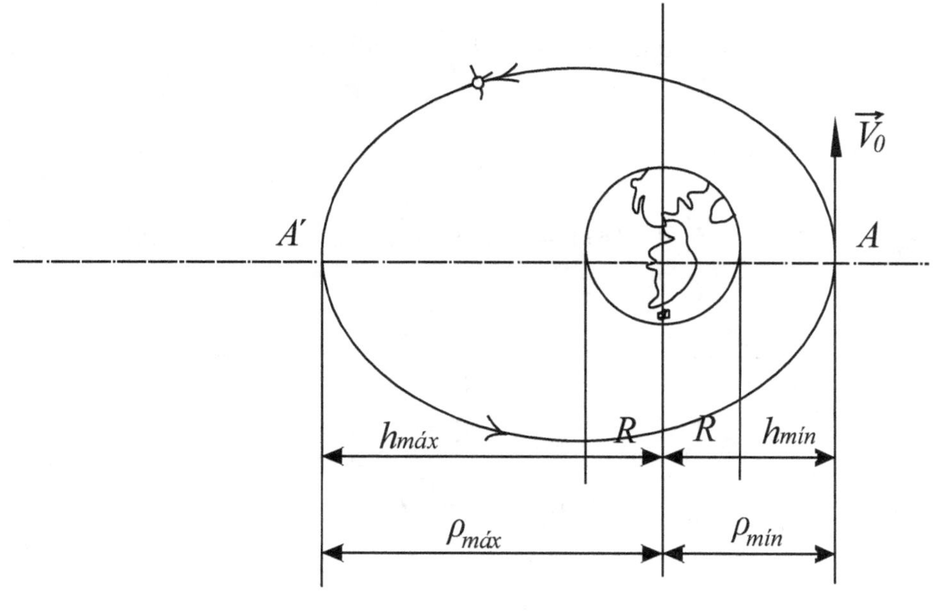


Fig. 57

Datos:

$$R = 6,37 \ x \ 10^{6} \ m$$

$$G = 6,67 \ x \ 10^{-11} \ \frac{N \, w \, m^{2}}{Kg^{2}}$$

$$M = 5,98 \ x \ 10^{24} \ Kg \ \text{ o sea } \ G \, M \cong 40 \ x \ 10^{13} \ \frac{m}{s^{2}}$$

**<u>Solución:</u>**

*a)* $h_{\max} = \rho_{\max} - R$, por la ecuación de las CONICAS, con $\theta = \pi$ :

$$\rho_{\max} = \frac{p}{1-\varepsilon} \quad \text{y por} \ (24) \quad p = -\frac{\ell^{2}}{K \, m} \ , \text{que con}$$

$$K = -G\,M\,m, \quad \ell = \rho_{\min}\,mV_0 \ \text{queda}\ p = \frac{\rho_{\min}^2\,V_0^2}{G\,M}, \ \text{ademas}\ \varepsilon = \frac{\rho_{\min}V_0^2}{G\,M} - 1$$

Reemplazando valores numéricos:

$$\rho_{\min} = R + h = 7000\,Km = 7\times 10^6\,m;\ \rho_{\min}^2 = 49\times 10^{12}\,m^2$$

$$V_0 = \frac{36.000}{3,6}\ \frac{m}{seg} = 10.000\ \frac{m}{seg};\ V_0^2 = 10^8\ \frac{m^2}{seg^2}$$

$$p = \frac{49\times 10^{12}\ x\ 10^8}{40\ x\ 10^{13}} = 1,225\times 10^7\,m$$

$$\varepsilon = \frac{7\ x\ 10^6\ 10^8}{40\ x\ 10^{13}} - 1 = 0,75\,(\text{elipse})$$

$$\rho_{\max} = \frac{1,225\ x\ 10^7\,m}{0,25} = 4,9\times 10^7\,m = 49.000\,Km.$$

$$\boxed{h_{\max} = \rho_{\max} - R = 42.630\ Km}$$

$$b)\,T = 2\pi\sqrt{\frac{a^3}{G\,M}};\quad a = \frac{\rho_{\max} + \rho_{\min}}{2} = \frac{56\ x\ 10^6}{2}\ m =$$

$$= 28\times 10^6\ m$$

$$\boxed{T \cong 2\pi\sqrt{\frac{21,952\ x\ 10^{21}}{40\ x\ 10^{13}}}\qquad s \cong 13\ \text{horas}}$$

# Capítulo III: Oscilaciones Mecánicas

## El oscilador armónico simple (o lineal) y su energía mecánica:

Demostraremos que "toda partícula, sometida a un campo de fuerza conservativa, puede oscilar alrededor de una posición de mínima energía potencial del sistema campo-partícula. Esta posición es también una posición de equilibrio estable. La demostración resulta fácil de comprender si nos apoyamos en un caso sencillo: una partícula P (Fig.58), vinculada a un riel C (tipo montaña rusa), sin rozamientos, en un campo de gravedad uniforme. De todos modos estas suposiciones no quitan generalidad al resultado.

Es claro que si P está sometida sólo a la fuerza de gravedad $\vec{F}$ y a la reacción de apoyo $\vec{N}$, normal al riel, por debajo de un cierto nivel de energía mecánica oscilará alrededor de 0, pues esa es la posición de mínima energía potencial. Aunque esto sea evidente, lo demostraremos a fin de precisar algunos conceptos importantes y generales.

En la fig. (58) S es la coordenada intrínseca de P medida desde 0. Las rectas horizontales representan los niveles de energía potencial $E_p$ (creciente hacia arriba).

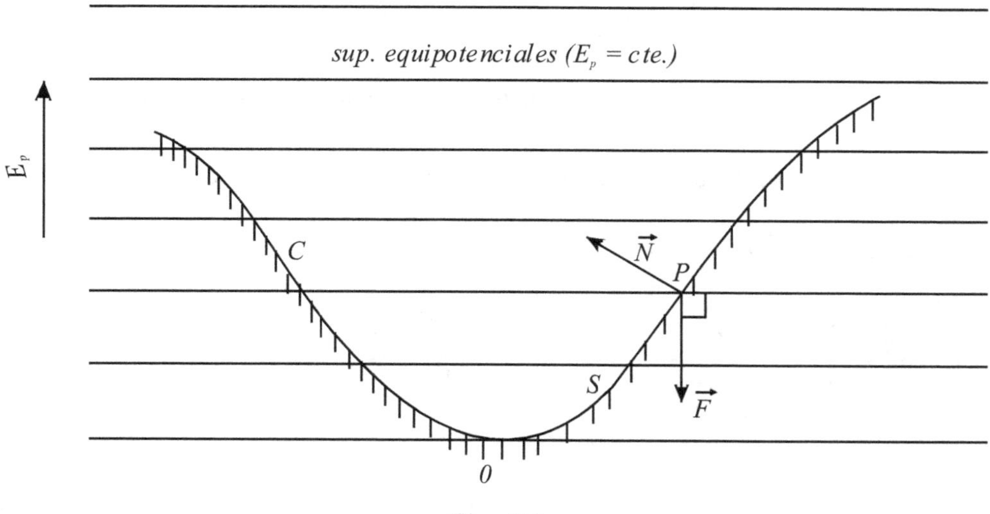


Fig. 58

Planteando la ecuación de Newton en coordenadas intrínsecas (con $\vec{T}\, y\, \vec{n}$ versor tangencial y normal a C respectivamente):

$$(28)\quad \left(\vec{N} + \vec{F}\right)\cdot \vec{T} = m\ddot{S}$$

$$(29)\quad \left(\vec{N} + \vec{F}\right)\cdot \vec{n} = m\,\frac{\dot{S}^2}{r}\,, \text{ donde r es el radio de curvatura de C.}$$

Si hacemos un análisis energético, la ecuación (29) no interesa, pues las componentes normales a C no efectúan trabajo pero sí la componente tangencial. En la (28) resulta $\vec{N}\cdot\vec{T} \equiv 0$ pues $\vec{N}$ y $\vec{T}$ son perpendiculares, de modo que resulta:

$$(30)\quad \vec{F}\cdot\vec{T} = F_T = m\ddot{S}$$

Por otro lado tenemos que $\vec{F}$ deriva de un campo escalar de energía potencial así:

$$\vec{F} = -grad\, E_p$$

Por análisis sabemos que el gradiente, multiplicado escalarmente por un versor ($\vec{T}$), da la derivada direccional en dirección del versor, o sea:

$$\left(-grad\, E_p\right)\cdot \vec{T} = F_T = -\frac{\partial E_p}{\partial S}$$

Para estudiar el movimiento de P en el entorno de 0 vemos que interesa como varía $E_p$ en función de S, para analizar esto, desarrollemos la derivada $\dfrac{\partial E_p}{\partial S}$ en serie de Taylor en el entorno del origen 0 (S = 0):

$$\frac{\partial E_p}{\partial S} = \left(\frac{\partial E_p}{\partial S}\right)_{s=0} + \left(\frac{\partial^2 E_p}{\partial S^2}\right)_{s=0}\cdot S + \frac{1}{2!}\left(\frac{\partial^3 E_p}{\partial S^3}\right)_{s=0}\cdot S^2 + etc.$$

Pero como en S = 0 tenemos un mínimo $\left(\dfrac{\partial E_p}{\partial S}\right)_{s=0} = 0$ y

$\left(\dfrac{\partial^2 E_p}{\partial S^2}\right)_{s=0} = K > 0$ (constante positiva), de modo que la ecuación (30) resulta:

$$(31) \qquad \boxed{-\left(\dfrac{\partial^2 E_p}{\partial S^2}\right)_{s=0} S - \dfrac{1}{2!}\left(\dfrac{\partial^3 E_p}{\partial S^3}\right)_{s=0} S^2 - etc. = m\ddot{S}}$$

Esta es la ecuación diferencial del movimiento de P. Como vemos en general es una ecuación diferencial NO LINEAL en S. Su integración puede significar alguna dificultad, sin embargo se pueden dar casos sencillos (por otro lado muy útiles).

***Pequeños desplazamientos:*** Si es posible despreciar $S^2$, $S^3$,... frente a S (valores pequeños de S) podemos escribir:

$$-\left(\dfrac{\partial^2 E_p}{\partial S^2}\right)_{s=0} \cdot S \cong m\ddot{S} \quad \text{o bien con} \quad K = \left(\dfrac{\partial^2 E_p}{\partial S^2}\right)_{s=0}$$

$$(32) \qquad \boxed{m\,\ddot{S} + K\,S \cong 0}$$ . Esta es la ecuación diferencial LINEAL en S

que el estudiante sabe corresponde a una solución armónica (seno y/o coseno). Significa que P realiza un movimiento armónico alrededor de la posición de equilibrio 0. Constituye así un OSCILADOR LINEAL. Decimos que 0 es una posición de equilibrio ESTABLE porque, apartada P de 0 un valor S, se genera una fuerza RECUPERADORA

$F_T = -\dfrac{\partial E_p}{\partial S}$ que apunta hacia 0.

Todo lo dicho es tanto más aproximado cuando más pequeño sea S, pero puede ser exacto, es decir, tenemos exactamente un oscilador lineal, si la energía potencial $E_p$ varía cuadráticamente con S:

$$E_p = \dfrac{1}{2} K S^2 \text{ , pues así es:}$$

$$\frac{\partial^2 E_p}{\partial S^2} = K; \quad \frac{\partial^3 E_p}{\partial S^3} \equiv 0, \quad \text{etc., no siendo en este caso, necesario}$$

limitar los valores de S.

Una aplicación práctica de todo lo dicho la tenemos en el estudio de un sistema masa-resorte. Veamos. En la figura (59 a) se muestra un resorte de masa despreciable frente a la de P. En la figura 59 b se ha colocado la partícula P de masa m, produciendo el peso $m\vec{g}$ un estiramiento $\vec{\delta}$.

Si K es la "constante de rigidez" del resorte, éste efectúa una fuerza $- K\,\vec{\delta}$ que equilibra al peso $m\vec{g}$, o sea:

$$(33) \quad m\vec{g} + \left( - K\vec{\delta} \right) = 0$$

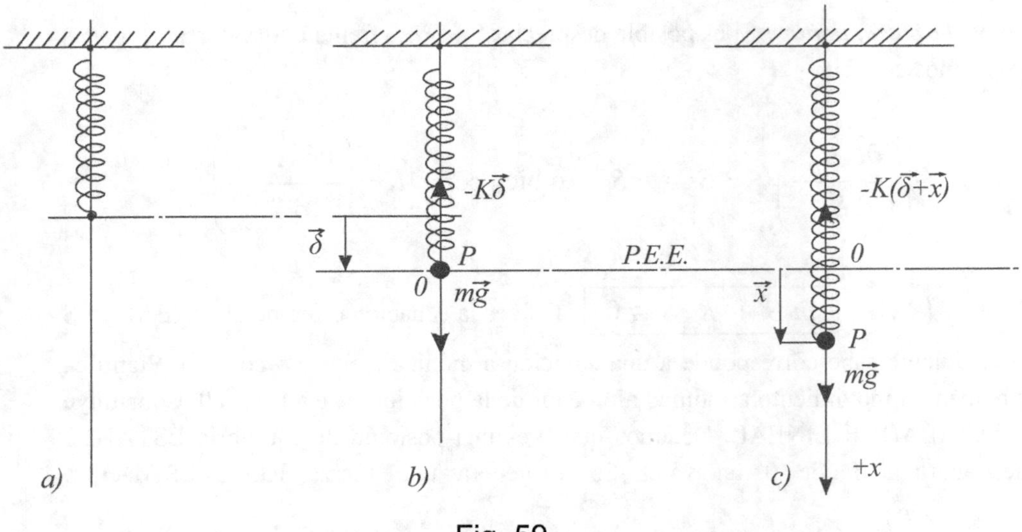

Fig. 59

En la figura (59 c) se muestra a la partícula P apartada un valor $\vec{x}$ (elongación) de la posición de equilibrio estático (P.E.E.), posición que será tomada como origen para las elongaciones $\vec{x}$. En ese instante el resorte efectúa una fuerza $-K\left(\vec{\delta}+\vec{x}\right)$ de valor superior a $m\vec{g}$. Planteamos la ecuación de Newton:

$$m\vec{g} + \left[-K\left(\vec{\delta}+\vec{x}\right)\right] = m\,\ddot{\vec{x}} \text{ o bien por la (33) } -K\vec{x} = m\,\ddot{\vec{x}}$$

Como el movimiento lo supondremos unidimensional podemos escribir en forma más sencilla:

$$\boxed{m\ddot{x} + Kx = 0}$$ (Ecuación del mismo tipo que (32)).

Dividiendo m.a.m. por m y haciendo $\omega_0^2 = \dfrac{K}{m}$

$\ddot{x} + \omega_0^2\, x = 0$. Proponemos como solución: $x(t) = e^{rt}$ luego $\ddot{x} = r^2 = e^{rt}$ reemplazando y dividiendo por $e^{rt}$ :

$$r^2 + w_0^2 = 0 \text{ (Ecuación característica), resulta:}$$

$r_1 = i\,\omega_0$, $r_2 = -i\,\omega_0$ donde $i = +\sqrt{-1}$, de modo que la solución general es:

$$(34) \quad \boxed{x(t) = C_1\, r^{i\omega_0 t} + C_2\, e^{-i\omega_0 t}} \quad , \text{ donde } C_1 \text{ y } C_2 \text{ son dos}$$

constantes arbitrarias, determinables por las condiciones iniciales, de cada caso.

***Otras Formas de presentar la (34):***

Sabemos que:

$$e^{i\omega_0 t} = \cos \omega_0\, t + i\, sen\, \omega_0 t$$

$$e^{-i\omega_0 t} = \cos \omega_0\, t - i\, sen\, \omega_0 t$$

Luego, reemplazando y agrupando:

$$x(t) = (C_1 + C_2)\cos \omega_0\, t + i\,(C_1 - C_2)\, sen\, \omega_0 t.$$ Como x (t) es una función real (la elongación) se comprende ahora que $C_1$ y $C_2$ deben ser complejos conjugados:

$$C_1 = a + b\, i$$

$$C_2 = a - bi$$ , pues así resulta x (t) real:

$$x(t) = 2a\,\cos\omega_0\,t\,+\,i\,(2bi)\,sen\,\omega_0\,t = 2\,a\,\cos\omega_0\,t - 2\,b\,sen\,\omega_0\,t\,,\quad y\quad llamando$$

con A = 2a; B = $-$ 2 b queda la segunda forma:

$$(35)\qquad \boxed{x(t) = A\cos\,\omega_0\,t\,+\,B\,sen\,\omega_0\,t}$$

***Determinación de A y B por las condiciones iniciales:***

Supongamos que para t = 0 la partícula posee una elongación cualquiera $x_0$ y una velocidad $V_0$, entonces, reemplazando t = 0 en la (35): $x_0 = A$, además derivando:

$$\frac{d\,x}{d\,t} = -A\omega_0\,sen\,\omega_0\,t\,+\,B\omega_0\,\cos\omega_0\,t\,\,,\text{ y para t = 0:}$$

$$V_0 = B\,\omega_0,\qquad \boxed{B\,=\,\frac{V_0}{\omega_0}}\quad,\text{ de modo que se puede escribir x (t) de forma que figuren}$$

explícitamente las condiciones iniciales:

$$\boxed{x(t) = x_0\,\cos\,\omega_0\,t\,+\,\frac{V_0}{\omega_0}\,sen\,\omega_0\,t}$$

(no debe en general confundirse $x_0$ con la AMPLITUD $x_{max}$).

Existe todavía una tercera forma: la última expresión puede considerarse como el resultado de proyectar sobre el eje real x los vectores rotantes de la figura (60), donde $x_{max}$ es la amplitud (elongación máxima). $\psi$ es la FASE inicial. Observando la fig. (60) se tiene que comprender que:

$$x(t)\,=\,x_0\cos\,\omega_0\,t\,+\,\frac{V_0}{\omega_0}\,\cos\!\left(\omega_0\,t\,-\,\frac{\pi}{2}\right),\text{ o bien}$$

$$(36)\qquad \boxed{x(t) = x_{max}\,\cos\,(\omega_0\,t - \psi)}\quad,\text{ con}$$

$$x_{max} = +\sqrt{x_0^2 + \frac{V_0^2}{\omega_0^2}}$$

$$\psi = \text{arc } tg\left(\frac{V_0}{\omega_0\, x_0}\right)$$

De modo que si la velocidad inicial es nula $\left(V_0 = 0\right)$ el desplazamiento inicial $x_0$ es también la amplitud, pero no así en general (con $V_0 \neq 0$).

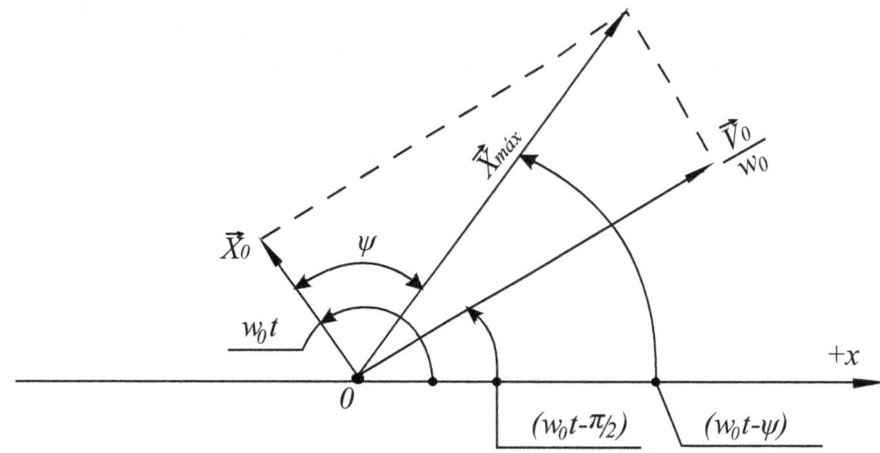


Fig. 60

Vemos de este estudio que es sistema masa – resorte, con resorte de masa despreciable, hace que la partícula P oscile alrededor de la P.E.E. con PULSACION $\omega_0 = \sqrt{\dfrac{K}{m}}$ independiente de la amplitud.

La frecuencia f (ó $\upsilon$ ) es $\dfrac{\omega_0}{2\pi} = \dfrac{1}{2\pi}\sqrt{\dfrac{K}{m}}$ , o bien el periodo:

$$\omega_0 = \frac{2\pi}{T} \Rightarrow T = 2\pi\left[\sqrt{\frac{K}{m}}\right]^{-1}$$ (Tiempo en efectuar una oscilación completa).

***Energía mecánica del oscilador lineal:***

Para no tener que trabajar con energía potencial gravitacional analicemos un sistema masa – resorte horizontal (figura 61 a). De todos modos lo que se diga aquí es general.

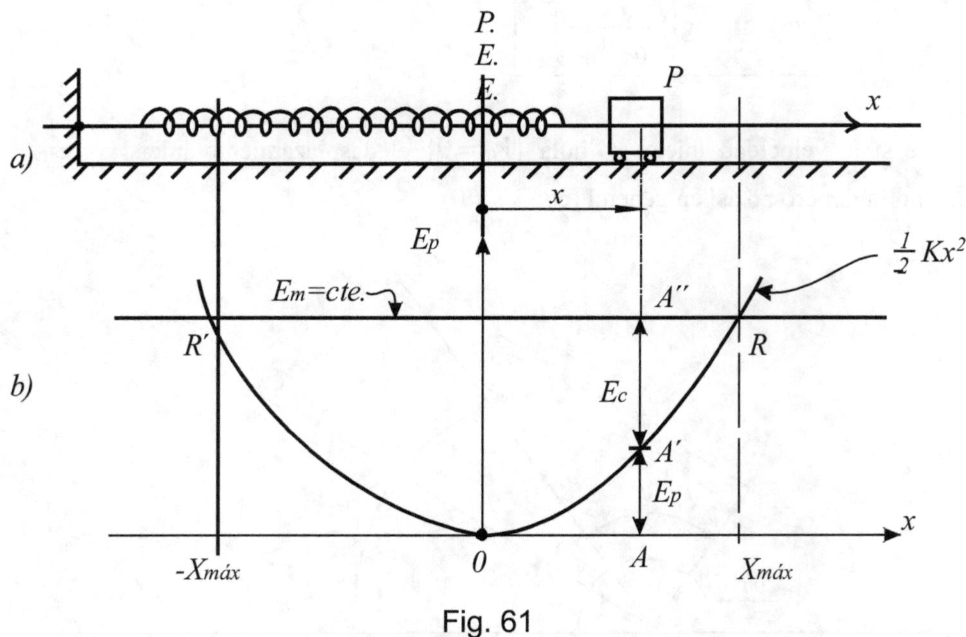



Fig. 61

En 0 suponemos la posición de equilibrio (resorte "relajado"). En un instante cualquiera la partícula P estará apartada un valor $\vec{x}$. La energía potencial elástica es $E_P = \frac{1}{2} K x^2$ (representada por la parábola de la fig. (61 b)).

La energía cinética de P es $E_c = \frac{1}{2} m \dot{x}^2$ (el resorte no posee energía cinética porque hemos despreciado su masa). De modo que la energía mecánica es:

$$E_m = E_p + E_c = \frac{1}{2} K x^2 + \frac{1}{2} m \dot{x}^2 \text{, pero teniendo en cuenta que:}$$

$$x = x_{\max} \cos\left(\omega_0\, t - \psi\right); \dot{x} = -x_{\max}\, \omega_0\, \text{sen}\left(\omega_0\, t - \psi\right)$$

Resulta al reemplazar:

$$E_m = \frac{1}{2}\ K\,x_{\max}^2\ \cos^2\left(\omega_0\ t\ -\ \psi\right)\ +\ \frac{1}{2}\ m\,x_{\max}^2\ \omega_0^2\ \operatorname{sen}^2\left(\omega_0\ t\ -\ \psi\right)\ \text{y como}$$

$\omega_0^2\ =\ \dfrac{K}{m}$ queda finalmente:

$$\boxed{E_m = \frac{1}{2}\ K\,x_{\max}^2}$$

Concluimos que la energía total de un oscilador lineal es proporcional al cuadrado de la amplitud.

En la fig. (61 b) se muestra la grafica de $E_p = \dfrac{1}{2}K\ x^2$ correlacionada con la (a): para un nivel $E_m$ de energía y una posición x se muestran los segmentos AA´ = $E_p$  y  A´A´´ = $E_c$

En los puntos R y R´ la energía cinética es nula (la partícula no puede encontrarse en la zona externa a la parábola).

***Movimiento libre con amortiguación:***

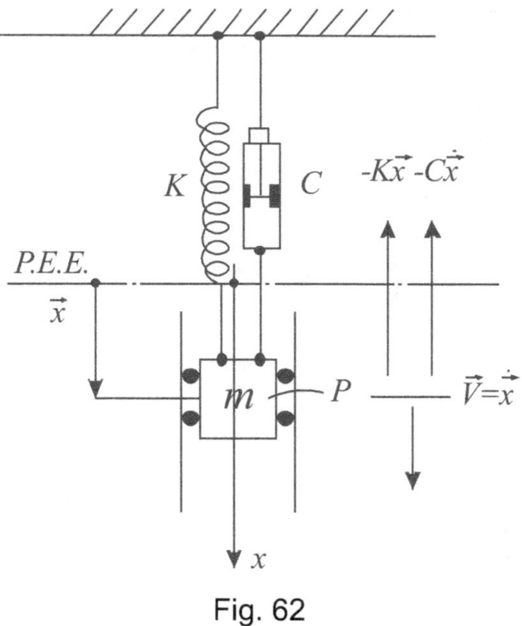


Fig. 62

En la figura (62) se muestra un sistema constituido por un resorte de rigidez K, una partícula P de masa m y un amortiguador, capaz de producir sobre P una fuerza proporcional y opuesta a la velocidad de dicha partícula, o sea:

$\vec{F}_{amort} = -C\dot{x}$ , donde C es una constante o coeficiente de amortiguación que caracteriza al amortiguador. Supondremos que el resorte y las partes móviles del amortiguador poseen una masa despreciable frente a la de P. Como el amortiguador no produce fuerza estando P en reposo, la posición de equilibrio estático (P.E.E.) es la misma que sin el amortiguador.

La ecuación diferencial para este caso:

$$m\ddot{x} = -Kx - C\dot{x} \text{ o bien}$$

$m\ddot{x} + C\dot{x} + Kx = 0$ Es habitual presentar esta ecuación con otras constantes:

$$\frac{C}{m} = 2\lambda; \quad \omega_0^2 = \frac{K}{m} \qquad \text{, luego:}$$

$$\boxed{\ddot{x} + 2\lambda\dot{x} + \omega_0^2 x = 0} \quad \text{, proponemos la solución: } x(t) = e^{rt},$$

reemplazando y dividiendo por $e^{rt}$ queda la ecuación característica: $r^2 + 2\lambda r + \omega_0^2 = 0$ .

Resolviendo tenemos, en general dos soluciones:

$$\begin{cases} r_1 = -\lambda + \sqrt{\lambda^2 - \omega_0^2} \\ \\ r_2 = -\lambda - \sqrt{\lambda^2 - \omega_0^2} \end{cases}$$

O también:

$$\begin{cases} r_1 = -\lambda + \omega_0 \sqrt{\dfrac{\lambda^2}{\omega_0^2} - 1} \\ \\ r_2 = -\lambda - \omega_0 \sqrt{\dfrac{\lambda^2}{\omega_0^2} - 1} \end{cases}$$

Se acostumbra hacer $\boxed{\gamma = \dfrac{\lambda}{\omega_0}}$ (coeficiente a-dimensional de amortiguación), resulta así:

$$\left.\begin{cases} r_1 = -\lambda + \omega_0 \sqrt{\gamma^2 - 1} \\[2mm] r_2 = -\lambda - \omega_0 \sqrt{\gamma^2 - 1} \end{cases}\right\} \qquad (37)$$

Se pueden presentar tres casos (como en todas las soluciones de las ecuaciones de 2° grado):

a)  $\gamma > 1$ ("amortiguación súper-crítica").

En este caso, según las (37) resultan $r_1$ y $r_2$ dos soluciones reales distintas. De este modo la función (38) no corresponde a un movimiento oscilatorio.

b)  $\gamma = 1$ ("amortiguación crítica").

Según las (37) resulta $r_1 = r_2 = -\lambda$ y tampoco tenemos movimiento oscilatorio, pero es un caso límite.

c)  $\gamma < 1$ ("amortiguación sub-crítica").

Resultan $r_1$ y $r_2$ complejas conjugadas y aquí sí se tiene movimiento oscilatorio aunque, como veremos, de amplitud tendiente a 0.

Analicemos cada uno de estos casos:

a)  **<u>Súper-crítico ($\gamma > 1$):</u>**

Podemos escribir $x(t) = C_1 e^{r_1 t} + C_2 e^{r_2 t} = C_1 e^{\left(-\lambda + \sqrt{\lambda^2 - w_0^2}\right)t} + C_2 e^{\left(-\lambda - \sqrt{\lambda^2 - w_0^2}\right)t}$

donde $C_1$ y $C_2$ son constantes a determinar. Y sacando $e^{-\lambda t}$ factor común:

$$x(t) = e^{-\lambda t}\left[ C_1 e^{\left(\sqrt{\lambda^2 - w_0^2}\right)t} + C_2 e^{-\left(\sqrt{\lambda^2 - w_0^2}\right)t} \right]$$

Veamos el límite de x (t) para t→∞: como $\lambda > \sqrt{\lambda^2 - \omega_0^2}$ resulta:

$\lim_{t\to\infty} x(t) = 0$, o sea después de un tiempo muy largo podemos considerar que el movimiento ha cesado.

***Determinación de las constantes $C_1$ y $C_2$:***

Sea para $t = 0, x = x_0, \dot{x} = V_0$, luego reemplazando en la función x (t)  y en $\dot{x}(t)$:

$$t = 0 \quad \left\{ \begin{array}{l} C_1 + C_2 = x_0 \\[2ex] r_1\, C_1 + r_2\, C_2 = V_0 \end{array} \right\}$$ , considerando ésto como un sistema de dos ecuaciones

algebraicas con dos incógnitas $C_1$, $C_2$ y resolviendo (por ej. por CRAMER o sustitución) resulta:

$$C_1 = \frac{x_0\, r_2 - V_0}{r_2 - r_1}; \quad C_2 = \frac{V_0 - x_0\, r_1}{r_2 - r_1}$$

***Estudio de la "forma" de x (t):***

Para tener idea de cómo varia x (t) estudiemos los signos de $C_1$ y $C_2$: como $\lambda > \sqrt{\lambda^2 - \omega_0^2}$ resulta:

$$r_1 = -\lambda + \sqrt{\lambda^2 - \omega_0^2}$$ , un valor negativo (por ej. -2 seg$^{-1}$), pero

$$r_2 = -\lambda - \sqrt{\lambda^2 - \omega_0^2}$$ "mas negativo aún" (por ej. -5 seg$^{-1}$) de modo que

($r_2 - r_1$) es también negativo (por ejemplo: -5 – (-2) = - 3 seg$^{-1}$).

Estamos ahora en condiciones de comprender que los signos de $C_1$ y $C_2$ son distintos, por ej., para mayor sencillez, supongamos que $x_0 = 1\,\text{cm}$ y $V_0 = 1\,\dfrac{\text{cm}}{\text{seg}}$, luego

$$C_1 = \frac{-5-1}{-3} = +2 \ (\text{positivo}).$$

$$C_2 = \frac{1-(-2)}{-3} = -1 \ (\text{Negativo}) \text{ y resulta como vemos que signo } C_1 \neq C_2 \text{ y además}$$

$$\left|C_2\right| < \left|C_1\right|.$$

En la figura (63) representamos $C_1 e^{r_1 t}, C_2 e^{r_2 t}$ y la superposición de ambas que da x (t).

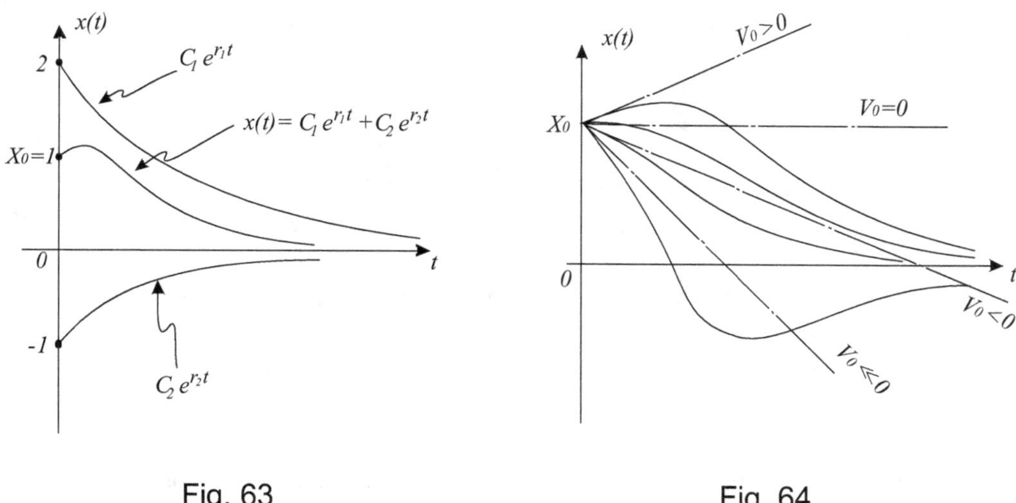


Fig. 63    Fig. 64

En la fig. (64) se muestra a x (t) para distintas velocidades iniciales, $V_0 = \dot{x}_0$, que claro está, están dadas por la pendiente en el origen.

En síntesis vemos que no existe movimiento oscilatorio. Además, no se conserva la energía mecánica, dado que la fuerza, proporcional y opuesta a la velocidad, disipa la energía y así para t "grande" el movimiento cesa.

b) **Critico ($\gamma = 1$):**

Al tener dos raíces iguales $\quad r_1 = r_2 = -\lambda$, la solución general está dada por:

$$x(t) = c_1 e^{-\lambda t} + c_2 t\, e^{-\lambda t} = e^{-\lambda t}\left(c_1 + c_2 t\right)$$

Las constantes están dadas por:

$$\begin{cases} c_1 = x_0 \\[2mm] c_2 = \lambda\, x_0 + V_0 \end{cases}$$

Veamos la relación del amortiguamiento crítico con los parámetros rigidez k y la masa m.

$$\gamma = \frac{\lambda}{\omega_0} = \frac{c}{2m\sqrt{\dfrac{k}{m}}} = \frac{c}{2\sqrt{k\,m}} \text{ , para el caso crítico:}$$

$$\frac{C_{crit}}{2\sqrt{k\,m}} = 1 \text{ o sea } \boxed{\,C_{crit} = 2\sqrt{k\,m}\,}$$

Es interesante que se comprenda, en base a esta fórmula, que siempre es posible elegir k y/o m de forma que el sistema se encuentra con amortiguación crítica, dicho en otra forma: el caso crítico depende no sólo del amortiguador sino también del resorte y de la masa de la partícula.

El movimiento tampoco es oscilatorio, pero x (t) tiende asintóticamente a cero (posición de equilibrio) más rápidamente que en el caso súper-crítico.

c) **Sub-crítico ($\gamma < 1$):**

Resultan $r_1$ y $r_2$ complejas conjugadas, pues la raíz es imaginaria:

$$r_1 = -\lambda + \omega_0\sqrt{\gamma^2 - 1} = -\lambda + i\,\omega_0\sqrt{1-\gamma^2}$$

$$r_2 = -\lambda - \omega_0\sqrt{\gamma^2 - 1} = -\lambda + i\,\omega_0\sqrt{1-\gamma^2}$$

De modo que la solución es:

$$x(t) = e^{-\lambda t}\left[ C_1 e^{i\omega_0 \sqrt{1-\gamma^2}\, t} + C_2 e^{-i\omega_0 \sqrt{1-\gamma^2}\, t} \right]$$

Dentro de este corchete tenemos una forma idéntica a la ya analizada en el movimiento armónico, pero, claro está, el corchete esta multiplicado por un factor $e^{-\lambda t}$ decreciente con el tiempo, de modo que x (t) resulta ser una función de amplitud decreciente. x(t), entonces, no es "del todo periódica" pues, por ejemplo, si en $t_1$ pasa por un máximo $x_1$, luego de un tiempo T pasa por un máximo menor, es decir los valores máximos no se repiten. Los valores x = 0 sí se repiten periódicamente. Por todo esto, denominaremos PSEUDO PULSACION o pseudo frecuencia, a:

$$(39) \quad \boxed{\omega_1 = \omega_0 \sqrt{1-\gamma^2}}$$

De modo que podemos escribir:

$$\boxed{x(t) = e^{-\lambda t} x_{\max} \cos(\omega_1 t - \psi)}$$

Para $t = 0$ es $x = x_{max} \cos \Psi$, y para $t \to \infty, x \to 0$.

La envolvente de los máximos es $x_{\max} e^{-\lambda t}$. En la figura 64 representamos x (t).

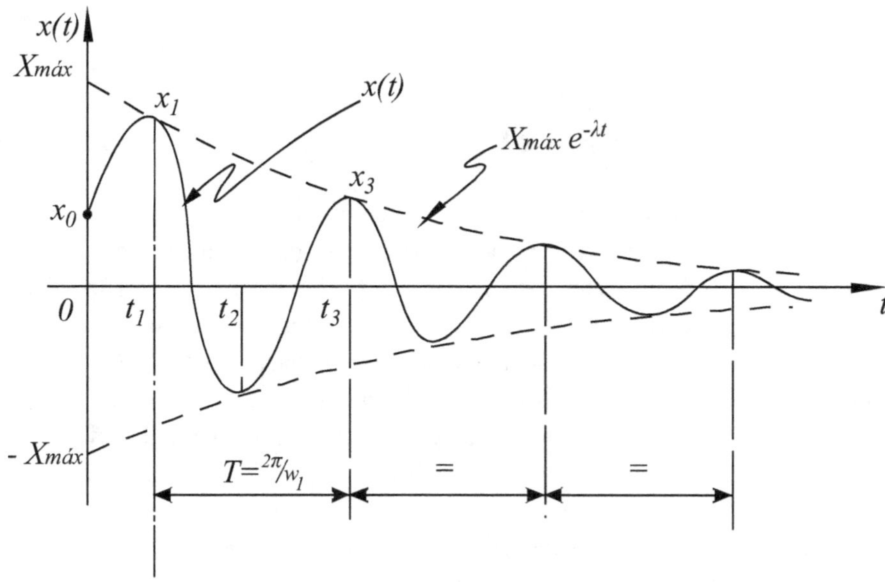


Fig. 65

*Decremento logarítmico:* Definiremos una magnitud (δ) denominada "decremento logarítmico" cuya utilidad estriba en que por medio de ella es posible calcular el amortiguamiento siendo necesario para ello medir dos máximos consecutivos (por ejemplo $x_1$, $x_3$ figura 65) y conocer el pseudo período T (esto puede lograrse por ejemplo con un oscilógrafo).

Veamos, por definición es:

$$\delta = \ell n \frac{x_n}{x_{n+2}} \text{, por ejemplo para n = 1: } \delta = \ell n \frac{x_1}{x_3}$$

O sea, $\delta = \ell n \dfrac{x_{max}\ e^{-\lambda t\,1}\ \cos\left(\omega_1\ t_1 - \psi\right)}{x_{max} e^{-\lambda\left(t\,1+T\right)}\ \cos\left[\omega_1\left(t_1+T\right)-\psi\right]}$

Pero dada la periodicidad del coseno:

$$\cos\left[\omega_1\left(t_1+T\right)-\psi\right] = \cos\left(\omega_1 t_1 - \psi\right) \text{ , además}$$

$$e^{-\lambda\left(t_1+T\right)} = e^{-\lambda t_1}\cdot e^{-\lambda T} \text{ , luego simplificando}$$

$$\delta = \ell n\ e^{\lambda T} = \lambda T \qquad \text{y asi} \qquad \boxed{\lambda = \frac{\delta}{F}}$$

## Movimiento Oscilatorio Forzado:

Hasta ahora los sistemas estudiados en este Cap. III, o bien conservan la energía mecánica (como en el movimiento armónico libre), o bien pierden energía mecánica (como en el amortiguador libre), pero, podemos tener sistemas en los cuales existan fuerzas motrices que transforman algún tipo de energía en mecánica, reponiendo, ciclo por ciclo, aquella que pudiera haberse disipado. En estos sistemas puede existir movimiento con amplitud constante o aún en aumento, según sea la cantidad de energía que se reponga, igual o mayor que la disipada. A la fuerza que efectúa esta reposición la denominaremos _fuerza excitadora._

Un caso interesante y que se da con frecuencia en la práctica es aquel en que la fuerza excitatriz varía armónicamente, es decir fuerzas del tipo:

$$F(t) = F_{max} \cos \omega t$$ , donde $F_{max}$ Donde $F_{max}$ es la amplitud de la fuerza, $\omega$ la pulsación o frecuencia.

Los motores con rotor algo descentrado, es decir con el centro de masa del rotor desplazado respecto al eje de rotación, pueden generar, como luego veremos, fuerzas del tipo armónico, aunque la amplitud $F_{max}$ en este caso es función de la propia frecuencia $\omega$.

Estudiaremos, en primer término, un sistema masa – resorte – amortiguador al cual se le aplica una fuerza excitadora del tipo: F (t) = $F_{max}$ cos $\omega$ t, pero con la amplitud $F_{max}$ independiente de la frecuencia $\omega$.

La ecuación diferencial del movimiento forzado es:

$$m\ddot{x} = -Kx - c\dot{x} + F_{max} \cos \omega t$$

O bien con el cambio de constantes

$$\left( \lambda = \frac{c}{2m}; \quad \omega_0^2 = \frac{k}{m} \right);$$

$$(40) \quad \boxed{\ddot{x} + 2\lambda\dot{x} + \omega_0^2 x = \frac{F_{max}}{m} \cos \omega t}$$

La (40) es una ecuación diferencial de segundo orden, lineal, no homogénea. La solución general de una ecuación no homogénea ($x_{S.G.N.H.}$) es la suma de la solución de la ecuación homogénea ($x_{S.H.}$) y de una solución particular de la no homogénea ($x_{P.N.H.}$), es decir:

$$x_{S.G.N.H.} = x_{S.H.} + x_{P.N.H.}$$

La solución $x_{S.H.}$ , es la ya conocida por el tema anterior, pues la ecuación homogénea $\ddot{x} + 2\lambda\dot{x} + \omega_0^2 x = 0$ fue analizada allí. Sabemos que para un tiempo suficientemente largo es $x_{S.H.} \cong 0$, de modo que la despreciaremos: decimos que el sistema llego al estado de régimen. El intervalo de tiempo en que $x_{S.H.}$ , no es despreciable se denomina estado transitorio, que, aunque no lo analizamos aquí, no resulta difícil hacerlo. Entonces, en el estado de régimen, suponemos:

$$x_{S.G.N.H} \cong x_{P.N.H.} = x(t)$$

La ecuación (40) puede ser escrita en términos de una variable compleja $\bar{x}(t)$ (elongación compleja) tal que la parte real sea x (t) (elongación real), o sea:

$R\,\bar{x}(t) = x(t)$. En esta forma la ecuación diferencial se escribe

$$\ddot{x} + 2\lambda\,\dot{x} + \omega_0^2\,\bar{x} = \frac{F_{max}}{m}\,e^{i\,\omega\,t} \quad (41)$$

Para la solución particular proponemos:

$$\bar{x}(t) = \bar{x}_{max}\,e^{\,i\,\omega\,t}$$

Es decir, una función de la misma forma que el segundo miembro de la ecuación (41).

Luego:

$$\dot{x} = \bar{x}_{max}\,i\,\omega\,e^{i\omega t}; \quad \ddot{x} = -\bar{x}_{max}\,\omega^2\,e^{i\omega t} \;, \text{ reemplazando en (41). Resulta}$$

al dividir m.a.m. por $e^{i\omega t}$ :

$$-\bar{x}_{max}\,\omega^2 + 2\lambda\,\bar{x}_{max}\,i\,\omega + \omega_0^2\,\bar{x}_{max} = \frac{F_{max}}{m} \;, \text{ y despejando } \bar{x}_{max}$$

$$\boxed{\;\bar{x}_{max} = \dfrac{\dfrac{F_{max}}{m}}{\left(\omega_0^2 - \omega^2\right) + 2\,i\,\lambda\,\omega}\;}$$ (Amplitud de elongación en forma compleja)

De modo que la solución particular $\bar{x}(t)$ es:

$$\bar{x}(t) = \frac{\dfrac{F_{max}}{m}}{\left(\omega_0^2 - \omega^2\right) + 2\,i\,\lambda\,\omega}\;e^{i\omega t}$$

Podemos pasar a variable real: el módulo de $\bar{x}_{max}$ , es:

$$(42) \qquad \left|\overline{x}_{\max}\right| = x_{\max} = \dfrac{\dfrac{F_{\max}}{m}}{\sqrt{\left(\omega_0^2 - \omega^2\right)^2 + 4\lambda^2\,\omega^2}}$$

Y el argumento del denominador de $\overline{x}_{\max}$ es:

$$arg\left[\left(\omega_0^2 - \omega^2\right) + 2\,i\,\lambda\,\omega\right] = arc.tg\,\dfrac{2\lambda\,\omega}{\left(\omega_0^2 - \omega^2\right)} = \psi$$, de modo que la amplitud

compleja en forma exponencial es:

$$\overline{x}_{\max} = \left|x_{\max}\right|e^{-i\psi}$$ y la elongación:

$$\overline{x}\left(t\right) = \left|x_{\max}\right|e^{-i\psi}\,e^{i\omega t} = x_{\max}e^{i\left(\omega t - \psi\right)}$$

Por lo tanto pasando a la parte real de este complejo tenemos:

$$(43) \qquad x\left(t\right) = \dfrac{\dfrac{F_{\max}}{m}}{\sqrt{\left(\omega_0^2 - \omega^2\right)^2 + 4\lambda^2\,\omega^2}} \cdot \cos\left(\omega t - \psi\right)$$, con $\psi$

dado

$$\text{por } (44) \qquad \psi = arc\,tg\,\dfrac{2\lambda\,\omega}{\omega_0^2 - \omega^2}$$

En síntesis: en el estado estacionario, el movimiento es armónico, con frecuencia ω igual a la de fuerza excitatriz, amplitud dada por (42) y desfasaje $\psi$ respecto a la fuerza excitatriz dada por (44).


### *Análisis de la amplitud ($x_{max}$). Factor de amplificación ($\mu$).*

Podemos modificar la (42) así:

$$x_{\max} = \frac{\dfrac{F_{\max}}{m}}{\sqrt{\left(\omega_0^2 - \omega^2\right)^2 + 4\lambda^2\,\omega^2}} = \frac{\dfrac{F_{\max}}{m}}{\omega_0^2\sqrt{\left[1-\left(\dfrac{\omega}{\omega_0}\right)^2\right]^2 + 4\gamma^2\left(\dfrac{\omega}{\omega_0}\right)^2}} =$$

$$= \frac{\dfrac{F_{\max}}{K}}{\sqrt{\left[1-\left(\dfrac{\omega}{\omega_0}\right)^2\right]^2 + 4\gamma^2\left(\dfrac{\omega}{\omega_0}\right)^2}} \quad \text{con } \omega_0^2 = \frac{K}{m} \quad \text{y} \quad \gamma = \frac{\lambda}{\omega_0}$$

¿Qué significa $\left(\dfrac{F_{\max}}{m}\right)$ ?. Es el estiramiento, provocado en el resorte, por una fuerza constante en el tiempo, de valor igual a la amplitud de la excitatriz. La llamaremos $x_e$ ("estiramiento estático", pero no debe confundirse con el estiramiento $\delta$ del peso mg).

La relación entre la amplitud $x_{\max}$ y $x_e$ se denomina "factor de amplificación $\mu$" y da la idea de las "veces" que $x_{\max}$ es mayor (o menor) que $x_e$:

$$(45) \qquad \boxed{\;\mu = \frac{x_{\max}}{x_e} = \frac{1}{\sqrt{\left[1-\left(\dfrac{\omega}{\omega_0}\right)^2\right]^2 + 4\,\gamma^2\left(\dfrac{\omega}{\omega_0}\right)^2}}\;}$$

En la figura (66) se representa el factor $\mu$ en función de la relación de frecuencias $\dfrac{\omega}{\omega_0}$, para distintas amortiguaciones.

Recuerde el alumno que hemos supuesto $F_{max}$ independiente de $\omega$.

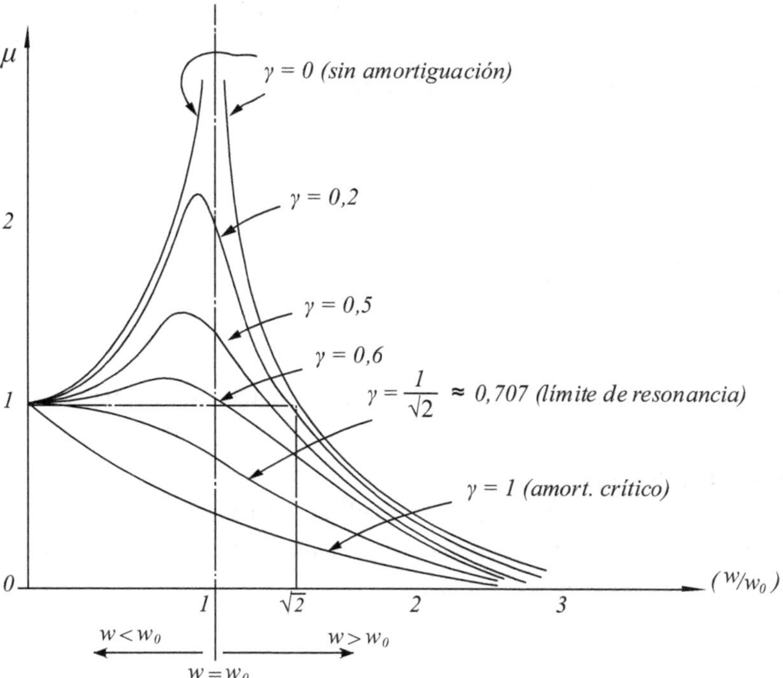


Fig. 66

**_Resonancia:_** Se observa en la figura (66) que cada curva $\mu = f\left(\dfrac{\omega}{\omega_0}\right)$ posee un máximo.

Para $\gamma = 0$ el máximo tiende a $\infty$ y ocurre para

$$\omega = \omega_0 = \sqrt{\frac{K}{m}}$$

Veamos para qué valores de $\left(\dfrac{\omega}{\omega_0}\right)$ se producen los máximos en los casos amortiguados $(\gamma \neq 0)$: para ello buscamos el máximo de la función (45) y el alumno comprobará que ocurren para:

$$\frac{\omega}{\omega_0} = \sqrt{1 - 2\gamma^2}$$ ,es decir, cuando la frecuencia de la fuerza excitatriz (de amplitud independiente de $\omega$ ) vale:

(46) $\omega_{res} = \omega_0 . \sqrt{1 - 2\,\gamma^2}$, la amplitud de oscilación pasa por un máximo.

Es claro que para que, ésto ocurra a valores reales de $\omega_{res}$ debe ser según la (46):

$$1 - 2\,\gamma^2 \geq 0 \text{, o sea}$$

$$\gamma \leq \frac{1}{\sqrt{2}} \cong 0,707$$

Para amortiguamientos superiores (por ejemplo $\gamma = 1$) no se dan estos máximos.

Estas situaciones se denominan de <u>resonancia</u>. En estas situaciones el sistema oscila con máxima amplitud. De no existir amortiguación la amplitud crecería fuera de todo límite y seguramente se produce la rotura. Esto puede ocurrir, inclusive, con alguna amortiguación según sea el valor de las deformaciones admisibles.

***Análisis del desfasaje*** $\psi$ :

Hemos visto que $\psi = arc\ tg\,\dfrac{2\,\lambda\,\omega}{\left(\omega_0^2 - \omega^2\right)}$ , escribamos esto en forma que aparezca la

relación $\left(\dfrac{\omega}{\omega_0}\right)$ :

$$\psi = arc\ tg\ \frac{2\,\lambda\,\omega}{\omega_0^2\left[1 - \left(\dfrac{\omega}{\omega_0}\right)^2\right]} \quad \text{y como}\quad \gamma = \frac{\lambda}{\omega_0}$$

Resulta:

$$\psi = arc\,tg\,\frac{2\,\lambda\left(\dfrac{\omega}{\omega_0}\right)}{\left[1 - \left(\dfrac{\omega}{\omega_0}\right)^2\right]}$$

En la figura (67) está representado $\psi$ en función de $\left(\dfrac{\omega}{\omega_0}\right)$ para distintos amortiguamientos $\gamma$.

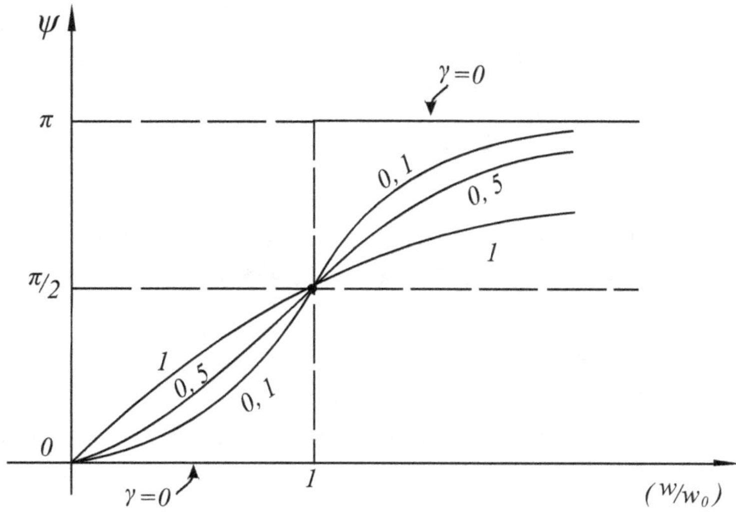


Fig. 67

¿Qué significado tiene $\psi$? Es el desfasaje entre la fuerza excitatriz $\vec{F}(t)$ y la elongación $\vec{x}(t)$. En las figuras (68) se presentan los vectores rotantes con velocidad angular $\omega$. Las proyecciones sobre el eje horizontal x dan:

$$\left\{\begin{array}{l} F(t) = F_{\max} \cos \omega t \\ x(t) = x_{\max} \cos(\omega t - \psi) \end{array}\right\}$$

Note el alumno que el máximo de la fuerza no está en fase con la máxima elongación: En el caso $\gamma = 0$ (sin amortiguación) pueden estar en fase con tal que $\omega < \omega_0$ (excitación "lenta"). Pero para $\omega > \omega_0$ están en "contrafase", es decir:

$$\psi = \pi.$$

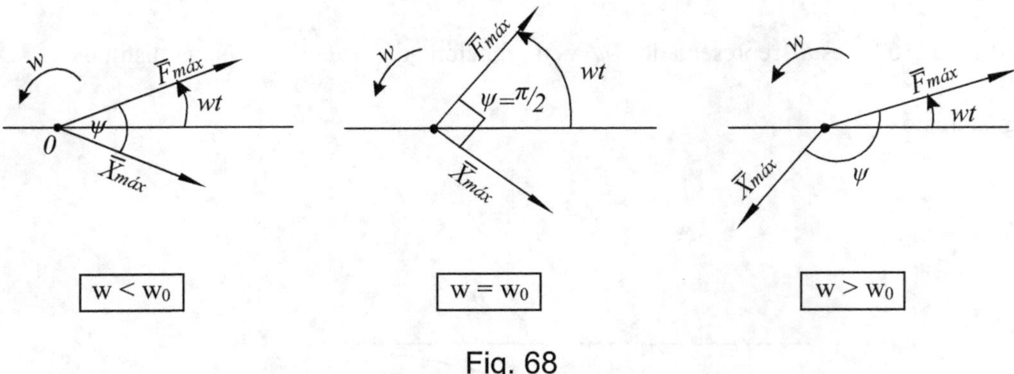



Fig. 68

## La aislación de vibraciones. Vibrómetro. Fuerza transmitida y factor de transmisibilidad (T).

Estudiemos las fuerzas que el sistema hace sobre el soporte S, del cual está vinculado el resorte y el amortiguador. Es claro que sobre tal soporte (Figura 69) actúa el amortiguador, con una fuerza $-C\,\dot{\overline{x}}$ y el resorte con $-K\,\overline{x}$. Estas fuerzas, si bien son colineales, no están en fase, en efecto:

$$F_{resorte} = -K\,\overline{x} = -K\,\overline{x}_{max}\,e^{i\omega t}$$

$$F_{amortig.} = -C\,\dot{\overline{x}} = -C\,\overline{x}_{max}\,i\,\omega e^{i\omega t} =$$

$$= -C\,\overline{x}_{max}\,\omega e^{i(\omega t + \pi/2)}$$

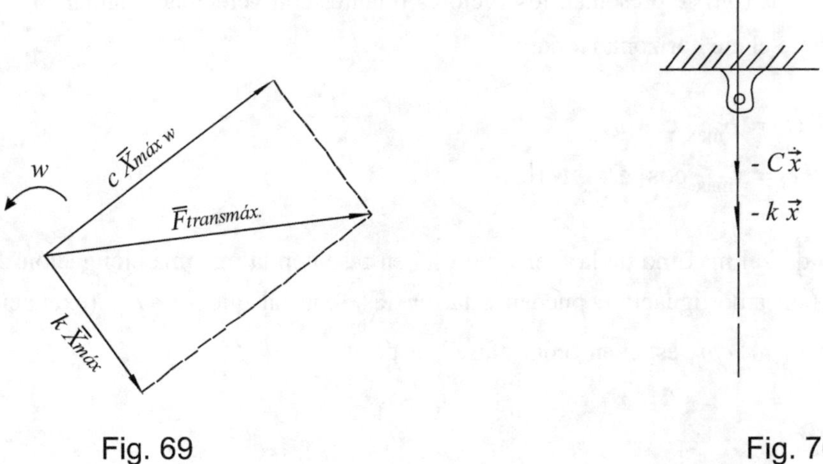



Fig. 69                                      Fig. 70

o sea que están en "cuadratura" de fase, (figura 70). De modo que la amplitud de la fuerza transmitida al soporte tiene un módulo:

$$\left|\overline{F}_{transm}\right| = \sqrt{\left(K\,x_{max}\right)^2 + \left(C\,x_{max}\,\omega\right)^2} \quad \text{o bien}$$

$$\left|\overline{F}_{transm}\right| = K\,x_{max}\,\sqrt{1 + \left(\frac{C\,\omega}{K}\right)^2}$$

Definiremos un coeficiente de transmisibilidad T por: $T = \dfrac{F_{transm}}{F_{max}}$ , es decir como el cociente entre la amplitud de la fuerza transmitida y la amplitud de la fuerza excitadora.

$$T = \frac{F_{transm}}{F_{max}} = \frac{K\,x_{max}}{F_{max}}\sqrt{1 + \left(\frac{C\,\omega}{K}\right)^2} \quad \text{como} \quad \frac{x_{max}}{F_{max}/K} = \mu \qquad \text{y}$$

efectuado el cambio de constantes se llega a:

$$T = \mu\sqrt{1 + \left(2\gamma\,\frac{\omega}{\omega_0}\right)^2}$$

En la figura 71 está representada T como función de $\dfrac{\omega}{\omega_0}$ para distintos amortiguamientos.

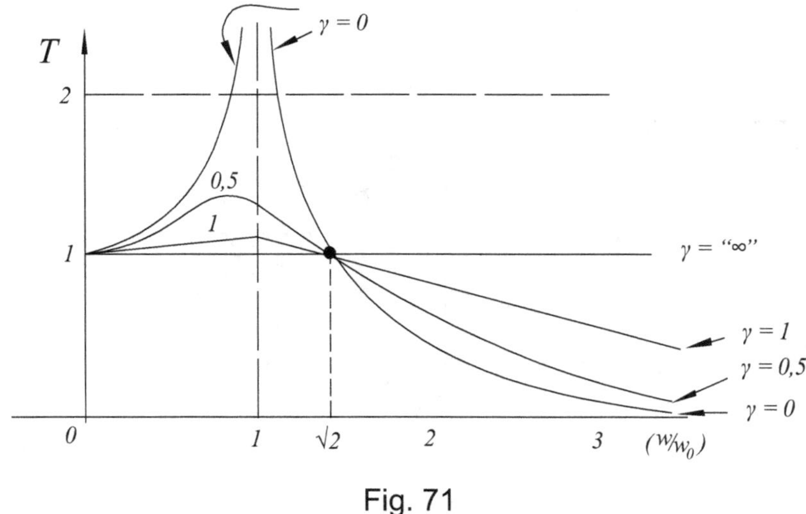


Fig. 71

Nota el alumno que si se desea que la fuerza transmitida al soporte sea menor que la amplitud de la excitadora, se debe tener el menor amortiguamiento posible y una relación (

$\omega/\omega_0$) mayor que $\sqrt{2}$. En la resonancia, en cambio, una pequeña amortiguación hace crecer la fuerza transmitida.

### *Vibrómetro (ejemplo de aplicación de conocimientos)*

Podemos aplicar los conocimientos anteriores al estudio de un simple pero interesante instrumento: el vibrómetro. Consta esencialmente de un sistema masa – resorte – amortiguador, vinculado a una caja rígida (según se esquematiza en la figura 72 a). Como comprenderemos enseguida, este instrumento puede ser utilizado tanto para medir amplitud de oscilación de un cuerpo S (elemento de máquina, elemento de estructura civil, suelo, etc.) o bien, para medir las aceleraciones máximas de dicho S.

En la figura (72 a) se representa al vibrómetro adherido a S y ambos en reposo. P.e.e es la posición de equilibrio referida a un S.R.I. En la figura (72 b) tenemos el conjunto en movimiento respecto al S.R.I. y aún m respecto a la caja (S.R.N.I.), estando dibujado en una posición arbitraria.

x es la elongación de la masa m respecto a una marca "cero" en la caja, $y$ es el desplazamiento de S y por ende de la caja respecto a la P.e.e, Z=x + $y$ es el desplazamiento de la masa respecto a P.e.e.. (S.R.I.).

Supongamos que S (y luego la caja) oscila con la ley:

$$y(t) = y_{\max} \cos \omega t$$

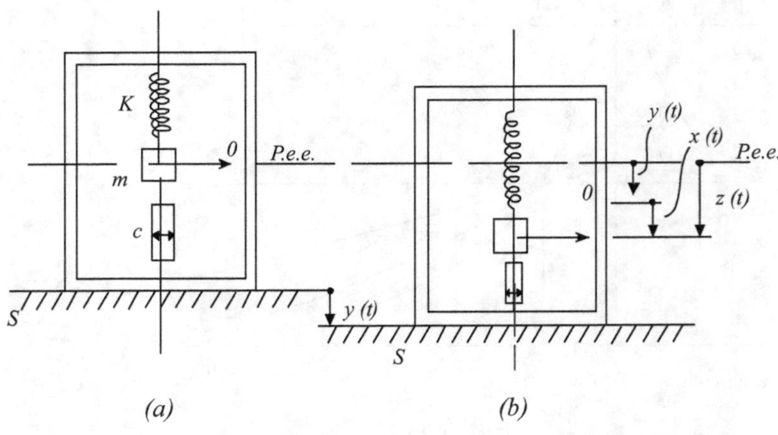



Fig. 72

Planteamos la ley de Newton (debe ser, como sabemos, según el S.R.I.), teniendo en cuenta que la fuerza que hace el resorte y que hace el amortiguador tienen en relación con $x$ y $\dot{x}$ respectivamente y no con Z, en cambio la aceleración que debe tenerse en cuenta es $\ddot{Z}$ pues es, como hemos dicho, respecto a un S.R.I., así:

$$m\ddot{Z} + C\dot{x} + Kx = 0 \quad \text{pero:} \quad Z = x + y = x + y_{max}\cos\omega t$$

De modo que: $\dot{Z} = \dot{x} - y_{max}\,\omega\,sen\,\omega t$

$$\ddot{Z} = \ddot{x} - y_{max}\,\omega^2\cos\omega t \text{ , reemplazando y dividiendo m.a.m. por m:}$$

$$\boxed{\ddot{x} + 2\,\lambda\dot{x} + \omega_0^2\,x = y_{max}\,\omega^2\,\cos\omega\,t}$$

Donde $\lambda$ y $\omega_0$ son las constantes ya conocidas. Aprovechemos nuestros conocimientos para:

$$\ddot{x} + 2\,\lambda\,\dot{x} + \omega_0^2\,x = \frac{F_{max}}{m}\,\cos\omega t \qquad \text{es:}$$

$$x_{max} = \frac{F_{max}/K}{\sqrt{\left[1 - \left(\dfrac{\omega}{\omega_0}\right)^2\right]^2 + \left(2\,\gamma\,\dfrac{\omega}{\omega_0}\right)^2}}$$

Comparando, vemos que tenemos:

$$\frac{F_{max}}{m} \rightarrow y_{max}\,\omega^2 \text{,o sea } F_{max} = m\,y_{max}\,\omega^2$$

(Se puede interpretar que $m\,y_{max}\omega^2$, es una fuerza inercial de arrastre en el sistema "caja"), luego:

$$x_{max} = \dfrac{\dfrac{m\, y_{max}\, \omega^2}{K}}{\sqrt{\left[1-\left(\dfrac{\omega}{\omega_0}\right)^2\right]^2 + \left[2\,\gamma\,\dfrac{\omega}{\omega_0}\right]^2}} =$$

$$= \dfrac{y_{max}\left(\dfrac{\omega}{\omega_0}\right)^2}{\sqrt{\left[1-\left(\dfrac{\omega}{\omega_0}\right)^2\right]^2 + \left[2\,\gamma\left(\dfrac{\omega}{\omega_0}\right)\right]^2}}$$

Se acostumbra a relacionar $x_{max}$ con $y_{max}$ (amplitud de oscilación de m respecto al "cero" de la caja con la amplitud de oscilación de S respecto a P.e.e. respectivamente), así:

$$\dfrac{x_{max}}{y_{max}} = \dfrac{\left(\dfrac{\omega}{\omega_0}\right)^2}{\sqrt{\left[1-\left(\dfrac{\omega}{\omega_0}\right)^2\right]^2 + \left[2\,\gamma\left(\dfrac{\omega}{\omega_0}\right)\right]^2}}$$

En la figura (73) se representara esta relación en función de $\left(\dfrac{\omega}{\omega_0}\right)$ y distintas amortiguaciones.

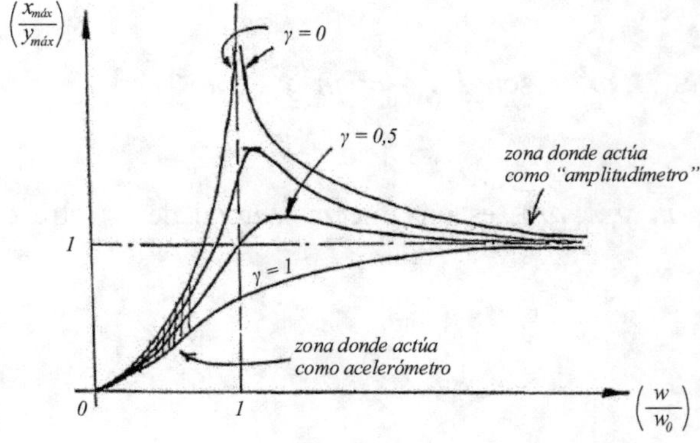


Fig. 73

*Medidor de amplitud:* Vemos en la grafica de la figura (73) que para $\omega \gg \omega_0$ ($ó$ $\omega/\omega_0 \gg 1$), cosa que se consigue con resorte "blando" y/o gran masa m (pues $\omega_0 = \sqrt{K/m}$, resulta $\dfrac{x_{\max}}{y_{\max}} \to 1$, es decir, $x_{\max} = y_{\max}$, de modo que, midiendo el desplazamiento $x_{\max}$ según la escala de la caja, medimos la amplitud de oscilación de S.

*Medidor de aceleración (acelerómetro):* Por el contrario, si $\omega \square \omega_0 (ó\,\omega/\omega_0 \square\ 1)$, estamos en la zona rayada en la fig. (73). Las curvas en esta zona pueden ser aproximadamente consideradas como parábolas. Por ejemplo para $\gamma = 0,5$:

$$\left(\frac{x_{\max}}{y_{\max}}\right) \cong \left(\frac{\omega}{\omega_0}\right)^2 \text{ o bien } x_{\max}\,\omega_0^2 \cong y_{\max}\,\omega^2$$

Pero $y_{\max}\,\omega^2$ es la amplitud $a_{\max}$ de la aceleración de S y $\omega_0^2 = \dfrac{K}{m'}$, luego, conociendo estos valores, y midiendo $x_{\max}$ en la escala, calculamos la aceleración máxima de S.

$$a_{\max} = x_{\max}\,\frac{K}{m}$$

**Comentarios:** La gráfica de la figura (73) es muy diferente a la gráfica de la figura (66), en efecto, entre otras diferencias tenemos que los máximos (resonancia) aquí ocurren para: $(\omega/\omega_0) > 1$.

Esto ocurre porque la amplitud de la fuerza excitadora es $\left(m\,y_{\max}\,\omega^2\right)$ o sea es función de $\omega$.

Es fácil demostrar que los "picos" de resonancia ocurren ahora para:

$$(47) \qquad \boxed{\ \omega_{res} = \frac{\omega_0}{\sqrt{1-2\,\gamma^2}}\ }, \qquad \text{en lugar de} \qquad \omega_{res} = \omega_0\,\sqrt{1-2\,\gamma^2}$$

Lo mismo ocurrirá en el ejemplo de aplicación siguiente:

### *Ejemplo de aplicación*

Con un vibrómetro se encontró que la amplitud de oscilación del motor eléctrico esquematizado de la figura 74 es de 1mm. Cuando gira a 1000 r.p.m. Sabiendo que:

1) El rotor del motor tiene un desequilibrio dinámico equivalente a una masa puntual excéntrica de 100 gr. a 10 cm. del eje de rotación.

2) Está suspendido de cuatro resortes iguales de rigidez K = 100 N/cm cada uno.

3) La masa total suspendida es de 10 kg.

Calcular:

a) Coeficiente C de amortiguación

b) Velocidad angular $\omega_{res}$ de resonancia (en r.p.m.).

c) Amplitud de oscilación $\left(x_{\text{max }res}\right)$ en resonancia

d) Amplitud de la fuerza transmitida al piso.

$$\left(F_t\right) \text{ a 1000 r.p.m. y en resonancia } \left(F_{t\ res}\right).$$

Nomenclatura:  Amplitud de oscilación a 1000 r.p.m.: $X_{\text{max}}$

Velocidad de 1000 r.p.m.: $\omega$

Masa excéntrica: $m_e$

Masa suspendida total: m

### *Solución:*

a) Según la fórmula (42) es, despejando $\lambda^2 = \left(\dfrac{C}{2m}\right)^2$,

$$\lambda^2 = \left(\frac{C}{2m}\right)^2 = \frac{1}{4\,\omega^2}\left[\frac{F_{\text{max}}^2}{m^2\,x_{\text{max}}^2} - \left(\omega_0^2 - \omega^2\right)^2\right]$$

La amplitud de la fuerza excitatriz es: $\boxed{F_{\max} = m_e \; \omega^2 \; r}$

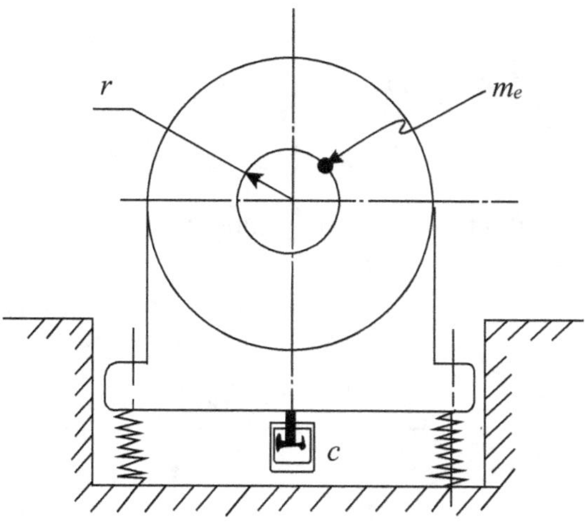


Fig. 74

$$\omega = 1000 \; r.p.m = \frac{\pi \, x \, 1000}{30}\left(\frac{1}{S}\right) \cong 104,72\left(\frac{1}{s}\right)$$

$\omega^2 \cong 1,096 \, x \, 10^4 \left(1/s^2\right)$, luego:

$$F_{\max} = 10^{-1} kg \; x \; 1,096 \; x \; 10^4 \left(1/s^2\right) x \, 10^{-1} m$$

$$F_{\max} \cong 109,66 \, N.$$

$$F_{\max}^2 \cong 1,2 \; x \; 10^4 \, N^2$$

Como los resortes están en paralelo es $K_{eq} = 4K = 4 \; x \; 10^4 \; N/m$, luego

$$\omega_0^2 = \frac{K_{eq}}{m} = \frac{4 \; x \; 10^4}{10} = 4 \; x \; 10^3 \left(1/s^2\right); \omega_0 \cong 63,25 \; (1/s)$$

$$\left(\omega_0^2 - \omega^2\right)^2 \cong 0,485 \; x \; 10^8 \left(1/s^4\right)$$

$$\frac{F_{max}^2}{m^2 \; x_{max}^2} \cong 1,2 \; x \; 10^8 \left(1/s^4\right), \qquad \text{luego: } \lambda^2 \cong 0,163 \; x \; 10^4 \left(1/s^2\right)$$

$$\lambda \cong 40(1/s) \;\; \text{y asi}$$

$$(a) \qquad \boxed{C = 2m\,\lambda = 800 \; kg \, / \, seg}$$

Como referencia calculamos el amortiguamiento crítico:

$$C_{crit} = 2\sqrt{K_{eq} \; m} = 2 \; \sqrt{4 \; x \; 10^4 \; x \; 10} \cong 1265 \; kg \, / \, seg.$$

De modo que el sistema es SUBCRITICO.

b) _Velocidad de resonancia_: según la (47) tenemos:

$$\omega_{res} = \frac{\omega_0}{\sqrt{1 - 2 \; \gamma^2}}, \; \text{donde} \; \gamma = \frac{C}{C_{crit}} \cong 0,63$$

O bien $\gamma^2 \cong 0,40$, luego

$$\omega_{res} = \frac{63,25}{\sqrt{0,2}} \cong 141,43(1/s)$$

O sea:

$$b) \qquad \boxed{\omega_{res} = \frac{141,43 \; x \; 30}{\pi} \cong 1350 \; r.p.m}$$

c) Para hallar $x_{max\ res}$ empleamos la (42) con $\omega=\omega_{res}$

$$x_{max\ res} = \frac{\dfrac{F_{max\ res}}{m}}{\sqrt{\left(\omega_0^2 - \omega_{res}^2\right)^2 + 4\,\lambda^2\,\omega_{res}^2}}$$ , donde $F_{max\ res}$ es la amplitud de la

fuerza excitatriz para $\omega = \omega_{res}$, o sea:

$$F_{max\ res} = m_e\,\omega_{res}^2\,r \cong 10^{-1}\ x\ 2\ x\ 10^4\ x\ 10^{-1} \cong 2\ x\ 10^2\,N$$

$$\left(\omega_0^2 - \omega_{res}^2\right)^2 \cong \left(4\ x\ 10^3 - 20\ x\ 10^3\right)^2 \cong 2,56\ x\ 10^8\ \left(1/s^4\right)$$

$$\lambda^2 = \left(\frac{C}{2m}\right)^2 = \left(\frac{8\ x\ 10^2}{20}\right)^2 = 1,6\ x\ 10^3\ \left(1/s^2\right),$$

luego $\quad 4\lambda^2\ \omega_{res}^2 \cong 1,28\ \ x\ \ 10^8\left(1/seg^4\right)$

$$x_{max\ res} \cong \frac{20}{\sqrt{3,84}}\ 10^{-4}\,m\ \cong\ 1,02\,mm.$$

$(c)$ $\qquad$ $\boxed{x_{max\ res} \cong 1,02\,mm}$

Como vemos el "pico" de resonancia es pequeño debido a que el amortiguamiento $\gamma$ es cercano a 0,707.

*d) Fuerza transmitida a 1000 r.p.m.:*

$$F_{trans} = \sqrt{\left(K_{eq}\ x_{max}\right)^2 + \left(C\ x_{max}\ \omega\right)^2} = K_{eq}\ x_{max}\ \sqrt{1 + \left(\frac{C\,\omega}{K_{eq}}\right)^2}$$

$$\left(\frac{C\,\omega}{K_{eq}}\right)^2 \cong \left(\frac{8\ x\ 10^2\ x\ 104,72}{4\ x\ 10^4}\right)^2 \cong 4,348$$

$$K_{eq}\ x_{max} = 4\ x\ 10^4\ x\ 10^{-3}\ N = 40N, \quad \text{luego} \quad \boxed{F_{trans}\ \cong\ 93N}$$

*Fuerza transmitida en resonancia:* reemplazando $\omega \rightarrow \omega_{res}$, $x_{max} \rightarrow x_{max\ res}$ resulta:

$$\boxed{F_{t\ res}\ \cong\ 122,4\,N}$$

## Sistemas de referencia inerciales (S.R.I.) y acelerados (S.R.N.I.).

Consideremos que la resultante de las fuerzas de INTERACCIÓN que actúan sobre una partícula es nula. Si al referir el movimiento de dicha partícula a un cierto S.R. resulta que su velocidad es CONSTANTE (incluye el reposo) diremos que ese S.R. es INERCIAL (S.R.I.). Si no ocurre así diremos que es NO INERCIAL (S.R.N.I.). Dicho en otra forma: "un S.R.I. es aquel, en donde se cumple el principio de inercia de Newton".

Hemos dicho en el capítulo II que la búsqueda de un S.R.I. obliga a conocer todos los tipos de interacciones que la partícula pueda tener con el resto del Universo. Esto implica una dificultad insalvable ya que muchas interacciones se reconocen por el tipo de movimiento de la partícula: cuando ésta está acelerada respecto a un S.R., puede existir la duda de si lo está debido a una fuerza de interacción o porque el S.R. es NO inercial. Esta duda se presenta en las interacciones gravitatorias dada la proporcionalidad entre masa inercial y masa gravitacional.

Para muchos fines de la ingeniería es suficientemente aproximado considerar inercial a un S.R. fijo respecto a las estrellas (por ejemplo al sol).

*Principio de relatividad de Galileo:* "el comportamiento dinámico de un sistema mecánico cualquiera es el mismo tanto en un S.R.S. (figura 75) como en S` con tal que S` se mueva con velocidad constante respecto a S".

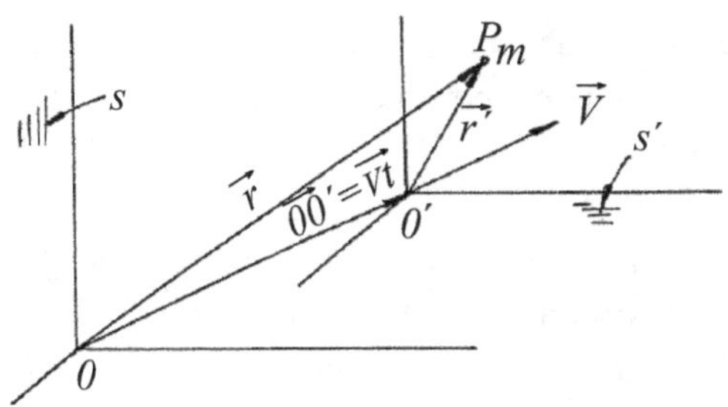

Fig. 75

Si aceptamos la ley de Newton $\vec{R} = m\,\vec{a}$ entonces para que se cumpla la relatividad de Galileo debemos admitir dos cosas:

a)  Si t es el tiempo medido con un reloj fijo en S, este tiempo también es válido para S`, o sea:

(48)      $t = t'$

b)  Si el origen 0` coincide con el origen 0 para t = 0  (o sea $\overrightarrow{00`} = 0$ para t = 0) entonces $\vec{r}$` y $\vec{r}$ (figura75) están vinculados así:

(49)      $\vec{r} = \vec{r}` + \vec{V}\,t$     $(\vec{V}\,t = \overrightarrow{00`})$

Las (48) y (49) constituyen las funciones de Transformación de Galileo. Estas dejan invariante la fuerza de interacción R dada por la ley de Newton. En efecto se cumple según (48) y (49) que:

$$\vec{R} = m\,\frac{d^2\,\vec{r}}{d\,t^2} = m\,\frac{d^2\,\vec{r}'}{d\,t^2} \text{ , ya que } \vec{V} = \text{cte.}$$

Estas funciones de transformación nos llevan a la siguiente idea: "si S es inercial cualquier otro S` con $\vec{V}$ = cte. Respecto a S es también inercial".

En efecto:

Si $\vec{R} = 0$ es $\vec{A} = 0$, tanto en S como en S`.

Si S` está acelerado respecto a S inercial, entonces el comportamiento dinámico de un sistema mecánico en S` no es igual que en S. Las funciones de transformación entre S y S` ya no son tan sencillas, aunque incluyen, como caso particular, a las de Galileo. Esto será estudiado en detalle más adelante.

***Comentario***: si se extiende el principio de Galileo a los sistemas electromagnéticos se tiene el Principio de Relatividad Restringida de Einstein (1905). Se le agrega además el siguiente hecho empírico: "la rapidez C de la luz en el vacío es la misma en todo S.R.I.". Admitidas estas dos ideas deben cambiarse las funciones de transformación de Galileo por las de Lorentz.

## Elementos de cinemática de un cuerpo rígido y derivada relativa.

Adelantamos aquí algunas ideas de cinemática del cuerpo rígido que luego completaremos en el capítulo VI. La necesidad de este adelanto estriba en el hecho de que todo S.R. es concebido como un cuerpo rígido y estudiaremos aquí, precisamente, sistemas de referencia en movimiento respecto a otro. Una caja rígida es un ejemplo de S.R.

¿Cuándo decimos que un cuerpo es rígido? Cuando durante su movimiento la distancia entre dos puntos cualesquiera del mismo permanece invariable, es decir, cuando el cuerpo se comporta como indeformable. En realidad esto constituye una hipótesis de trabajo que sólo se cumple en forma aproximada. El estudio de los cuerpos o sistemas de partículas deformables pertenece a la Elasticidad y a la Mecánica de los Fluidos.

_Traslación:_ decimos que un cuerpo rígido se traslada, respecto a un cierto S.R., cuando el vector posición relativa $\vec{PQ}$ (figura76) de un punto cualquiera P respecto de otro Q del cuerpo, se mantiene constante durante el movimiento.

En la figura (76) $\vec{P}$ y $\vec{Q}$ son los vectores posición, respecto S.R., de los puntos P y Q del cuerpo respectivamente. Luego tenemos que:

$$\vec{PQ} = \vec{P} - \vec{Q}$$ y derivando m.a.m. respecto al tiempo, teniendo en cuenta que

$$\vec{PQ} = \text{cte.,}$$ resulta:

$$\vec{V}(P) - \vec{V}(Q) = 0,\ \text{o sea:}\ \vec{V}(P) = \vec{V}(Q)$$

De modo que "en la traslación, las velocidades de los distintos puntos del cuerpo, son iguales entre sí". Lo mismo ocurre con la aceleración.

La derivada $\left[\dfrac{d\,\vec{PQ}}{dt}\right]$ es la velocidad relativa de P respecto de Q, de modo que en la traslación, es nula.

También podemos decir que "en la traslación, el conjunto de los vectores velocidad, asociados a cada punto del cuerpo, constituyen un campo de velocidades independiente de dichos puntos".

Si las velocidades conservan la dirección  en el tiempo se tiene una traslación rectilínea, de lo contrario se tendrá una traslación curvilínea.

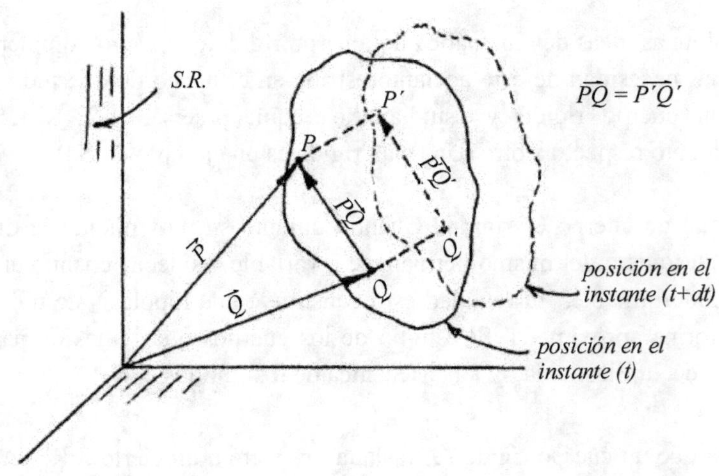


Fig. 76

En la figura (77) se da un ejemplo de traslación curvilínea (circular) el  cuerpo rígido S` está vinculado a otro S, que sirve de referencia, por dos bielas AB y CD iguales y paralelas. La trayectoria de cada punto del cuerpo es un arco de circunferencia de radio AB = CD.

Este caso no debe confundirse con la rotación.

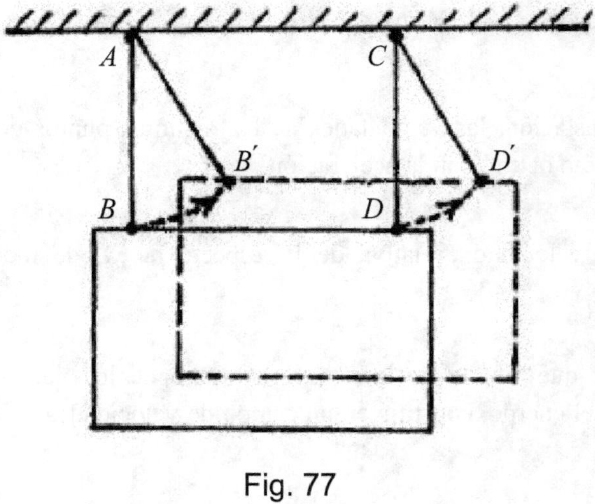


Fig. 77

*Rotación a eje fijo:* Decimos que un cuerpo rígido está rotando según un eje (e), fijo respecto a un cierto S.R., (figura78) si la velocidad de un punto cualquiera P del cuerpo está dada por:

$$(50) \qquad \vec{V}(P) = \vec{\omega} \; x \; \overrightarrow{PQ}$$

Donde $\vec{\omega}$ es la velocidad angular y Q un punto cualquiera del eje e. Las velocidades de los puntos del eje e son nulas según la fórmula (50). Los puntos del cuerpo describen arcos de circunferencia con centro en el eje e. Si suponemos que el eje e y el vector posición relativa $\overrightarrow{PQ}$ están en el plano de dibujo, entonces la velocidad $\vec{V}(P)$ está "de punta" en el dibujo y de sentido acorde a todo producto vectorial. El módulo de la velocidad es:

$$|\vec{V}(P)| = |\vec{\omega}| \; |\overrightarrow{PQ}| \; \text{sen} \; \theta = \omega \, r$$

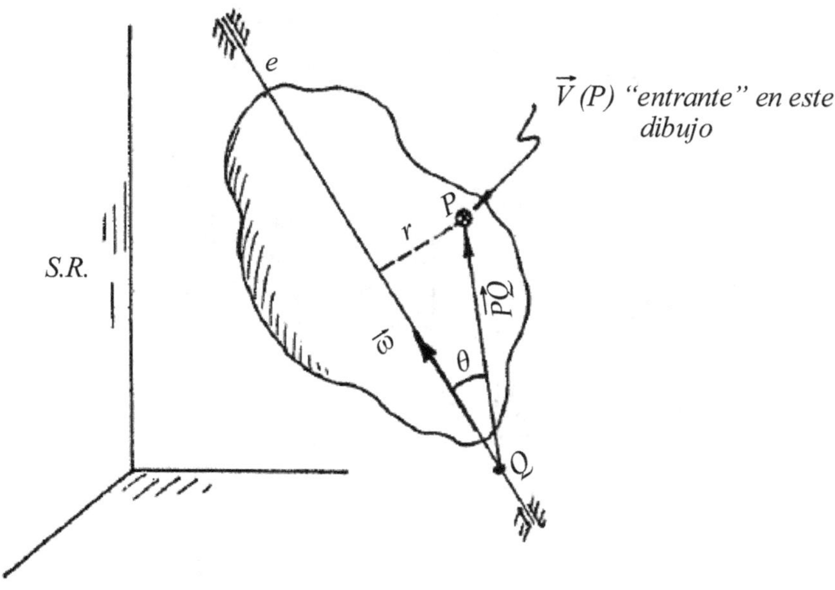


Fig. 78

*Rototraslación:* es el movimiento más general posible para un cuerpo rígido. Puede ser considerada como la superposición de una traslación y de una rotación conveniente, en cada intervalo infinitesimal de tiempo.

Veamos cómo se vinculan las velocidades de dos puntos cualesquiera de un cuerpo rígido, en rototraslación respecto a un cierto S.R..

En la figura (79) se muestra un cuerpo rígido (para mayor sencillez se supuso prismático) dibujado en dos posiciones 1 y 2 correspondientes a los instantes (t) y (t + dt). Estas dos posiciones constituyen una realidad que debemos respetar en el siguiente análisis: podemos suponer formalmente que el cuerpo pasó de la posición 1 a la 2 por medio de una traslación que llevó P a P`, Q a Q`, etc., y luego adquirió la posición 2 rotando en ángulo infinitesimal según un eje que contiene a Q`, de forma que lleva P` a P`` (eje perpendicular al plano determinado por los puntos Q`, P`, P``). Así considerado Q` coincide con Q``.

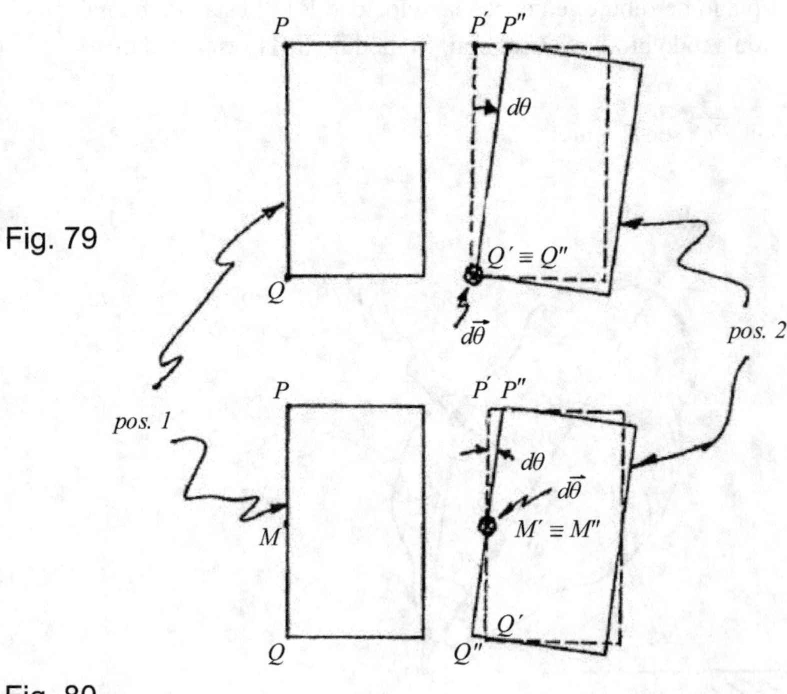


Fig. 79

Fig. 80

Matemáticamente podemos escribir:

<u>Desplazamiento de P:</u>  $\vec{dP} = \overrightarrow{PP`} + \overrightarrow{P`P``}$

<u>Desplazamiento de Q:</u>  $\vec{dQ} = \overrightarrow{QQ`} = \overrightarrow{QQ``} = \overrightarrow{PP`}$

Si definimos el vector diferencial de ángulo $\vec{d\theta}$ ubicado en el eje y según la regla de la mano derecha, tenemos:

$$\overrightarrow{P`P``} = \vec{d\theta} \; x \; \overrightarrow{P`Q`} \text{ o bien}$$

$$\overrightarrow{P`P``} = \vec{d\theta} \; x \; \overrightarrow{PQ} \text{ luego reemplazando a } \vec{dp}:$$

$$\vec{dp} = \vec{dQ} + \vec{d\theta} \; x \; \overrightarrow{PQ} \text{ y dividiendo m.a.m. por dt:}$$

$$(51) \qquad \boxed{\vec{V}(P) = \vec{V}(Q) + \vec{\omega} \; x \; \overrightarrow{PQ}}$$

Esta fórmula relaciona la velocidad de un punto P del cuerpo rígido con la velocidad de otro punto Q del mismo cuerpo. En el caso más general $\vec{\omega}$ es función del tiempo.

La descomposición del movimiento en una traslación y una rotación no es única: en la figura (80) se muestran las dos mismas posiciones 1 y 2 que debemos respetar, pero la traslación es diferente a la de la figura (79) (mayor) y la rotación se efectúa por un eje paralelo al anterior pero que pasa por M, de forma que el lector puede comprobar que se cumple:

$$\vec{V}(P) = \vec{V}(M) + \vec{\omega} \; x \; \overrightarrow{PQ}$$

Los puntos Q, M,…elegidos para que pase el eje se denominan POLOS de reducción.

La fórmula de velocidades demostrada resulta de imponer la condición de rigidez: la distancia entre dos puntos cualesquiera del cuerpo no pueden variar, dicho de otro modo, la velocidad relativa proyectada en la dirección determinada por tales puntos debe ser nula, y en efecto, la fórmula (51) cumple multiplicando m.a.m. escalarmente $\overrightarrow{PQ}$ se tiene:

$$\vec{V}(P) . \overrightarrow{PQ} = \vec{V}(Q) . \overrightarrow{PQ} \text{ , pues } (\vec{\omega} \; x \; \overrightarrow{PQ}) . \overrightarrow{PQ} = 0, \text{ luego}$$

$$[\vec{V}(P) - \vec{V}(Q)] . \overrightarrow{PQ} \equiv 0$$

### Derivada de los versores $\vec{\iota}_j$ (formula de Poisson)

En la figura (81) se muestran dos sistemas de coordenadas cartesianas: uno S, de origen 0, ejes $X_1$, $X_2$. $X_3$ y versores $\vec{I}_1$, $\vec{I}_2$, $\vec{I}_3$ y otro $s$ de origen $o$, ejes $x_1$, $x_2$, $x_3$ y versores $\vec{\iota}_1$, $\vec{\iota}_2$, $\vec{\iota}_3$.

Suponemos que "$s$" está en movimiento rototraslatorio respecto a S, es decir, su origen "$o$" posee una velocidad instantánea $\vec{V}(o)]_S$ y además una velocidad angular instantánea $\vec{\omega}]_S$. La notación $]_S$ indica que las magnitudes son medidas desde S. Los vectores posición $\vec{a}_j$ son de los puntos $a_j$ extremos de los $\vec{\iota}_j$, luego:

$$\vec{\iota}_j = \vec{a}_j - \vec{o} \; (j = 1, 2, 3)$$

Derivando respecto al tiempo y desde S

$$\frac{d\vec{\iota}_j}{dt}\Big]_S = \vec{V}(a_j)]_S - \vec{V}(o)]_S$$ Considerando a S como un cuerpo rígido, debe cumplirse la fórmula (51):

$$\vec{V}(aj)]_S = \vec{V}(o)]_S + \vec{\omega} \times \vec{\iota}_j.$$ luego reemplazando en la anterior resulta:

$$(Poisson) \qquad \boxed{\frac{d\vec{\iota}_j}{dt}\Big]_S = \vec{\omega} \times \vec{\iota}_j}$$

Es decir, "si a un versor móvil, se le pre-multiplica vectorialmente por la velocidad angular, resulta su derivada temporal respecto al S.R. desde el cual se mide un estado de movimiento". Esta fórmula debida a Poisson resultará de gran utilidad en lo que sigue:

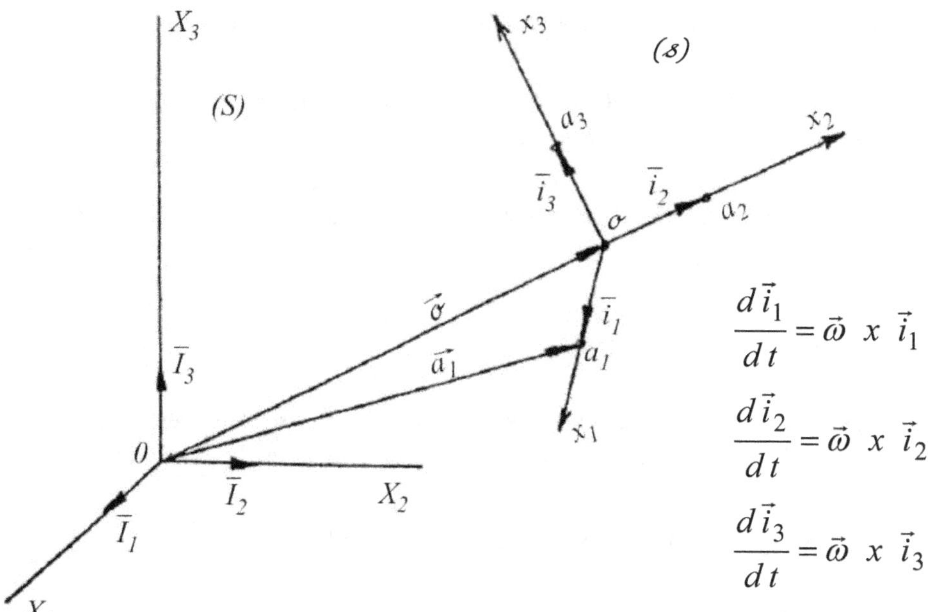



$$\frac{d\vec{i}_1}{dt} = \vec{\omega} \ x \ \vec{i}_1$$

$$\frac{d\vec{i}_2}{dt} = \vec{\omega} \ x \ \vec{i}_2$$

$$\frac{d\vec{i}_3}{dt} = \vec{\omega} \ x \ \vec{i}_3$$

Fig. 81

**Movimiento relativo. Velocidad absoluta, de arrastre y relativa.**

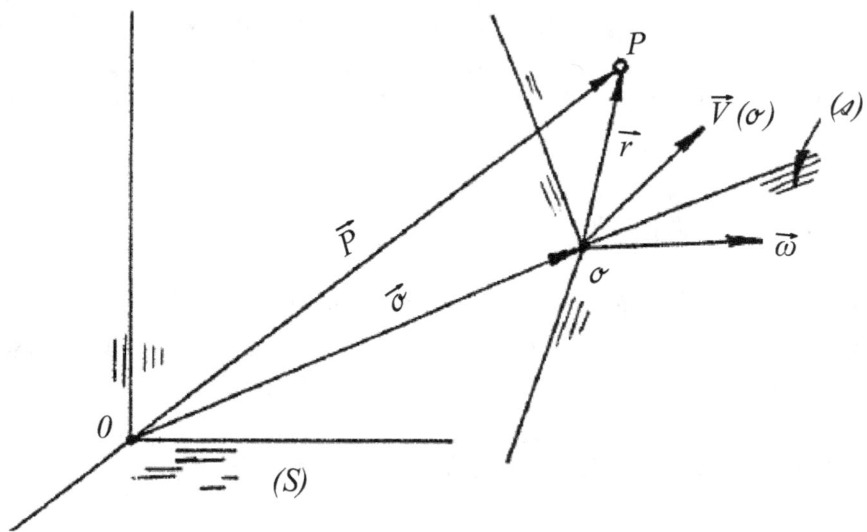



Fig. 82

Estudiaremos el  movimiento de una partícula P refiriéndola a dos S.R.:

El S y el , en rototraslación respecto a S. Como siempre $\vec{V}(\sigma)]_S$ es la velocidad del origen $\sigma$ y $\vec{\omega}]_S$ la velocidad angular de rotación de $s$ (figura 82).

$\vec{P}$ , es el vector posición de P respecto a S y $\vec{r}$ lo es respecto de $s$. Según la figura (82) se cumple:

$$(52) \qquad \vec{P} = \vec{\sigma} + \vec{r}$$

Estos vectores pueden ser expresados por sus componentes cartesianas del S.C. que uno desee o sea conveniente, por ejemplo, conviene expresar $\vec{r}$ por sus componentes en $s$:

$$\vec{r} = x_1 \ \vec{\iota}_1 + x_2 \ \vec{\iota}_2 + x_3 \ \vec{\iota}_3 \ \text{ o bien con notación de Einstein}$$

$$\vec{r} = x_j \ \vec{\iota}_j \ (j = 1, 2, 3)$$

Derivemos respecto al tiempo la (52) y desde el S.R. S:

$$(53) \qquad \frac{d\vec{P}}{dt}\Big]_S = \frac{d\vec{\sigma}}{dt}\Big]_S + \frac{d}{dt}\left(x_j \ \vec{\iota}_j\right)\Big]_S$$

Es claro que $\frac{d\vec{\sigma}}{dt}\Big]_S = \vec{V}(\sigma)]_S$ y $\frac{d\vec{P}}{dt}\Big]_S = \vec{V}(P)]_S$, es decir, las velocidades respecto a S de los puntos P y $o$ respectivamente. Veamos la última derivada: esta derivada corresponde a un producto de funciones del tiempo, pues visto desde S, tanto $\vec{x}_j$ como $\vec{\iota}_j$ son variables en el tiempo, luego:

$$\frac{d}{dt}\left(x_j\vec{\iota}_j\right)\Big]_S = \vec{\iota}_j \ \frac{dx_j}{dt}\Big]_S + x_j \ \frac{d\vec{\iota}}{dt}\Big]_S$$

En la primera del segundo miembro, al derivar, se ha supuesto $\vec{\iota}_j = $ cte. ó lo que es lo mismo, $s$ fijo, de modo que equivale a derivar las coordenadas $x_j$ desde $s$, que en esta ocasión es lo mismo que S, o sea:

$$\vec{\iota}_j \ \frac{dx_j}{dt}\Big]_S = \vec{\iota}_j \ \frac{dx_j}{dt}\Big]_s = \frac{d}{dt} \ \left(x_j\vec{\iota}_j\right)\Big]_s = \frac{d\vec{r}}{dt}\Big]_s$$

Es decir, la velocidad de P medida desde $s$, la denominaremos VELOCIDAD RELATIVA.

Apliquemos ahora las fórmulas de POISSON a la segunda del segundo miembro:

$$x_j \left. \frac{d\vec{\imath}_j}{dt} \right]_S = x_j \vec{\omega} \times \vec{\imath}_j = \vec{\omega} \times x_j\, \vec{\imath}_j = \vec{\omega} \times \vec{r}$$

Luego, reemplazando en (53):

$$(54) \qquad \boxed{\ \vec{V}\,(P)\,]_S = \vec{V}(\sigma)]_S + \vec{\omega} \times \vec{r} + \left. \frac{d\vec{r}}{dt} \right]_\delta\ }$$

Veamos el significado de ( $\vec{V}\,(\sigma)]_S + \vec{\omega} \times \vec{r}$ ) : si imaginamos que P está fijo al sistema $\delta$

en el lugar $\vec{r}$, entonces $\left. \dfrac{d\vec{r}}{dt} \right]_\delta \equiv 0$

Y así:

$$\vec{V}\,(P)\,]_S = \vec{V}\,(\sigma)\,]_S + \vec{\omega} \times \vec{r}$$

A esta velocidad se le denomina VELOCIDAD DE ARRASTRE: es la velocidad de un punto de $\delta$ coincidente, instante por instante, con P. Sólo en el caso que $\delta$ se traslade con respecto a S ($\vec{\omega} \equiv 0$) la velocidad de arrastre no depende de $\vec{r}$ (arrastre uniforme).

Si S es inercial se acostumbra a denominara VELOCIDAD ABSOLUTA a la velocidad $\vec{V}\,(P)]_S$. Esta denominación no es conveniente, pues, toda velocidad es relativa a un S.R.. La denominación de ABSOLUTA ha surgido por cuestiones históricas: en el siglo pasado se trabajó con el concepto de ETER como S.R. universal.

Nosotros adoptaremos el término sólo por comodidad, ya que de una sóla vez decimos que nos referimos al S.R. S y que éste es inercial.

*En síntesis:*

$$\vec{V}\,(P)_{abs} = \vec{V}_{arr} + \vec{V}_{relat} \quad \text{donde:}$$

$$\vec{V}_{arr} = \vec{V}\,(\sigma) + \vec{\omega} \times \vec{r}$$

$$\vec{V}_{rel} = \left. \frac{d\vec{r}}{dt} \right]_\delta$$

**_Comentario:_** la suma ($\vec{V}\,(\sigma) + \vec{\omega} \times \vec{r}$) se denomina velocidad de arrastre sea que efectivamente el sistema $\delta$ arrastre a P, (como por ejemplo en el caso de una persona P que camina en un barco $s$ en movimiento respecto a la costa S), por el contrario sea que P no esté vinculado a $s$ (como por ejemplo en el caso de un pájaro P en vuelo en la atmósfera S y analizado desde un avión en movimiento). En el primer caso es claro que una modificación del arrastre modifica la velocidad absoluta, pero en el segundo caso  si se modifica la velocidad de arrastre se modifica la velocidad relativa a fin de que sumadas resulte la absoluta que corresponde.

*Derivada relativa:* introduciremos un operador derivada, que si bien no introduce conceptos nuevos a los ya mencionados, sirve para mecanizar las deducciones matemáticas que luego veremos. Podemos escribir la (54) así:

$$\vec{V}(P)]_S - \vec{V}(\sigma)]_S = \frac{d}{dt}\left(\vec{P} - \vec{\sigma}\right)]_S = \frac{d\vec{r}}{dt}\Big]_S = \vec{\omega} \times \vec{r} + \frac{dr}{dt}\Big]_s$$

De modo que las variaciones de una magnitud tal como $\vec{r}$ medida tanto desde S como desde $s$ están vinculadas por la fórmula:

$$\frac{d\vec{r}}{dt}\Big]_S = \vec{\omega} \times \vec{r} + \frac{dr}{dt}\Big]_s$$

Generalizando: si se tiene una magnitud cualquiera, su derivada con respecto a S está vinculada con su derivada respecto a $s$ por el operador:

$$\frac{d}{dt}\,(\ )\Big]_S = \frac{d}{dt}\,(\ )\Big]_s + \vec{\omega} \times (\ )$$

Donde dentro del paréntesis se colocará la magnitud en cuestión. A este operador le denominaremos "derivada relativa".

Ejemplos:

1. Es claro que si dentro del paréntesis colocamos los versores $\vec{i}_j$ de $s$ reencontramos las fórmulas de Poisson, pues:

$$\frac{d\,(\vec{i}_j)}{dt}\Big]_s \equiv 0$$

2. La derivada de la velocidad angular $\vec{\omega}$ de $s$ es la misma sea que se la mida desde S o desde $s$, en efecto:

$$\left.\frac{d\vec{\omega}}{dt}\right]_S = \left.\frac{d\vec{\omega}}{dt}\right]_s$$

Pues $\vec{\omega} \ x \ \vec{\omega} \equiv 0$. El alumno debería interpretar intuitivamente este resultado.

## Teorema de Coriolis (aceleración absoluta, de arrastre, relativa y complementaria o de Coriolis).

En este subtema estudiaremos las importantes vinculaciones entre las aceleraciones medidas desde dos sistemas de referencias (S y $s$) en rototraslación relativa.

Como en dinámica las aceleraciones juegan un rol importantísimo dado que multiplicadas por el escalar masa del objeto en estudio dan las fuerzas que sobre él actúan, creemos conveniente adoptar a S como inercial.

Sabemos que la aceleración es la derivada respecto al tiempo de la velocidad:

$$\left.\vec{a}\ (P)\right]_S = \frac{d}{dt}\ \left.\vec{V}\ (P)\right]_S\ \Big]_S$$

Preste atención a los subíndices: tenemos aquí la derivada de la velocidad de P relativa a S hecha también desde S. Reemplazando $\left.\vec{V}\ (P)\right]_S$ por la (54) resulta:

$$\left.\vec{a}\ (P)\right]_S = \frac{d}{dt}\ \left.\vec{V}\ (o)\right]_s\ \Big]_S + \frac{d}{dt}\ \left.(\vec{\omega}\ x\ \vec{r})\right]_S + \left.\frac{d\left[\frac{d\vec{r}}{dt}\right]_s}{dt}\right]_S$$

Aplicando el operador derivada relativa, a las dos últimas derivadas:

$$\left.\vec{a}\ (P)\right]_S = \left.\vec{a}\ (o)\ \right]_S + \frac{d}{dt}\ \left.(\vec{\omega}\ x\ \vec{r})\ \right]_s + \vec{\omega}\ x\ (\vec{\omega}\ x\ \vec{r}) + \left.\frac{d\left[\frac{d\vec{r}}{dt}\right]_s}{dt}\right]_s + \vec{\omega}\ x\ \left[\frac{d\vec{r}}{dt}\right]_s$$

Donde $\left.\vec{a}\ (o)\right]_S$ es la aceleración del origen de $s$ respecto a S. Haciendo las derivadas de los productos:

$$\left.\vec{a}\ (P)\right]_S = \left.\vec{a}\ (o)\ \right]_S + \dot{\vec{\omega}}\ x\ \vec{r} + \vec{\omega}\ x\ \left[\frac{d\vec{r}}{dt}\right]_s + \vec{\omega}\ x\ (\vec{\omega}\ x\ \vec{r}) + \left.\frac{d^2\vec{r}}{dt^2}\right]_s + \vec{\omega}\ x\ \left[\frac{d\vec{r}}{dt}\right]_s$$

Reagrupando:

$$(55) \qquad \vec{a}\,(P)\,]_S = \vec{a}\,(o)\,]_S + \dot{\vec{\omega}}\;x\,\vec{r} + \vec{\omega}\,x\,(\vec{\omega}\,x\,\vec{r}) + \frac{d^2\vec{r}}{dt^2}\Big]_s + 2\,\vec{\omega}\,x\,\Big[\frac{d\vec{r}}{dt}\Big]_s$$

Si P estuviese fijo respecto a $s$ en el lugar r los dos últimos sumandos serían nulos, de modo que los tres primeros sumandos, constituyen la <u>aceleración de arrastre.</u>

$$(56) \qquad \vec{a}_{arr} = \vec{a}\,(o) + \dot{\vec{\omega}}\,x\,\vec{r} + \vec{\omega}\,x\,(\,\vec{\omega}\,x\,\vec{r})$$

"se interpreta como la aceleración respecto a S de un punto de $s$ que en el instante considerado coincide con P".

Medida la aceleración desde el propio sistema $s$ resulta $\dfrac{d^2\vec{r}}{dt^2}\Big]_s$ que denominamos *"aceleración relativa"*.

$$(57) \qquad \vec{a}_{rel} = \frac{d^2\vec{r}}{dt^2}\Big]_s$$

Todavía queda el término $2\,\vec{\omega}\,x\,\Big[\dfrac{d\vec{r}}{dt}\Big]_s$ que luego buscaremos su significado intuitivo, por ahora la denominamos "aceleración de Coriolis o complementaria".

$$(58) \qquad \vec{a}_{Cor} = 2\,\vec{\omega}\,x\,\Big[\frac{d\vec{r}}{dt}\Big]_s = 2\,\vec{\omega}\,x\,\vec{V}_{rel}$$

Con esta notación tenemos, en síntesis:

$$(59) \qquad \vec{a}\,(P)_{abs} = \vec{a}_{arr} + \vec{a}_{rel} + \vec{a}_{Cor}$$

Es interesante observar que la velocidad "absoluta" y la "relativa" están conectadas por la velocidad de "arrastre" como indica la fórmula (54), en cambio en las aceleraciones aparece un término más: la aceleración "complementaria o de Coriolis".

Analizaremos un ejemplo sencillo que hará comprender intuitivamente la necesidad de la aceleración de Coriolis: en la figura (83a) se representa a una plataforma rotatoria $s$ que gira con velocidad angular $\vec{\omega}$ = cte. respecto a tierra (S). Cerca del borde tenemos una partícula P fijada a tierra por un soporte: sabemos entonces de antemano que:

$$\vec{a}\,(P)]_S \equiv 0, \text{ luego la suma } (\vec{a}_{arr} + \vec{a}_{rel} + \vec{a}_{Cor} \equiv 0) \text{ acorde a la (59).}$$

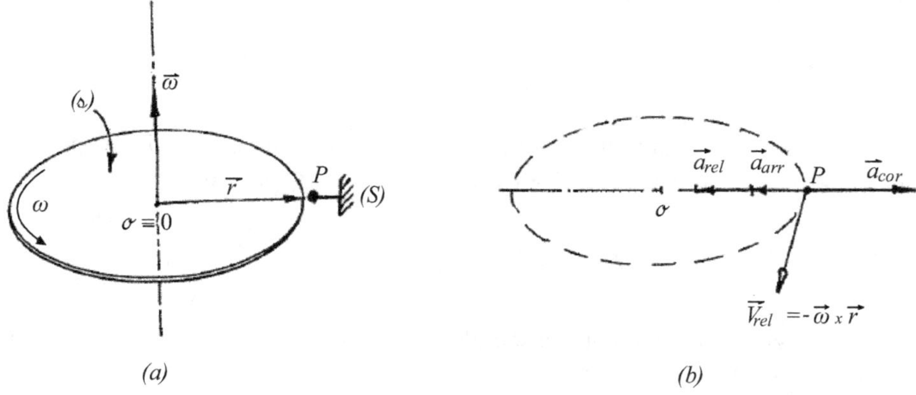



Fig. 83

### *Analicemos cada aceleración.*

*Aceleración de arrastre:*

$$\vec{a}_{arr} = \vec{\omega} \times (\vec{\omega} \times \vec{r}) \text{ pues } \vec{a}\,(o) = 0, \dot{\vec{\omega}} = 0.$$

El módulo es $\omega^2 r$ dada la perpendicular entre $\vec{r}$ y $\vec{\omega}$. El vector apunta hacia $o$ (figura 83b).

*Aceleración relativa:*

Visto P desde la plataforma *s* es claro que realiza un movimiento circular uniforme de sentido contrario al de *s* (marcado con flecha curva), pero del mismo período. Luego el vector posición, relativo a *s* es:

$$\vec{r}\,(t) = r \cos(-\omega t)\,\vec{i}_1 + r \operatorname{sen}(-\omega t)\,\vec{i}_2 =$$

$$= r \cos \omega t\,\vec{i}_1 - r \operatorname{sen} \omega t\,\vec{i}_2, \text{ luego:}$$

$$\dot{\vec{r}}(t) = - r\,\omega \operatorname{sen} \omega t\,\vec{i}_1 - r\,\omega \cos \omega t\,\vec{i}_2$$

$$\ddot{\vec{r}}\,(t) = \vec{a}_{rel} = - r\,\omega^2 \cos \omega t\,\vec{i}_1 + r\,\omega^2 \operatorname{sen} \omega t\,\vec{i}_2 =$$

$$= r\,\omega^2 (- \cos \omega t\,\vec{i}_1 + \operatorname{sen} \omega t\,\vec{i}_2)$$

O sea, una aceleración relativa igual a la de arrastre, de modo que:

$$\vec{a}_{arr} + \vec{a}_{rel} = 2\,\vec{\omega}\;x\;(\vec{\omega}\;x\;\vec{r})$$

Pero entonces como esta suma no es nula, debe estar faltando otro sumando que se oponga. Veremos que efectivamente éste sumando faltante es la aceleración de Coriolis.

$$\vec{a}_{Cor} = 2\,\vec{\omega}\;x\;\vec{V}_{rel} = 2\,\vec{\omega}\;x\;(-\,\vec{\omega}\;x\;\vec{r}) = -2\,\vec{\omega}\;x\;(\vec{\omega}\;x\;\vec{r})$$

Ya que la velocidad relativa de P apunta en sentido contrario a la velocidad absoluta de un punto del borde, y así hemos demostrado que:

$$[\;\vec{a}_{Cor} + \vec{a}_{rel} + \vec{a}_{Cor} = 0\,]$$

## Análisis intuitivo del teorema de Coriolis.

En el subtema anterior dimos un ejemplo que al menos hace comprender la necesidad de la aceleración de Coriolis, aquí completaremos el análisis intuitivo demostrando geométricamente el valor $2\,\vec{\omega}\;x\;\vec{V}_{rel}$.

En la figura (84a) se muestra un collar P el cual se desliza con velocidad relativa ($\vec{V}_{rel}$) constante a lo largo de la barra OB. La barra a su vez gira con $\vec{\omega}$ = cte. , según un eje que pasa por $o$. A esta barra fijamos el S.R. "$s$". Emplearemos la fórmula (55).

*Aceleración de arrastre:*

Como $\vec{V}$ (o) $\equiv$ 0; $\dot{\vec{\omega}}$= 0

$\vec{a}_{arr} = \vec{\omega}\;x\;(\,\vec{\omega}\;x\;\vec{r})$, de módulo $\omega^2$ r.

*Aceleración relativa:*

Como hemos dicho que $\vec{V}_{rel}$ es constante respecto a $s$ (barra) no hay aceleración relativa.

*Aceleración de Coriolis:*

Consideremos dos instantes t y (t + dt), figura (84b).

En el instante t la velocidad absoluta se compone vectorialmente de $\vec{V}_{rel}$ (t) y $\vec{V}_{arr}$ (t), donde $\vec{V}_{arr}$ (t) es la velocidad absoluta de un punto de la barra que en el instante t coincide con el collar P. Su módulo es ($\omega$ r) en el instante t.

En el instante (t + dt) el collar P está en $\overrightarrow{dr}$ más alejado de $o$ y la barra ha girado un $d\theta$, por lo tanto $\vec{V}_{rel}$ y $\vec{V}_{arr}$ han cambiado de dirección y esta última además, cambió de módulo, que ahora vale $\omega$ (r + dr). En la figura (84c) se muestran: los vectores velocidad y sus variaciones dibujados con origen común, para su mejor análisis geométrico.

$\Delta\vec{V}_{arr}$ puede descomponerse en dos: la variación "$\overrightarrow{12}$" que tiene que ver con el cambio direccional de $\vec{V}_{arr}$ y la variación "$\overrightarrow{23}$" que tiene que ver con el cambio de módulo, además "$\overrightarrow{23}$" es paralela de $\Delta\vec{V}_{rel}$. El cambio de módulo dado por "$\overrightarrow{23}$" se debe al alejamiento $d\vec{r}$ de P en el intervalo dt. Así comprenderemos que el factor 2 en la aceleración de Coriolis ($2\ \omega\ x\ \vec{V}_{rel}$) se debe a que, por un lado $\vec{V}_{rel}$ cambia direccionalmente por causa del arrastre en un valor $\Delta\vec{V}_{rel}$ y así tenemos una parte de la aceleración $\Delta\vec{V}_{rel}$ / $\Delta t$ y por otro lado la propia $\vec{V}_{arr}$ cambia en un valor "$\overrightarrow{23}$" p or causa del movimiento relativo dando lugar a la otra parte $\left[\frac{\overrightarrow{23}}{\Delta t}\right]$.

_En síntesis:_ "la aceleración de Coriolis resulta de la influencia recíproca, entre el arrastre y el movimiento relativo"

Complete el alumno la demostración de que:

$$\frac{\Delta\vec{V}_{rel}}{\Delta t} = \vec{\omega}\ x\ \vec{V}_{rel}, \left[\frac{\overrightarrow{23}}{\Delta t}\right] = \vec{\omega}\ x\ \vec{V}_{rel}$$

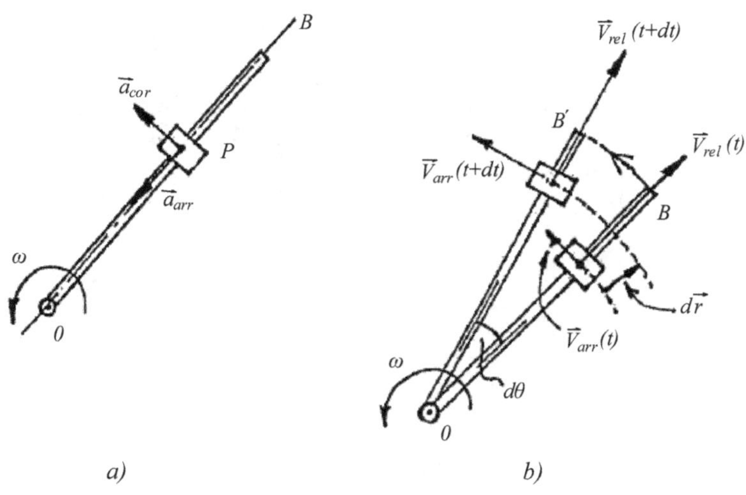

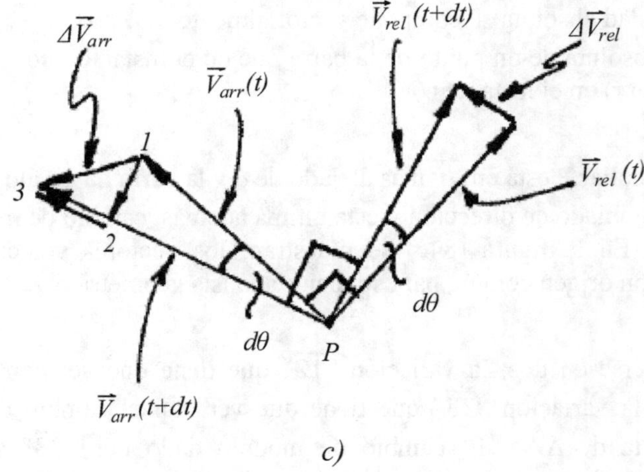



Fig. 84

## Dinámica del movimiento relativo.

Hemos prometido en el capítulo II un análisis detallado de los S.R.N.I..

El estudio de las aceleraciones hecho en el subtema anterior facilita ahora la exposición de la dinámica relativa. En la figura (85) se muestran dos S.R.: el inercial S y el no inercial $s$, que en general tendrá un movimiento rototraslatorio respecto al primero, siendo $\vec{V}(o)]_S$ y $\vec{\omega}$ la velocidad instantánea del origen $o$ y la velocidad angular instantánea de $s$ respecto de S, respectivamente.

Supongamos que el objeto de estudio es la partícula P de masa m y se la analiza desde dos puntos de vista: desde S y desde $s$.

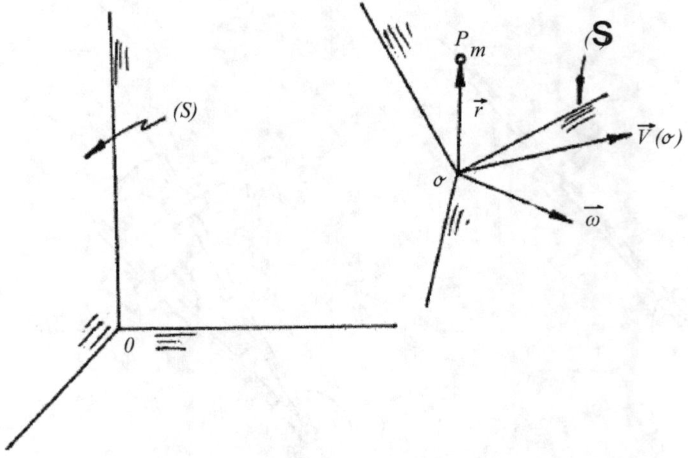



Fig. 85

<u>Desde S:</u> si se mide la aceleración de P desde este S.R.I. debemos admitir que es la aceleración llamada "absoluta" $[\vec{a}\,(P)]_S$. El producto de ésta por la masa m da la resultante $\vec{R}$ de las fuerzas de interacción.

$$\boxed{\vec{R} \;=\; m\,\vec{a}\,(P)]_S}$$

<u>Desde s:</u> si se mide la aceleración de P desde este S.R.N.I. debemos admitir que es la aceleración denominada "relativa" $\vec{a}(P)]_s`$, que por la (59) se vincula con la absoluta así:

$$\vec{a}(P)]_s = \vec{a}\,(P)]_S - \vec{a}_{arr} - \vec{a}_{Cor}$$

Multiplicando m.a.m. por la masa m tenemos:

$$m\,\vec{a}(P)]_s = m\,\vec{a}\,(P)]_S - m\,\vec{a}_{arr} - m\,\vec{a}_{Cor}$$

*<u>Veamos cada término:</u>*

$m\,\vec{a}(P)]_s$ debe ser interpretado como la fuerza resultante que actúa sobre P medida desde s. Podemos denominarla "fuerza relativa".

$m\,\vec{a}(P)]_S$ Es la resultante de las interacciones ya mencionadas.

$-m\,\vec{a}_{arr} = \vec{F}_{in.arr}$ es la "fuerza de inercia de arrastre".

$-m\,\vec{a}_{Cor} = \vec{F}_{in.Cor}$ es la "fuerza de inercia de Coriolis".

Con esta nomenclatura tenemos:

$$\boxed{m\,\vec{a}\,(P)]_s = \vec{R} + \vec{F}_{in.arr} + \vec{F}_{in.Cor}}$$

Podemos decir que esta ecuación es la "ley de Newton de la dinámica" planteada en un sistema de referencia no inercial. Las dos últimas fuerzas de inercia, agregadas a la de interacción resultante, son del tipo de campo y másicas, es decir, en el caso de actuar sobre cuerpos extensos, lo hacen en forma distribuida, molécula por molécula.

La fuerza de Colioris $\vec{F}_{in.Cor} = -2\,m\,\vec{\omega}\,x\,\vec{V}_{rel}$ resulta nula, cuando lo sea el producto vectorial de $\vec{\omega}$ por $\vec{V}_{rel}$ y esto puede ocurrir por alguno de los siguientes tres motivos:

1.  El S.R. $s$ sólo se traslada respecto a S ($\vec{\omega} \equiv 0$)

2.  El objeto de estudio P está en reposo respecto a $s$ ($\vec{V}_{rel} \equiv 0$)

3.  $\vec{\omega}$ y $\vec{V}_{rel}$ paralelos

## Movimiento de la partícula referido a tierra.

Si bien el S.R. $s$ puede ser, según el caso, un elemento  móvil de máquina, un vehículo, etc., es muy común e interesante analizar el caso en que $s$ es nuestro planeta. Sabemos que la tierra posee una rotación casi uniforme respecto a las estrellas, de velocidad angular:

$\omega$ = 2 $\pi$/24 h (horas  sidéreas). El vector $\vec{\omega}$ está ubicado en el eje N-S, con la flecha apuntando al N (regla de la mano derecha). En la figura (86) se muestra el plano  $\alpha$ del horizonte local, el P.S. celeste, el P.N. celeste y el vector $\vec{\omega}$ para una localidad de latitud sur (-90° < $\varphi$ < 0°).

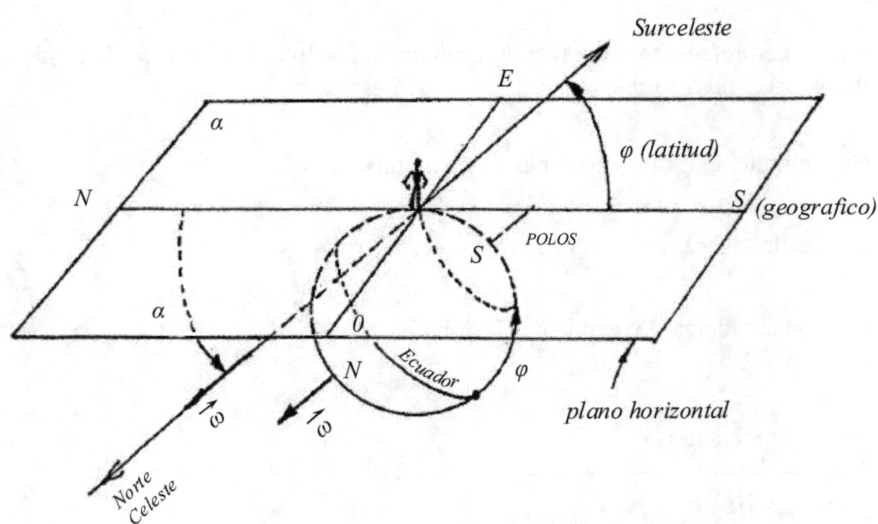


Fig. 86

***La gravedad terrestre. Influencia del arrastre.***

En las figuras (87 a y b) se muestra una partícula P suspendida cerca de la superficie por un hilo (o resorte), en reposo respecto a tierra y de masa $m_0$. (Ejemplo: Una plomada). Se analiza desde dos puntos de vista: desde un S.R.I. S (fijo a las estrellas) y desde la propia tierra ($s$), figura (87 a y b) respectivamente.

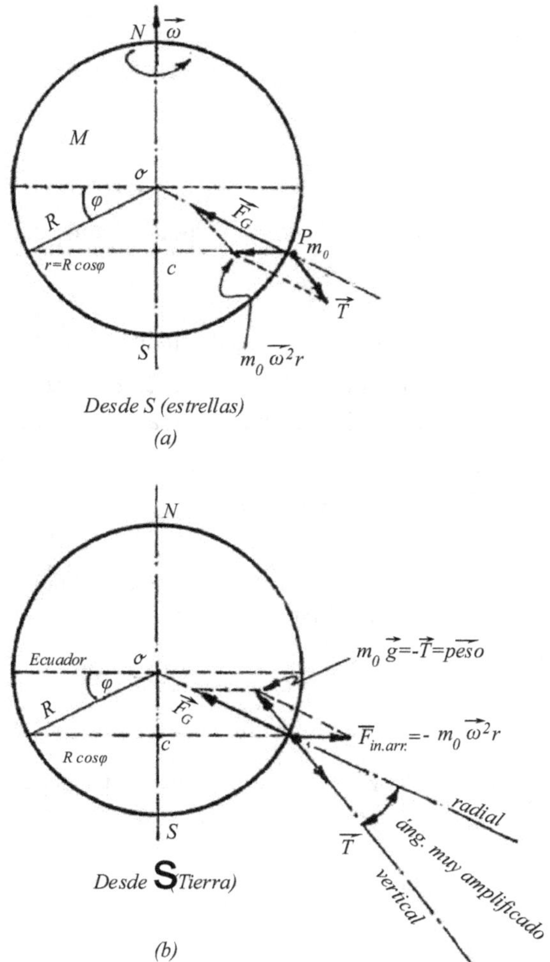



## Fig. 87

***Desde S (figura 87a):*** se tiene que sobre P actúan dos fuerzas de interacción: la gravitacional $\vec{F}_G$, de módulo $\left[G\,\dfrac{M\,m_0}{R^2}\right]$ y la fuerza $\vec{T}$ que hace el hilo (o resorte). Sumadas vectorialmente tienen que dar una resultante que apunta hacia C, de módulo ($m_0\,\omega^2\,R\,\cos\varphi = m_0\,\omega^2\,r$), pues en efecto, analizado desde las estrellas, P describe una trayectoria circular con centro en C y radio $r = R\cos\varphi$.

***Desde s (tierra) (figura 87b):*** P está en equilibrio estático respecto a tierra ($\vec{V}_{rel} \equiv 0$, $\vec{a}(P)]_s \equiv 0$), las fuerzas de equilibrio son: las dos anteriores de interacción ($\vec{F}_G$, $\vec{T}$) y una tercera: la inercial de arrastre: $\vec{F}_{in.\,arr} = -\,m_0\,\vec{\omega}\times(\vec{\omega}\times\vec{r})$, "axífuga".

Suponemos que: $\vec{a}\,(o) = 0$, $\dot{\vec{\omega}}\, x\, \vec{r} = 0$, además $\vec{F}_{\text{in . Cor}} = 0$ pues $\vec{V}_{\text{rel}} = 0$. El módulo de la fuerza "axífuga" es el mismo que la resultante de $\vec{F}_{G}$ y $\vec{T}$: $m_0\, \omega^2\, R\, \cos\varphi$. En síntesis, desde la propia tierra se tiene:

$$\vec{F}_{G} + \vec{T} + \vec{F}_{\text{in . arr}} = 0$$

Podemos constatar que ambos puntos de vista, aunque distintos conceptualmente, son equivalentes en sus resultados.

*Peso y gravedad*: el hilo (o resorte) del cual cuelga P, adopta la dirección del "equilibrante", de $\vec{F}_{G}$ y $\vec{F}_{\text{in . arr}}$, es decir, de $\vec{T}$. Esta dirección se denomina VERTICAL del lugar, no coincide como vemos con la dirección radial (salvo en el Ecuador y en los Polos). En los dibujos está exagerada la diferencia, dado que el vector $\vec{F}_{\text{in . arr}}$ no está a escala con relación a $\vec{F}_{G}$, (en realidad $\vec{F}_{\text{in . arr}}$ aproximadamente en el Ecuador es un 0,3% de $\vec{F}_{G}$).

Se denomina PESO de la P a la fuerza (cambiada de sentido) que hace el hilo (o resorte) para mantener a P en equilibrio relativo a Tierra, es decir:

$$\boxed{\vec{Peso} = -\vec{T}}$$

Se denomina intensidad de la GRAVEDAD $\vec{g}$, al cociente entre el peso de P y su masa:

$$\vec{g} = \frac{\vec{Peso}}{m_0} = \frac{-\vec{T}}{m_0}$$

También se puede escribir:

$$\boxed{\vec{g} = \frac{\vec{F}_{G} + \vec{F}_{in.arr}}{m_0}}$$

**En síntesis:** se denomina campo de gravedad terrestre al campo resultante de la interacción gravitacional con el campo inercial de arrastre "axífugo".

### Efectos de la fuerza de Coriolis en la Tierra.

Cuando una partícula P tiene velocidad relativa a Tierra aparecerá en general una fuerza de Coriolis ($-2\, m_0\, \vec{\omega}\, x\, \vec{V}_{\text{rel}}$), cuando se la analiza desde la propia Tierra.

*a)* _Caída libre:_ en la figura (88a) se muestra el plano horizontal local (α), la dirección vertical (hilo de plomada), los puntos cardinales, los planos verticales (β), (γ) y una partícula P que en un instante t suponemos posee una velocidad relativa de caída ($\vec{V}_{rel}$) contenida en el plano β que contiene al paralelo E.O.. Para mejor análisis de la fuerza de Coriolis descomponemos $\vec{V}_{rel}$ en dos componentes ortogonales: la horizontal $\vec{V}_{rel \, . \, h}$ y la vertical $\vec{V}_{rel \, . \, v}$, luego:

$$\vec{F}_{in.Cor} = -2\,m_0\,\vec{\omega}\,x\,(\vec{V}_{rel.h} + \vec{V}_{rel.v}) = -2\,m_0\,\vec{\omega}\,x\,\vec{V}_{rel.h}$$

$$-2\,m_0\,\vec{\omega}\,x\,\vec{V}_{rel.v}$$

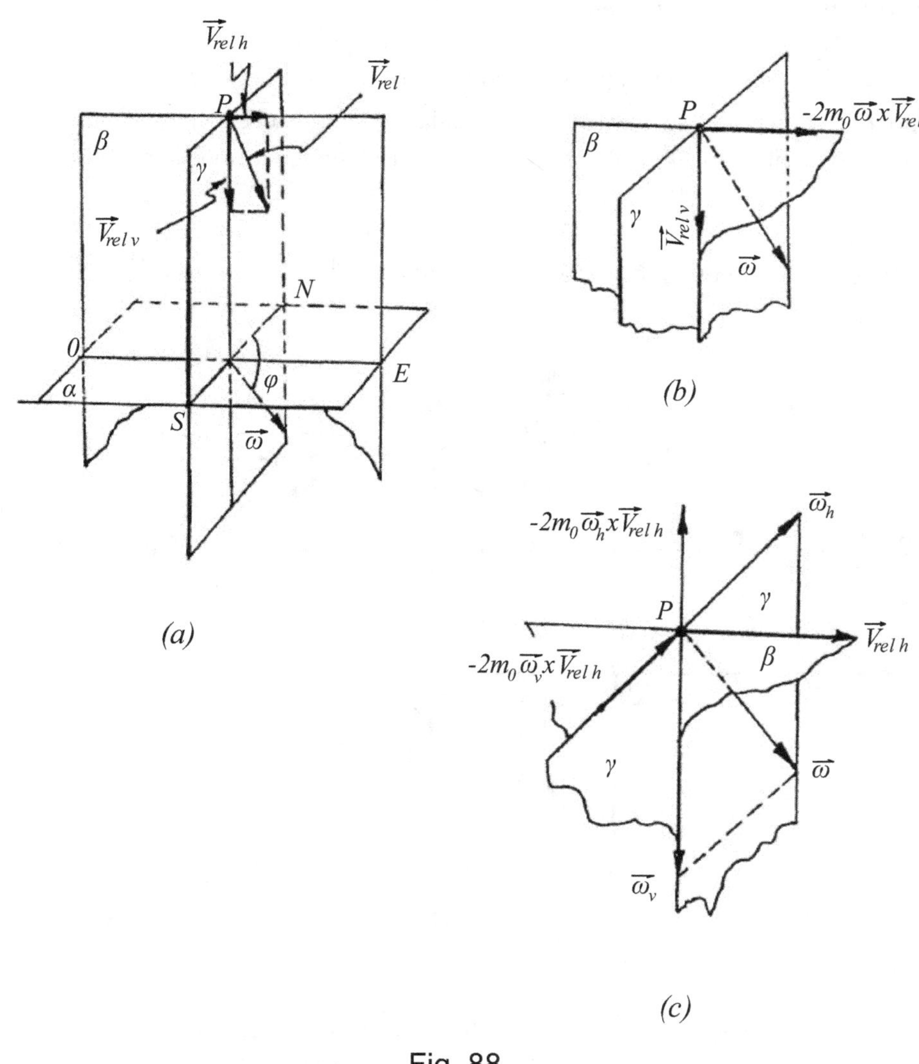


Fig. 88

En la figura (88b) se muestra el producto (-2 m $_0$ $\vec{\omega}$ x $\vec{V}_{rel}$.v), apunta hacia el ESTE, por lo tanto este componente de Coriolis tiende a desviar la partícula hacia el ESTE, cada vez con más fuerza dado que $\vec{V}_{rel.\,v}$ crece. Por otro lado, en la figura (88c) se ha descompuesto $\vec{\omega}$ en $\vec{\omega}_h$ y $\vec{\omega}_v$ y se muestran los productos con $\vec{V}_{rel\,.\,h}$. Una componente de Coriolis resulta vertical, hacia arriba; de modo que la partícula experimenta una aparente pérdida de peso, y otra componente apunta al Norte. Como resultado de todo esto tenemos que la partícula en caída libre se desvía de la vertical, hacia el ESTE y algo hacia el Norte (normalmente $\vec{V}_{rel\,.\,v} \gg \vec{V}_{rel\,.\,h}$. En la práctica esta desviación es medible para grandes alturas de caída.

***Influencia en el movimiento horizontal.***

En parte este estudio está hecho en el punto anterior, pero aquí lo hacemos con más detenimiento: en la figura (89) se muestra una partícula P que se mueve con $\vec{V}_{rel}$ en un plano horizontal (por ejemplo, el piso). Para mejor análisis descomponemos $\vec{\omega}$ en $\vec{\omega}_h$, $\vec{\omega}_v$, luego:

$$\vec{F}_{in.Cor} = - 2\, m_0\, (\vec{\omega}_h + \vec{\omega}_v)\; x\; \vec{V}_{rel} = - 2\, m_0\, \vec{\omega}_h x\, \vec{V}_{rel} - 2\, m_0\, \vec{\omega}_v\; x\; \vec{V}_{rel}$$

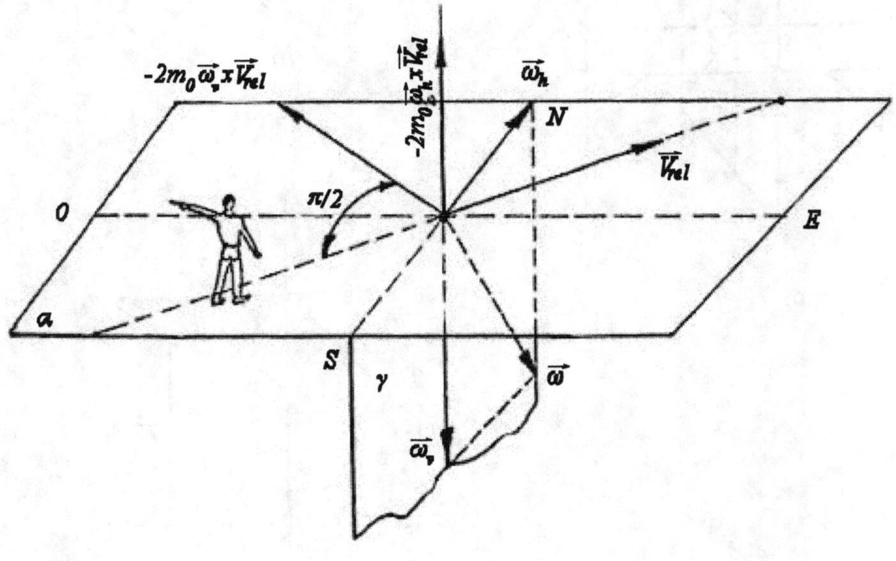


Fig. 89

La componente $\left[-2\, m_0\, (\vec{\omega}_h\; x\; \vec{V}_{rel})\right]$ apunta verticalmente hacia arriba cuando $\vec{V}_{rel}$ está entre el S.E.N., pero hacia abajo entre el N.O.S., alterando la "presión" de P sobre el piso.

La componente $\left[-2\,m_0\,(\vec{\omega}_h \times \vec{V}_{rel})\right]$ desvía la partícula hacia la izquierda de un observador que "mira alejarse a P". Lo contrario ocurre en el hemisferio norte.

Esta última componente es la causante de los vértices de giro horario en nuestro hemisferio y anti-horario en el H.N. (figura 90). C es un centro ciclónico (baja presión).

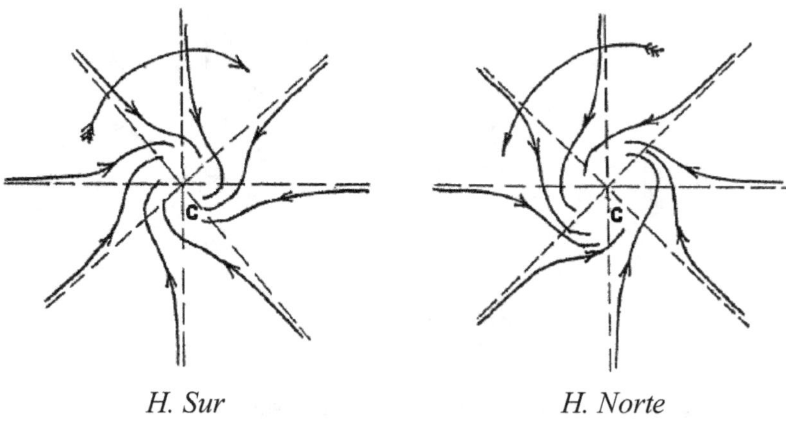


Fig. 90

*Péndulo de Foucault:* la fuerza de Coriolis lógicamente también tiene  influencia en el movimiento de una masa pendular. Supongamos que el amarre del extremo inferior del hilo de un péndulo es tal que permite la libre rotación según un eje vertical (figura 91 a). Para que la experiencia arroje resultados visibles es necesario un péndulo muy largo (más de 10 m), por ende de gran período, y de mucha masa a fin de que dure mucho tiempo oscilando. Actualmente se tiene un péndulo de Foucault en el edificio de las Naciones Unidas. Si la amplitud es pequeña podemos suponer que la trayectoria de la punta P es plana y horizontal.

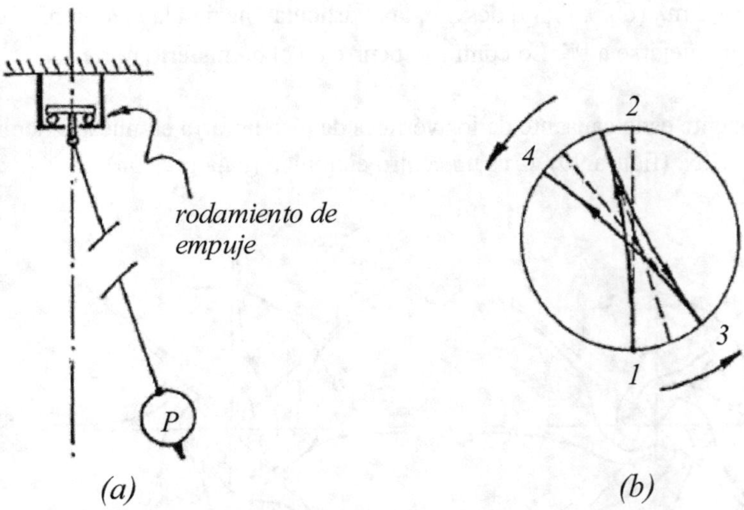



Fig. 91

En la figura (91 b) se muestra la trayectoria aproximada vista en planta (muy fuera de escala, pues la distancia angular entre los puntos 1 – 3,….2 – 4 es mucho menor). De no existir fuerza de Coriolis al partir P del punto 1 seguiría por el diámetro que arranca de 1, pero la fuerza de Coriolis, en nuestro H.S., aparta la punta hacia la izquierda (de un observador que la ve alejarse) y así sucesivamente…resultando que la punta va tocando la circunferencia en los puntos 1- 2- 3- 4 recorridos en sentido anti-horario (visto desde arriba). El tiempo para completar un giro es:

$$T\grave{} = \frac{T}{sen\varphi}$$

Donde T = 24 horas sidéreas y $\varphi$ la latitud del lugar del péndulo. Para los polos ($\varphi = \pm\,90°$) es T` = T pero para Ecuador ($\varphi = 0$) T`$\rightarrow \infty$, es decir, no gira.

No resulta difícil demostrar esta fórmula, el alumno interesado puede consultar la bibliografía.

Para terminar decimos que las fuerzas de Coriolis introducen en el S.R. Tierra una ANISOTROPIA en el movimiento de las partículas que confirma la rotación de la Tierra respecto a las estrellas.

## Sistema de partículas, cantidad de movimiento y centro de masas.

Se define como sistema de partículas a un conjunto de N partículas (N $\geq$2), sean libres o vinculadas entre sí. Sistemas externos son aquellos otros exteriores a la superficie imaginaria que limita al sistema estudiado, o bien, sistemas constituidos por partículas distintas a las N consideradas.

Supondremos aquí que el sistema estudiado no intercambia materia con el exterior y que cada partícula tiene una masa independiente de la velocidad (masas no relativistas).

Llamaremos <u>fuerzas externas</u> a aquellas que actúan sobre el sistema en estudio y son provocadas por sistemas externos.

Llamaremos <u>fuerzas internas</u> las que ejercen las partículas o partes del sistema en estudio entre sí.

### *Definición del centro de masa del sistema.*

En la figura (92) se muestra un sistema de partículas $P_j$ de masas $m_j$ (j = 1,....N) y sus respectivos vectores posición $\vec{r}_j$ respecto de un punto 0 de un S.R. cualquiera. Se define como CENTRO DE MASAS C al punto tal que su vector posición $\vec{r}_c$ está dado por:

$$(60)\ \vec{r}_c = \frac{\sum_{j=1}^{N} m_j \vec{r}_j}{\sum m_j} = \frac{\sum_{j=1}^{N} m_j \vec{r}_j}{M}$$

Donde M = $\sum$m$_j$ es la masa total del sistema. Es fácil probar que la posición relativa de C respecto de las partículas no cambia por cambios del punto 0 del S.R. (aunque sí puede cambiar en función del tiempo). El punto C puede o no coincidir con una partícula del sistema. La utilidad y propiedades de tal punto se comprenderán a medida que progresemos en este tema.

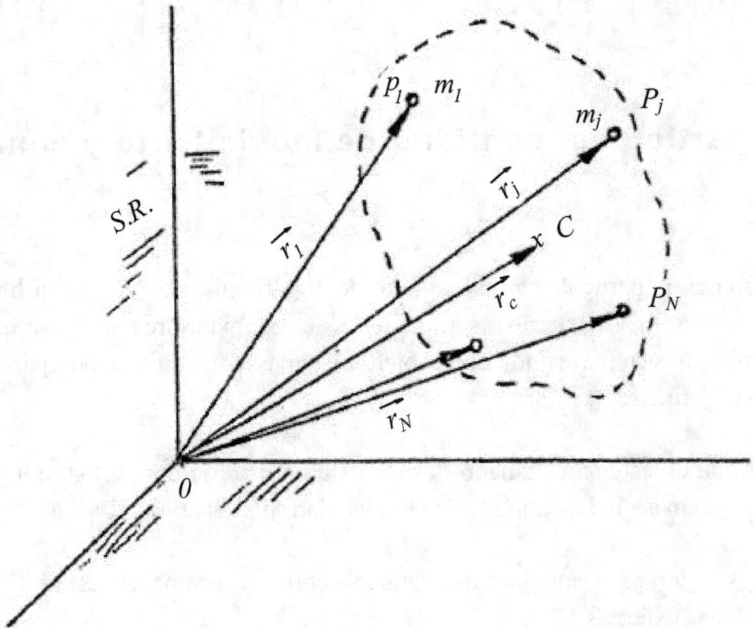


Fig. 92

La $\sum_{j=1}^{N} mj\ \vec{r}_j$ se denomina "momento estático o de primer orden" del sistema respecto de 0.

Es claro que si 0 coincide con el centro de masa C resulta $\vec{r}_c = 0$, o sea, $\sum_{j=1}^{N} mj\ \vec{r}_j = 0$ donde ahora los $\vec{r}_j$ tienen origen en C. De modo que el momento estático respecto del centro de masa es nulo.

### *Cantidad de movimiento del sistema $(\vec{P})$.*

La cantidad de movimiento del sistema es simplemente la suma vectorial de las cantidades de movimiento $m_j\ \dot{\vec{r}}$ de las partículas del sistema, o sea:

$$\vec{P} = \sum_{j=1}^{N} m_j \dot{\vec{r}}_j$$

Las velocidades $\dot{\vec{r}}_j$ son respecto del S.R., siendo así P una magnitud relativa.

Teniendo en cuenta la (60):

M $\vec{r}_c$ = $\sum$ m$_j$ $\vec{r}_j$, derivando m.a.m. respecto al tiempo y suponiendo, como hemos dicho,

M independiente de t:

$$M \dot{\vec{r}} = \sum m \dot{\vec{r}} = \vec{P}$$ y así tenemos una relación importante:

(61) $\qquad \boxed{\vec{P} = M \vec{V}_{(c)}}$

Esto implica que, a los fines del cálculo de la cantidad de movimiento del sistema, se puede considerar que la masa total está concentrada puntualmente en el centro de masas y animada con la velocidad del mismo.

***La ecuación de Newton para sistemas de masa constante o primera ecuación cardinal de la mecánica.***

Trabajaremos aquí con <u>S.R. inerciales</u>, de modo que sólo interesan las fuerzas de interacción.

En la figura (93) representamos una partícula genérica P$_j$ del sistema y otras P$_k$ del mismo. Sobre P$_j$ en general actuarán las siguientes fuerzas de interacción:

1)  una resultante $\vec{R}_{\text{ext } j}$ de las fuerzas provenientes de la interacción de P$_j$ con sistemas exteriores al estudiado.

2)  Una resultante $\vec{R}_{\text{int } . j}$ de las fuerzas provenientes de la interacción de P$_j$ con las demás partículas P$_k$ del sistema. Esta resultante es:

$\vec{R}_{\text{int } . j} = \sum_{k=1}^{N} \vec{F}_{jk}$, donde $\vec{F}_{jk}$ es la fuerza que la partícula K hace sobre j, además debemos tener en cuenta que una partícula no puede hacer fuerza sobre ella misma, o sea, $\vec{F}_{jj} = 0$.

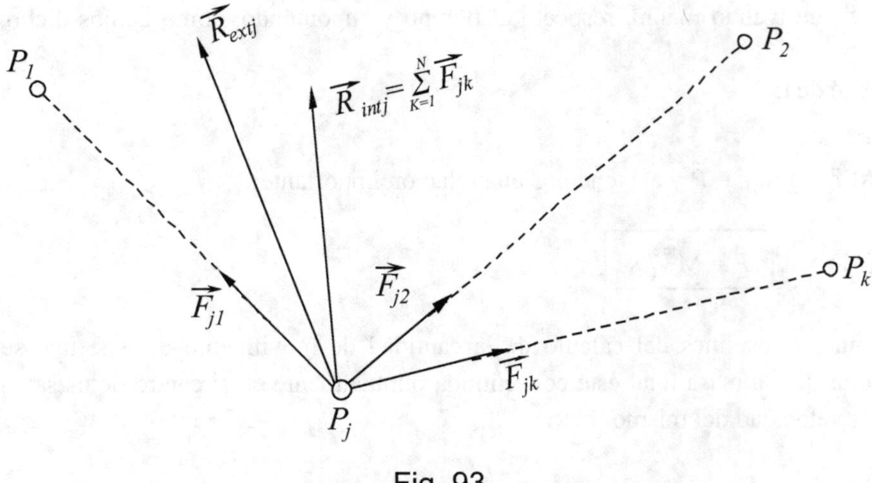


Fig. 93

La ecuación de Newton para partícula $P_j$ de masa $m_j$ es:

$\vec{R}_{ext\,j} + \vec{R}_{int\,j} = m_j\,\vec{a}_j = \dfrac{d\vec{p}_j}{dt}$, donde $\vec{p}_j$ es la cantidad de movimiento de $P_j$ respecto a un S.R.I..

Sumando m.a.m. según j:

$$(62)\quad \sum_j \vec{R}_{ext\,j} + \sum_j \vec{R}_{int\,j} = \frac{d}{dt} \sum_j \vec{p}_j \quad \text{pero la sumatoria}$$

$$\sum_j \vec{R}_{int\,j} = \sum_j \sum_{k=1}^{N} \vec{F}_{jk}$$

es nula, pues en esta sumatoria se tendrán sumandos $\vec{F}_{jk}$ y $\vec{F}_{kj}$ que son opuestos por el principio de acción y reacción, de modo que los sumandos se anulan de a pares, y así la ecuación (62) queda:

$$(63)\quad \boxed{\sum_j \vec{R}_{ext\,j} = \vec{R}_{ext} = \frac{d}{dt}\,\vec{P}}$$

donde $\vec{R}_{ext}$ es la resultante de todas las fuerzas exteriores que actúan en todo el sistema estudiado y $\vec{P}$ la cantidad de movimiento total del mismo.

La (63) se denomina <u>Primera ecuación Cardinal de la mecánica.</u>

<u>Impulso:</u> al igual que para una partícula, tenemos para un sistema, que el impulso recibido del exterior, en un intervalo de tiempo $(t_2 - t_1)$ es:

$$\vec{I}_{1-2} = \int_{t_1}^{t_2} \vec{R}_{ext}\, dt = \vec{P}_{(t2)} - \vec{P}_{(t1)} = \overrightarrow{\Delta P}$$

***Conservación de la cantidad de movimiento del sistema.***

Si el impulso es nulo en el intervalo ($t_2 - t_1$) es claro que $\vec{P}_{(t2)} = \vec{P}_{(t1)}$ en particular "si la resultante de las fuerzas exteriores es nula en todo instante del intervalo, entonces $\vec{P} =$ cte.".

Vemos así que las fuerzas interiores por sí solas no pueden modificar la cantidad de movimiento total del sistema, aunque si las individuales $\vec{p}_j$.

***Movimiento del centro de masas.***

Estudiaremos una de las propiedades más interesantes del centro de masa. Por la ecuación $\vec{P} = M\,\vec{V}_{(C)}$ y las ecuaciones (63) podemos escribir:

$$\vec{R}_{ext} = \frac{d}{dt}\left(M\vec{V}_{(c)}\right) \text{ y si M es independiente del tiempo:}$$

$$\vec{R}_{ext} = M\,\vec{a}_{(c)}, \text{ o bien:}$$

$\vec{a}_{(c)} = \dfrac{\vec{R}_{ext}}{M}$ , que nos dice que la aceleración del centro de masas sólo está determinada por las fuerzas exteriores y <u>no</u> por las internas.

Si $\vec{R}_{ext} = 0$, entonces $\vec{a}_{(c)} = 0 \rightarrow \vec{V}_{(c)} =$ cte. (en particular $\vec{V}_{(c)} = 0$, reposo).

<u>Ejemplo 1:</u>

Supongamos que un proyectil P explosivo se mueve en un campo de gravedad uniforme, en ausencia de cualquier otra fuerza (para simplificar el ejemplo) y que en un punto E de la trayectoria estalla (figura 94). El proyectil, que en el arco de parábola OE se mantenía como partícula, desde E se tendrá un conjunto de partículas (esquirlas y gas), pero como el estallido sólo provoca fuerzas interiores, el <u>centro de masa C,</u> proseguirá imperdurable por la parábola, como si no hubiese estallado. Las partículas, en cambio, tendrán en general trayectorias más complicadas.

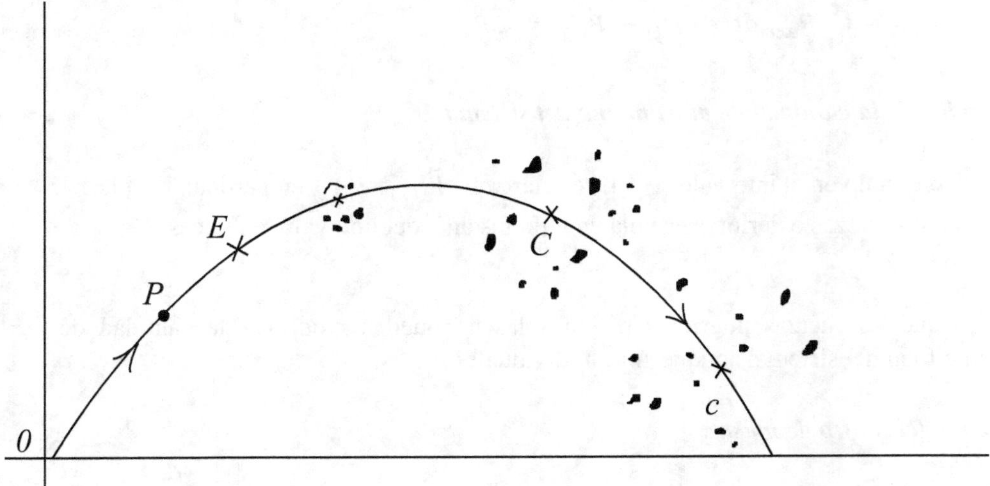

Fig. 94

Ejemplo 2:

El "boomerang" es un arma de los indios de Borneo y sabemos que diestramente lanzada, el centro de masa del mismo recorre una trayectoria tal que  regresa aproximadamente al punto de partida......¿por qué? Porque sobre él actúan no sólo la fuerza exterior de la gravedad sino también las exteriores aerodinámicas (interacción con la atmósfera), pero en un lugar sin atmósfera (por ejemplo en la luna), el centro de masa del boomerang recorre una parábola por más diestramente lanzado. Cualquier otro punto del mismo recorrerá una trayectoria más complicada, aunque cercana a la parábola (pues el boomerang es un cuerpo rígido).

Ejemplo 3:

En la proa y en la popa de un bote en reposo, de masa $m_3$, están sentadas dos personas $P_1$ y $P_2$, de masas $m_1$ y $m_2$, a una distancia $\ell$ entre sí (figura 95a). Inicialmente la distancia de $P_1$ a la costa (R.S.I.) es d. Despreciando la resistencia del agua, calcular el desplazamiento $\delta$ del bote, cuando las personas intercambian sus lugares.

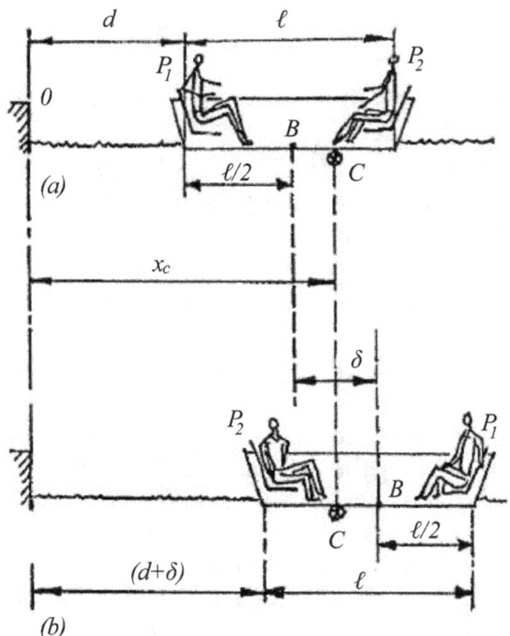

Fig. 95

*Solución:* el sistema estudiado es el constituido por las masas $m_1$, $m_2$, $m_3$. Supuesto que B es el centro de masa del bote, el centro de masa del sistema C es tal que:

$$(64) \qquad x_c = \frac{\sum m_j x_j}{M} = \frac{m_1 d + m_2(d + \ell) + m_3(d + \ell/2)}{m_1 + m_2 + m_3}$$

Admitamos que $m_2 > m_1$, entonces C estará más cerca de $P_2$ (figura 95b).

Cuando las personas intercambian sus posiciones sólo aparecen fuerzas internas, de modo que la posición del centro de masa del sistema debe permanecer en reposo respecto a la costa (no así los centros de masa de los cuerpos que integran el sistema). Ver figura (95b).

Planteamos nuevamente, pero ahora según (b), la posición idéntica de C:

$$(65) \qquad x_c = \frac{m_2(d + \delta) + m_1(d + \delta + \ell) + m_3(d + \ell/2 + \delta)}{m_1 + m_2 + m_3}$$

Igualmente (64) y (65) y despejando $\delta$:

$$\delta = \frac{(m_2 - m_1)}{m_1 + m_2 + m_3} \cdot \ell$$

Es claro que si $m_1 = m_2$ resulta $\delta = 0$  y si $m_3 >>> m_1$ y $m_2$, $\delta = 0$ (caso de un buque).

El estudiante debe comprender que la posición del centro de masa del sistema permanece constante respecto a la costa, no así respecto a las partes que integran el sistema: para un S.R. fijo al  bote C se ha desplazado …¿cuánto?

Pruebe el alumno que la solución no depende del punto 0 de referencia.

***Comentario: centro de masas y centro de gravedad (G).***

Es conveniente mantener la diferencia conceptual entre ambos puntos: el centro de gravedad (G) es el punto por donde pasa la resultante PESO del sistema (distribuido partícula por partícula). Si el campo de gravedad <u>no es uniforme</u> en el dominio que ocupa el sistema entonces G y C no coinciden. Por ejemplo, en la figura (96) se ha dibujado una barra uniforme, homogénea, pero dentro de un campo de gravedad no uniforme, por ejemplo mayor en el extremo derecho que el izquierdo. Las distintas porciones de masas iguales $m_j$ no pesan  entonces igual y la resultante PESO $\vec{W}$  pasa más cerca del extremo derecho y así G no coincide con C que está en el medio. Claro está que si el campo es uniforme G coincide con C.

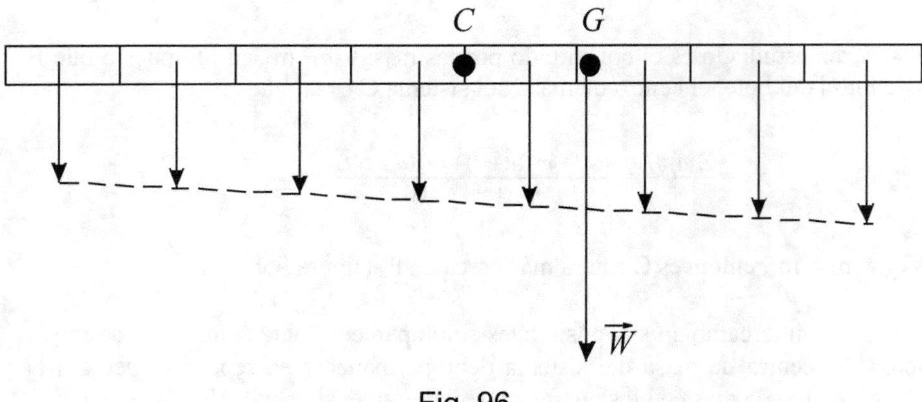


Fig. 96

***Definición del momento cinético de un sistema de partículas ($\vec{L}$).***

Recordemos que el momento cinético o angular de una partícula $P_j$ respecto de un S.R. y respecto de un punto Q es:

$\vec{\ell}_j\,(Q) = \left(\vec{P}_j - \vec{Q}\right) \times m_j\vec{V}_j$ donde $\vec{V}_j$ es la velocidad de la partícula j. Para un sistema de partículas el momento cinético total simplemente es la suma vectorial de los momentos cinéticos de cada partícula:

$$(66) \qquad \vec{L}(Q) = \Sigma_j\left(\vec{P}_j - \vec{Q}\right) \times m_j\vec{V}_j$$

***Teorema del momento cinético o segunda ecuación cardinal de la mecánica.***

Sean en la (66) $\vec{V}_j$ las velocidades respecto de un S.R.I. derivando m.a.m. respecto al tiempo:

$$\dot{\vec{L}}(Q) = \Sigma_j\left(\vec{V}_j - \vec{V}\,(Q)\right) \times m_j\vec{V}_j + \Sigma_j\left(\vec{P}_j - \vec{Q}\right) \times m_j\,\vec{a}_j$$

Y como:

$$\vec{V}_j \times \vec{V}_j \equiv 0 \qquad y \quad m_j\,\vec{a}_j = \vec{R}_{ext\,j} + \vec{R}_{int\,j}\ \text{resulta:}$$

$$\dot{\vec{L}}(Q) = -\,\vec{V}(Q) \times \Sigma_j\,m_j\vec{V}_j + \Sigma_j\left(\vec{P}_j - \vec{Q}\right) \times \vec{R}_{ext\,j} + \Sigma_j\left(\vec{P}_j - \vec{Q}\right) \times \vec{R}_{int\,j}$$

Pero:

$$\Sigma_j\left(\vec{P}_j - \vec{Q}\right) \times \vec{R}_{int\,j} = \Sigma_j\left(\vec{P}_j - \vec{Q}\right) \times \Sigma_k\,\vec{F}_{jk} = \Sigma_j\,\Sigma_k\left(\vec{P}_j - \vec{Q}\right) \times \vec{F}_{jk} \equiv 0$$

Por el principio de acción y reacción. Además $\Sigma_j\,m_j\vec{V}_j = \vec{P}$ es la cantidad de movimiento total del sistema y

$\Sigma_j\left(\vec{P}_j - \vec{Q}\right) \times \vec{R}_{ext\,.j} = \vec{M}_{ext}\,(Q)$ es el momento total de todas las fuerzas externas respecto de Q, luego:

$$(67) \qquad \boxed{\dot{\vec{L}}(Q) = \vec{P} \times \vec{V}\,(Q) + \vec{M}_{ext}(Q)}$$

Denominada: <u>segunda ecuación cardinal de la mecánica.</u>

Si el punto Q está inmóvil en un dado S.R.I., entonces:

$$(68) \qquad \boxed{\dot{\vec{L}}(Q) = \vec{M}_{ext}(Q)}$$

Así lo tomaremos de aquí en más.

### Conservación del momento cinético.

Es claro que el impulso angular, en un intervalo $(t_2 - t_1)$, es:

$$\vec{H} = \int_{t_2}^{t_1} \vec{M}_{ext}\, dt = \vec{L}\,(Q)_2 - \vec{L}\,(Q)_1$$

Si el impulso angular es nulo en el intervalo, entonces $\vec{L}\,(Q)_2 = \vec{L}\,(Q)_1$ y si $\vec{M}_{ext} \equiv 0$, en todo instante del intervalo, resulta $\vec{L}\,(Q) = 0$. Las causas que hacen al momento exterior nulo ya son conocidas.

### Caso en que el punto Q de referencia es el centro de masas C.

Si en la (67) ponemos $\vec{P} = M\,\vec{V}(C)$ y $Q \equiv C$, es claro que al ser $\vec{V}(C) \times \vec{V}(C) \equiv 0$, resulta:

$$(69) \qquad \boxed{\dot{\vec{L}}(C) = \vec{M}_{ext}(C)}$$

Aunque $\vec{V}(C)$ sea distinta de cero respecto a un S.R.I.

### Teorema de las fuerzas vivas para sistemas de partículas.

Adelantamos aquí este tema a fin de poseer una <u>tercera ecuación cardinal.</u>

El trabajo de todas las fuerzas que actúan sobre una partícula $P_j$ de un sistema en estudio es:

$d\tau_j = \left(\vec{R}_{ext\,j} + \vec{R}_{int\,j}\right) \cdot d\vec{r}_j$ ; Donde $d\vec{r}_j$ es el desplazamiento de $P_j$ en un intervalo dt. Teniendo en cuenta que:

$$\vec{R}_{int\,j} = \sum_k \vec{F}_{jk} \text{ y distribuyendo el paréntesis:}$$

$$d\vec{\tau}_j = \vec{R}_{int\,j} \cdot d\vec{r}_j + \sum_k \vec{F}_{jk} \cdot d\vec{r}_j$$

El trabajo total para todo el sistema, en un intervalo dt es:

$$d\tau_{total} = \sum_j \vec{R}_{ext\,j} \cdot d\vec{r}_j + \sum_j \sum_k \vec{F}_{jk} \cdot d\vec{r}_j$$

Esta doble sumatoria <u>no es nula</u> porque si bien $\vec{F}_{jk} = -\vec{F}_{jk}$ los desplazamientos $d\vec{r}_j$ y $d\vec{r}_k$ en general no serán iguales (figura 97).

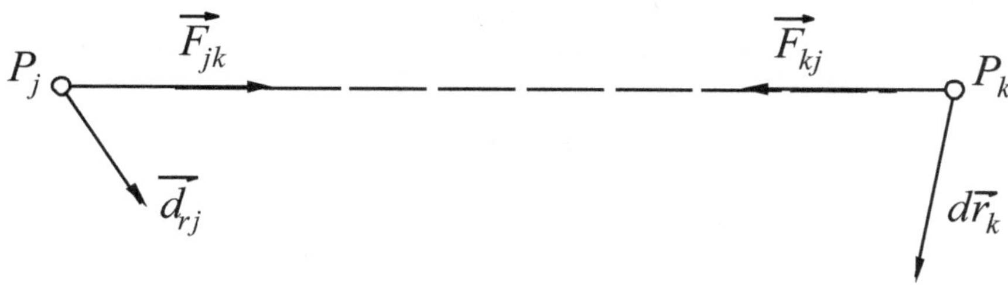


Fig. 97

Podemos denominar:

$$d\tau_{ext} = \sum_j \vec{R}_{ext\,j} \cdot d\vec{r}_j, \qquad d\tau_{int} = \sum_j \sum_k \vec{F}_{jk} \cdot d\vec{r}_j$$

De modo que:

$$d\tau_{total} = d\tau_{ext} + d\tau_{int}$$

Si la distancia entre las partículas no varía, es decir, el sistema se comporta como rígido, resulta:

$$d\tau_{int} \equiv 0$$

Por otro lado, la energía cinética total del sistema es:

$$E_c = \frac{1}{2}\sum_j m_j V_j^2 = \frac{1}{2}\sum_j m_j \vec{V}_j \cdot \vec{V}_j \quad \text{diferenciando m.a.m.}$$

$$dE_c = \sum_j m_j V_j \cdot d\vec{V}_j = \sum_j m_j \vec{V}_j \cdot \frac{d\vec{V}_j}{dt}\, dt$$

Pero:

$$\frac{d\vec{V}_j}{dt} = \vec{a}_j \quad \text{y} \quad \vec{V}_j\, dt = d\vec{r}_j \quad \text{así teniendo en cuenta la ley de Newton:}$$

$$m_j \vec{a}_j = \vec{R}_{ext\,j} + \vec{R}_{int\,j}$$ , resulta:

$$(70) \qquad \boxed{dE_c = d\tau_{ext} + d\tau_{int} = d\tau_{total}}$$

La (70) es la <u>tercera ecuación cardinal de la mecánica.</u>

Para un intervalo finito $(t_2 - t_1)$ es:

$$\tau_{total\ 1\rightarrow 2} = E_{c2} - E_{c1}$$

Insistimos en que un <u>sistema deformable de partículas</u> puede variar la energía cinética por el trabajo de las fuerzas internas.


<u>Ejemplo sencillo:</u>

Cuando una persona (sistema), está en reposo, podríamos decir que tiene cierta energía cinética debido a los movimientos internos del organismo, de pronto agita sus brazos y es claro que aumenta así su energía cinética, pero la agitación de los brazos justamente se debió a fuerzas internas que realizaron un trabajo interno.

*Síntesis*

Tenemos tres ecuaciones cardinales:


1) $\dot{\vec{P}} = \vec{R}_{ext}$

2) $\dot{\vec{L}}(Q) = \vec{M}_{ext}(Q)$ $\qquad\qquad$ (para $\vec{V}(Q) \equiv 0$ o bien $Q \equiv C$)

3) $d\tau_{total} = dE_c$


Las dos primeras son vectoriales y la tercera escalar, de modo que en el espacio de tres dimensiones implican $3 + 3 + 1 = 7$ ecuaciones escalares. Con ellas podemos entonces resolver problemas de hasta 7 incógnitas.

***Comentario.***

Hasta aquí hemos planteado las tres ecuaciones cardinales en S.R.I., en donde las fuerzas consideradas son las de interacción, pero a veces resulta práctico utilizar S.R.N.I. en donde intervienen además fuerzas de inercia. Trataremos este asunto brevemente:

***Las ecuaciones cardinales en S.R.N.I.***

*Primera ecuación:*

Sea "S" un S.R.I. y "$s$" un S.R.N.I. figura (98).

$\vec{V}(o)$ , es la velocidad del origen $o$ y $\vec{\omega}$ es la velocidad angular de "$s$". Las cantidades de movimiento RELATIVAS a "$s$" de las partículas $P_j$ son:

$$\vec{P}_{js} = m_j \vec{V}_{js}$$

(Donde el subíndice $s$ indica valores relativos a $s$). La cantidad de movimiento del sistema es:

$$\vec{P}_s = \sum_j m_j \vec{V}_{js}$$

Derivando m.a.m. respecto del tiempo y desde $s$:

$$\dot{\vec{P}}_s = \sum_j m_j \vec{a}_{js}$$ donde $\vec{a}_{js}$ es la aceleración relativa, que por el teorema de Coriolis

sabemos que es (adaptando nomenclatura):

$$\vec{a}_{js} = \vec{a}_{jS} - \left[ \vec{a}(o) + \dot{\vec{\omega}} \times \vec{r}_j + \vec{\omega} \times (\vec{\omega} \times \vec{r}_j) \right] - 2\,\vec{\omega} \times \vec{V}_{js}$$

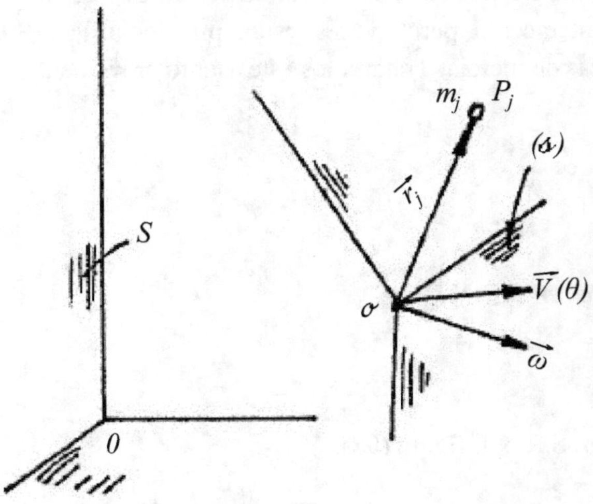



Fig. 98

Reemplazando:

$$\dot{\vec{P}}_s = \sum_j m_j \vec{a}_{jS} - \left[\vec{a}(o)\sum_j m_j + \dot{\vec{\omega}} \times \sum_j m_j \vec{r}_j + \vec{\omega} \times \left[\vec{\omega} \times \sum_j m_j \vec{r}_j\right]\right] -$$

$$-2\,\vec{\omega} \times \sum_j m_j \vec{V}_{js}$$

La primera sumatoria es $\vec{R}_{ext}$ como ya se analizó, el corchete, incluido el signo menos es la resultante de las fuerzas inerciales de arrastre y el último término, también incluido el signo menos, es la resultante de las fuerzas de Coriolis. Podemos escribir así:

$$(71) \qquad \boxed{\dot{\vec{P}}_s = \vec{R}_{ext} + \vec{R}_{arr} + \vec{R}_{coriolis}}$$

¿Qué ocurre si el origen $o$ coincide siempre con el centro de masa C del sistema?. Los momentos estáticos $\sum m_j \vec{r}_j$ y su derivada $\sum m_j \vec{V}_{js}$ serían nulos, de modo que resultaría:

$\dot{\vec{P}}_s = \vec{R}_{ext} - \vec{a}(C)\,M \equiv 0$ pues $\vec{a}(C)\,M = \vec{R}_{ext}$ , resultando que se obtiene

también directamente de:

$$\dot{\vec{P}}_\delta = \frac{d}{dt}\left[\sum_j m_j \vec{V}_{j\delta}\right]$$ por lo que dijimos renglones antes.

*Segunda ecuación:*

Definimos el momento cinético relativo a  $\delta$  y respecto al origen  $o$  (que obviamente es punto fijo respecto a  $\delta$ ) como:

$$\vec{\ell}\,(o)_{j\delta} = \vec{r}_j \ x \ m_j \vec{V}_{j\delta}$$

Si repetimos el procedimiento acostumbrado es fácil llegar a demostrar que:

$$(72) \qquad \boxed{\dot{\vec{L}}(o)_\delta = \vec{M}\,(o)_{ext} + \vec{M}\,(o)_{arr} + \vec{M}\,(o)_{coriolis}}$$

Donde los dos últimos momentos son los de las fuerzas de arrastre y de Coriolis, o sea:

$$(73) \qquad \vec{M}\,(o)_{arr} = -\sum_j m_j \vec{r}_j \ x \left[\vec{a}\,(o) + \dot{\vec{\omega}} \ x \ \vec{r}_j + \vec{\omega} \ x \ \vec{\omega} \ x \ \vec{r}_j\right]$$

$$(74) \qquad \vec{M}\,(o)_{coriolis} = -\sum_j \vec{r}_j \ x \ 2 \ \vec{\omega} \ x \ \vec{V}_{j\delta} m_j$$

### S.R. Centro de masa ($\delta_c$).

La ecuación (72) se simplifica mucho si suponemos un S.R. tal que el origen  $o$  coincida siempre con el centro de masa C y además esté en traslación  pura  $\left(\vec{\omega} \equiv 0 \ y \ así \ \dot{\vec{\omega}} \equiv 0\right)$, entonces según (73) y (74):

$$\vec{M}(C)_{arr} = -\sum_j m_j \vec{r}_j \ x \ \vec{a}\,(C) = \vec{a}(C) \ x \ \sum_j m_j \vec{r}_j \equiv 0$$

(por momento estático respecto de C) y  $\vec{M}(C)_{Cor} \equiv 0$ por ser  $\vec{\omega} \equiv 0$, de modo que la (72) queda:

$$(75) \qquad \boxed{\dot{\vec{L}}(C)_{\delta_c} = \vec{M}(C)_{ext}}$$

Esta ecuación es parecida a la (69) pero aquí el momento cinético se ha evaluado con velocidades relativas a  $\delta_c$ , en cambio allá con velocidades respecto a S.

Tenemos una explicación intuitiva para entender la nulidad del $\vec{M}(C)_{arr}$

(aparte del momento estático ya mencionado): como el $s_c$ está en traslación pura, aunque en general acelerada un valor $\vec{a}(C)$, todo sucede en ese S.R. como si existiese un campo de gravedad uniforme, de intensidad $-\vec{a}(c)$ de modo que este campo produce una fuerza que pasa por el "centro de gravedad" que coincide con C y así no produce momento.

*Tercera ecuación:*

Por idéntico procedimiento se llega a demostrar que: $d\tau_{total} = d\tau_{ext} + d\tau_{int} + d\tau_{arr} = dE_{cs}$ donde $E_{cs}$ es la energía cinética relativa a $s$, o sea:

$$E_{cs} = \frac{1}{2}\sum_j m_j V_{js}^2$$

¿Por qué no figura el trabajo de las fuerzas de Coriolis $(d\tau_{coriolis})$?

Porque este es nulo, en efecto, las fuerzas de Coriolis $- 2\ \vec{\omega}\ x\ m_j\vec{V}_{js}$ son siempre perpendiculares al desplazamiento $d\vec{r}_j$ (dado que lo son a la velocidad) y así:

$$d\tau_{Cor} = -\left(2\ \vec{\omega}\ x\ m_j\vec{V}_{js}\right).\ d\vec{r}_j \equiv 0 \text{ , por la propiedad del producto escalar.}$$

*Otra variante:* para terminar podemos decir que las dos primeras ecuaciones cardinales se suelen presentar en otra forma que resulta de aplicar el "operador derivada relativa de un vector":

$$\frac{d}{dt}(\ )\Big]_S = \frac{d}{dt}(\ )\Big]_s + \vec{\omega}\ x\ (\ ) \text{ , así la primera queda:}$$

$$(76)\qquad \boxed{\frac{d}{dt}\vec{P}_s\Big]_S = \frac{d}{dt}\vec{P}_s\Big]_s + \vec{\omega}\ x\ \vec{P}_S}$$

Y la segunda

$$\boxed{\frac{d}{dt}\vec{L}(\sigma)_S\Big]_S = \frac{d}{dt}\vec{L}(\sigma)\Big]_s + \vec{\omega}\ x\ \vec{L}(\sigma)_S}$$

Estas formas las podemos llamar "mixtas", dado que figuran en el segundo miembro magnitudes relativas a S pero derivadas según $s$.

***Momento cinético orbital y propio.***

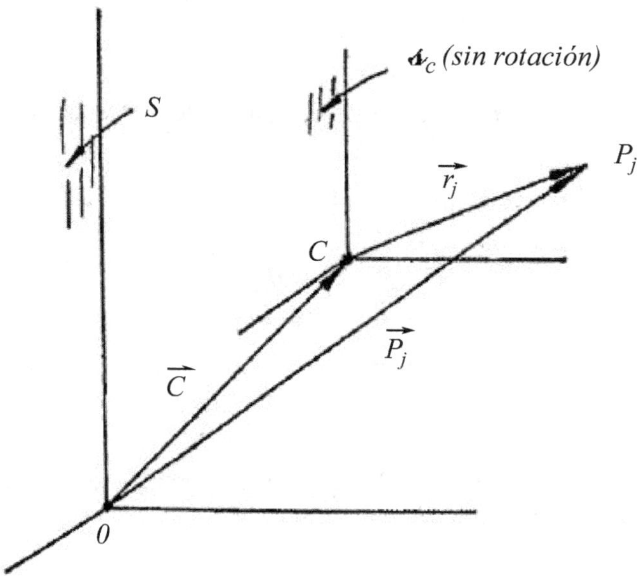


Fig. 99

Demostraremos aquí que existe una relación sencilla entre el momento cinético respecto al origen 0 de S y el momento cinético relativo al origen c del sistema de referencia centro de masa ($\mathcal{S}_c$). En efecto, el momento cinético del sistema de partículas $P_j$ de masas $m_j$ con respecto a 0 es:

$$\vec{L}(0)]_S = \sum_j \vec{P_j} \times m_j \vec{V}_{jS}$$

Donde $\vec{V}_{jS}$ es la velocidad respecto a S de la partícula j, según la fórmula 54 de velocidades tenemos:

$\vec{V}_{jS} = \vec{V}\ (c)_S + \vec{V}_{j\mathcal{S}_c}$ ya que el sistema de referencia $\mathcal{S}_c$ no posee rotación ($\vec{\omega} \equiv 0$).

Además, según la figura (99) tenemos la siguiente relación entre los vectores posición:

$\vec{P_j} = \vec{C} + \vec{r_j}$, reemplazando ambas cosas en la sumatoria:

$$\vec{L}\,(0)_S = \sum_j (\vec{C} + \vec{r}_j)\, x\, m_j\,[\vec{V}\,(c)_S + \vec{V}_{j\mathcal{S}_c}]$$

Desarrollando y recordando que los momentos estáticos respecto al centro de masa C son nulos:

$\vec{L}\,(0)_S = \vec{C}\, x\, \vec{V}\,(c)\, M + \sum_j \vec{r}_j\, x\, m_j \vec{V}_{j\mathcal{S}_c}$, además la masa total M por la velocidad del

centro de masa es la cantidad de movimiento $\vec{P}$ del sistema, resulta así:

$$(79) \qquad \boxed{\;\vec{L}\,(0)_S = \vec{C}\, x\, \vec{P} + \sum_j \vec{r}_j\, x\, m_j \vec{V}_{j\mathcal{S}_c}\;}$$

O sea que el momento cinético del sistema respecto de 0 es igual a la suma de dos momentos cinéticos:

1) El momento cinético "orbital" $\vec{C}\, x\, \vec{P}$ que se calcula como si toda la masa estuviese concentrada en C con la velocidad del mismo.

2) El momento cinético relativo al $\mathcal{S}_c$ , denominado "propio" o por los autores de habla inglesa "spin".

## Comentario:

Si un sistema de partículas está sometido a una resultante de fuerzas externas cuya recta de acción pasa por 0 durante un intervalo de tiempo (fuerzas centrales) es claro que según la segunda ecuación cardinal es $\vec{L}\,(0)$ = cte., es decir, el momento cinético se conserva. Esto no necesariamente requiere que se conserven independientemente el orbital y el propio sino su suma. Puede darse el caso que fuerzas internas no conservativas varíen el momento cinético propio y así debe variar en contrario el orbital, de forma que la suma permanezca constante.

Ejemplo: en nuestro planeta existen fuerzas disipativas, (por ejemplo: las fuerzas de rozamiento de los mares contra los continentes) que disipan la energía mecánica de rotación y en consecuencia disminuye el momento cinético propio, pero como el planeta está sometido a una fuerza central externa el momento orbital debe aumentar para mantener constante $\vec{L}\,(0)$.

***Teorema de König sobre la energía cinética de un sistema.***

La búsqueda de una relación entre la energía cinética respecto de S y la energía cinética relativa al $s_c$ (como se ha hecho con el momento cinético) conduce al teorema de KÖNIG.

Sea $E_{cS} = \frac{1}{2}\sum_j m_j V_{jS}^2$ la energía cinética respecto de S.

Como $\vec{V}_{jS} = \vec{V}\,(C)_S + \vec{V}_{js_c}$ , reemplazando, desarrollando y teniendo en cuenta otra vez

la nulidad del momento estático respecto de C queda:

$$(80) \qquad \boxed{\; E_{cS} = \frac{1}{2} M\, V^2(c) + \frac{1}{2}\sum m_j V_{js_c}^2 \;}$$

Donde la suma es la energía cinética respecto de $s_c$ o "propia". Al primer sumando podemos también llamarle energía cinética "orbital". Este es el teorema de KÖNIG. Luego veremos una aplicación.

***Conservación de la energía mecánica en sistemas de partículas.***

En temas anteriores, admitimos que la partícula que provocaba el campo de fuerzas no poseía energía cinética, es decir, la suponíamos fija respecto a un S.R.I., de este modo la energía cinética era exclusiva de la otra partícula en movimiento, en cambio la energía potencial pertenecía al sistema. Teníamos así una disimetría algo molesta aunque todo era suficientemente aproximado dado que la masa del cuerpo productor del campo era mucho mayor que la de la partícula móvil.

No resulta así si las masas son comparables, en este caso cada partícula del sistema tendrá en general su energía cinética y por lo tanto hablaremos de energía cinética del sistema, al igual que la potencial.

Sea un sistema de partículas sometido a fuerzas externas conservativas y que además las fuerzas internas también lo sean. De este modo todas las fuerzas se podrán expresar como gradientes (cambiados de sentido) de energías potenciales "externas" e "internas". Siendo así, la tercera ecuación cardinal puede ser escrita en esta forma:

$$d\tau_{total} = - dE_{p\,ext} - dE_{p\,int} = dE_c \text{ , o bien}$$

$$d\left(E_{p\,ext} + E_{p\,int} + E_c\right) \equiv 0 \text{ , que significa que la energía mecánica se conserva:}$$

$$E_m = E_{p\ ext} + E_{p\ int} + E_c = cte.$$

Ejemplos:

Un sistema de dos partículas A y B  gravitantes, de masas $m_1$ y $m_2$, alejado de cualquier otro sistema (interacción externa despreciable) se encuentra inicialmente en reposo respecto a un S.R.I., siendo $x_0$ la distancia inicial entre las partículas. ¿Qué velocidad relativa tendrán cuando la distancia se reduzca a $x_1$?

*Solución:*

- Estado inicial: la energía mecánica del sistema es solo potencial gravitatoria interna (no hay interacción externa); por las fórmulas de temas anteriores tenemos que esta energía es:

$$E_{m0} = E_{p\ int\ .0} = -G\,\frac{m_1 m_2}{x_0}$$

- Estado final: cuando las partículas están a distancia $x_1$ tendrán también energía cinética (a expensas del potencial que ha disminuido):

$$E_{m1} = -G\,\frac{m_1 m_2}{x_1} + \frac{1}{2}\,m_1\,V_1^2 + \frac{1}{2}\,m_2\,V_2^2 \text{ , como la gravedad es conservativa:}$$

$$E_{m0} = E_{m1}$$

$$(82) \quad -G\,\frac{m_1 m_2}{x_0} = -G\,\frac{m_1 m_2}{x_1} + \frac{1}{2}\,m_1\,V_1^2 + \frac{1}{2}\,m_2\,V_2^2, \quad \text{pero} \quad \text{tenemos} \quad \text{dos}$$

incógnitas $V_1$ y $V_2$ necesitamos otra ecuación independiente: como el sistema está aislado se conserva la cantidad de movimiento:

* Estado inicial: $\vec{P}_o = m_1\vec{V}_{1o} + m_2\vec{V}_{2o} = 0$, pues $\quad \vec{V}_{1o} = \vec{V}_{2o} = 0$

* Estado final: $\vec{P}_1 = m_1\vec{V}_1 + m_2\vec{V}_2 = \vec{P}_o = 0$, o bien escalarmente:

$m_1\vec{V}_1 + m_2\vec{V}_2 = 0$, luego $\quad V_2 = -\dfrac{m_1 V_1}{m_2}$ , reemplazando en (82) y despejando $V_1$:

$$V_1 = \frac{m_2\sqrt{2G}}{\sqrt{M}}\ \sqrt{x_1^{-1} - x_0^{-1}}\ , \text{ donde } M = m_1 + m_2$$

Luego

$$V_2 = -\frac{m_1}{m_2}\ V_1 = -\frac{m_1\sqrt{2G}}{\sqrt{M}}\ \sqrt{x_1^{-1} - x_0^{-1}}\ , \text{ la velocidad relativa:}$$

$$V_{12} = V_1 - V_2 = \frac{\sqrt{2G}}{\sqrt{M}}\ \sqrt{x_1^{-1} - x_0^{-1}}\ .(M), \text{ o bien}$$

$$\boxed{V_{12} = \sqrt{2\,G\,M}\sqrt{x_1^{-1} - x_0^{-1}}}$$

<u>Ejemplo 2:</u>

Dos partículas A y B (figura 100) están unidas por un cierre especial que mantiene entre ellas un resorte de rigidez K comprimido un valor $\delta$, moviéndose el conjunto con una velocidad $\vec{V}_c$ respecto a S y paralela al eje X; de pronto el cierre zafa y se dispara el resorte en el momento en que su eje forma un ángulo $\alpha$ con X (el resorte no está unido a las partículas). Si las masas son $m_A$ y $m_B$ y se desprecia la gravedad, hallar las velocidades $\vec{V}_A$ y $\vec{V}_B$ respecto de S.

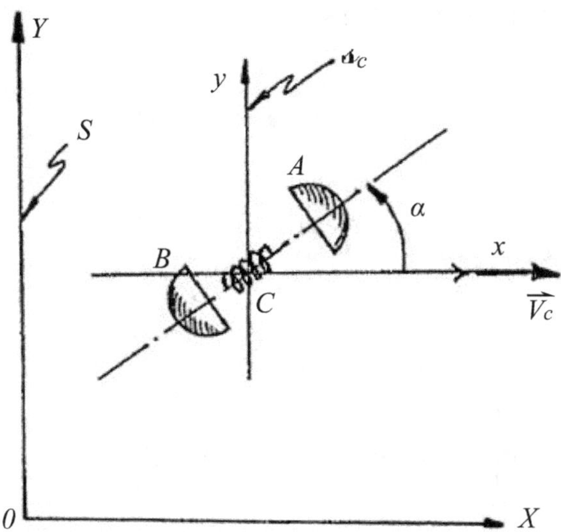


Fig. 100

- Solución: se conserva la energía mecánica del sistema. No hay interacciones exteriores.
- Estado inicial: la energía mecánica es:

$$(83) \quad E_{mi} = \frac{1}{2} K \delta^2 + \frac{1}{2} M V_c^2 \quad \text{donde M} = m_A + m_B \text{ y } \vec{V}_c \text{ es la velocidad del}$$

centro de masa, que no se modifica dado que no hay interacciones exteriores.

- Estado final: elegimos un $s_c$ (S.R. centro de masas) y llamamos con

$\vec{V}`_A$ y $\vec{V}`_B$ las velocidades relativas a $s_c$.

La energía mecánica ahora es puramente cinética y según el teorema de KÖNIG es:

$$(84) \qquad E_{mF} = \frac{1}{2} M V_c^2 + \frac{1}{2} m_A V_A^{`2} + \frac{1}{2} m_B V_B^{`2} \text{ , igualando (83) y (84);}$$

$$(85) \qquad \frac{1}{2} K \delta^2 = \frac{1}{2} m_A V_A^{`2} + \frac{1}{2} m_B V_B^{`2} \text{ , o bien}$$

$$K \delta^2 = m_A V_A^{`2} + m_B V_B^{`2}$$

Tenemos dos incógnitas: $V`_A$ y $V`_B$ por lo tanto debemos plantear otra ecuación independiente: sabemos que la cantidad de movimiento del sistema relativa a $s_c$ es nula:

$$(86) \qquad m_A \vec{V}`_A + m_B \vec{V}`_B = 0 \text{, despejando:}$$

$$\vec{V}`_B = - \frac{m_A \vec{V}`_A}{m_B} \text{ y reemplazando en (85) y despejando } V`_A;$$

$$V`_A = \sqrt{\frac{K\delta^2}{\left[ m_A + \frac{m_B^2}{m_A} \right]}} \text{ y por (86) tenemos:}$$

$$V`_B = - \sqrt{\frac{K\delta^2}{\left[ m_B + \frac{m_B^2}{m_A} \right]}} \text{ pero estas velocidades son relativas a } s_c \text{ y se piden}$$

las relativas a S, por lo que sabemos de composición de velocidades, se pueden construir los siguientes esquemas vectoriales:

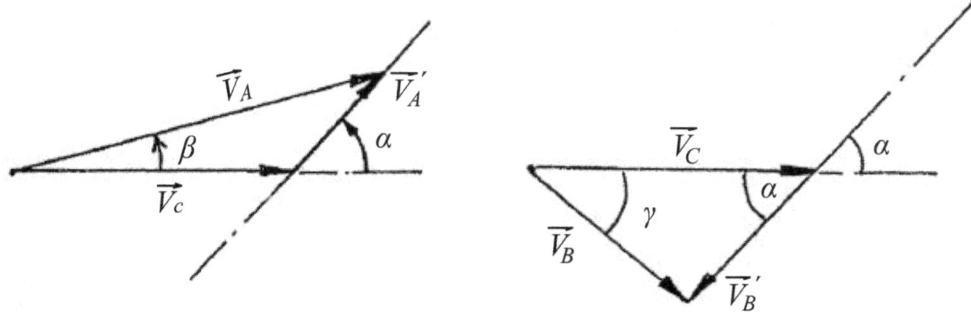

Según estos esquemas tenemos:

$$\left|\vec{V_A}\right| = \sqrt{\left(V_c + V_A^{'}\cos\alpha\right)^2 + \left(V_A^{'}sen\,\alpha\right)^2}$$

$$\left|\vec{V_B}\right| = \sqrt{\left(V_c - V_B^{'}\cos\alpha\right)^2 + \left(V_B^{'}\,sen\,\alpha\right)^2} \text{ , además}$$

$$\beta = arc\,tg\,\frac{V_A^{'}\,sen\,\alpha}{\left(V_c + V_A^{'}\cos\alpha\right)} \,;$$

$$\gamma = arc\,tg\,\frac{V_B^{'}\,sen\,\alpha}{\left(V_c - V_B^{'}\cos\alpha\right)} \text{ , con lo que queda resuelto el problema.}$$

### *El problema de las dos partículas. Masa reducida.*

Estudiaremos aquí un sistema muy sencillo: el constituido sólo por dos partículas (problema mal denominado de los dos "cuerpos" pues éstos se consideran puntuales). Este tema simplemente se estudia aplicando nuestros conocimientos sobre las ecuaciones cardinales, pero se lo desarrolla en especial dado que muchos casos reales pueden ser vistos como sistemas de pares de partículas (por ejemplo: SOL – TIERRA, ÁTOMO DE HIDROGENO, en primera aproximación TIERRA- LUNA, etc.).

Sean dos partículas $P_1$, $P_2$ (figura 101) sometidas a fuerzas externas producidas por un campo de gravedad $\vec{g}$ uniforme (en particular nulo), que por lo tanto cumple:

$$(87) \qquad \frac{\vec{F}_{ext\,1}}{m_1} = \frac{\vec{F}_{ext\,2}}{m_2} = \vec{g}$$

Y además en interacción mutua (fuerzas internas) tales que si $\vec{F}_{12}$ es la fuerza que $P_2$ hace sobre $P_1$ y $\vec{F}_{21}$, $P_1$ sobre $P_2$, se tiene, por el principio de acción y reacción:

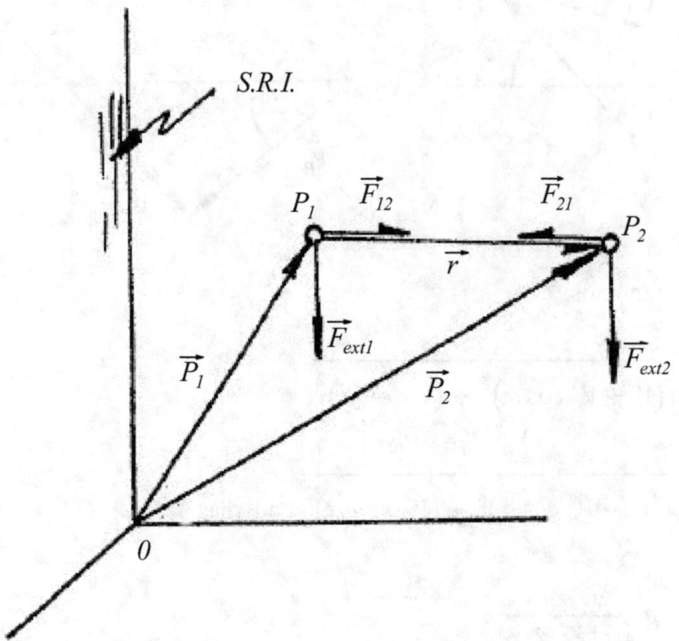


Fig. 101

(88) $\vec{F}_{12} = -\vec{F}_{21}$ El centro de la masa del sistema cumple, según la primera ecuación cardinal, con:

$$\dot{\vec{P}} = \vec{R}_{ext}, \text{ o sea:}$$

$M\vec{a}(C) = \vec{F}_{ext\,1} + \vec{F}_{ext\,2}$, donde M = $m_1$ + $m_2$. Cada partícula cumple con la segunda ley de Newton:

$$\vec{F}_{ext\,1} + \vec{F}_{12} = m_1\ddot{\vec{P}}_1 \text{ , o bien } \frac{\vec{F}_{ext\,1}}{m_1} + \frac{\vec{F}_{12}}{m_1} = \ddot{\vec{P}}_1$$

$$\vec{F}_{ext\,2} + \vec{F}_{21} = m_2\ddot{\vec{P}}_2 \text{ , o bien } \frac{\vec{F}_{ext\,2}}{m_2} + \frac{\vec{F}_{21}}{m_2} = \ddot{\vec{P}}_2$$

Restando la primera de la segunda, teniendo en cuenta el supuesto (87) y (88) resulta:

$$\vec{F}_{21}\left[\frac{1}{m_2}+\frac{1}{m_1}\right] = \ddot{\vec{P}}_2 - \ddot{\vec{P}}_1 = \frac{d^2}{dt^2}\left(\vec{P}_2 - \vec{P}_1\right) = \ddot{\vec{r}}$$ , donde $\vec{r}$ es el vector

posición relativa de $P_2$ respecto de $P_1$ y por ende $\ddot{\vec{r}}$ la aceleración relativa. Esta ecuación se puede escribir así:

$$\vec{F}_{21}\left[\frac{m_1 + m_2}{m_2\ m_1}\right] = \ddot{\vec{r}}$$

y denominando MASA REDUCIDA ($\mu$) del sistema a $\left[\frac{m_2\ m_1}{m_1 + m_2}\right]$ resulta

$$\boxed{\vec{F}_{21} = \mu\,\ddot{\vec{r}}}$$

¿Cómo se interpreta este resultado?

Como que el movimiento de $P_2$ referido a un S.R. donde $P_1$ está fija (figura 102) cumple la ley de Newton con tal que en lugar de la masa $m_2$ se considere como de masa $\mu$. Es el "precio" a pagar por el hecho de que un S.R. fijo a $P_1$ no es inercial.

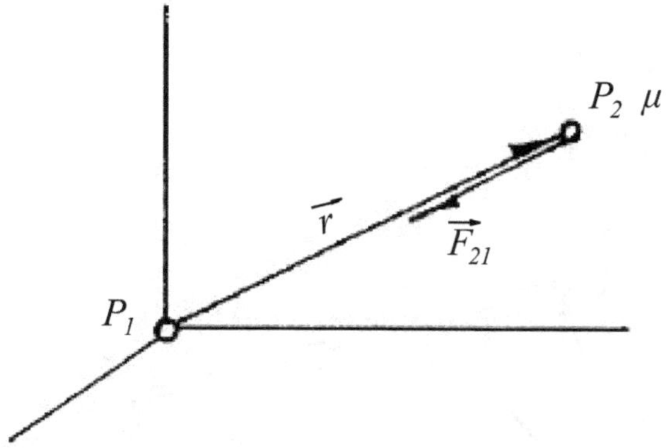


Fig. 102

***Movimiento de un sistema de dos partículas referido al centro de masas.***

En la figura (103) se muestra el centro de masa C y los vectores posición $\vec{r}_{1c}$ y $\vec{r}_{2c}$ relativos a él. Según definición de C debe cumplirse:

$$M\vec{C} = m_1\vec{P}_1 + m_2\vec{P}_2$$

$$(M = m_1 + m_2)$$

Sabemos además que el momento estático (o de primer orden) respecto a C es nulo:

$$m_1\,\vec{r}_{1c} + m_2\,\vec{r}_{2c} \equiv 0$$

De aquí:

$$\boxed{\vec{r}_{2c} = -\frac{m_1}{m_2}\,\vec{r}_{1c}}$$

Esta relación nos dice que sea cual sea la trayectoria $\vec{r}_{1c}(t)$ de $P_1$ respecto de un $s_c$, la trayectoria $\vec{r}_{2c}(t)$ será semejante, obtenible de la anterior por un "factor de escala" $\left[\frac{m_1}{m_2}\right]$. El signo menos implica que las posiciones instantáneas de $P_1$ y $P_2$ están a ambos lados del centro de masas. Si las fuerzas de interacción interna son del tipo $\left[\frac{K}{r_2}\right]$ resultarán cónicas semejantes, con el foco común en el centro de masas C. En la figura (103) se ha supuesto trayectorias circulares tal que $\left[\frac{m_1}{m_2}\right] = 2$.

Si este factor tiende a un valor muy grande, es claro que:

$C \to P_1$, y $\vec{r}_{2c} \to \vec{r}$ y tenemos la situación estudiada en fuerzas centrales, con el cuerpo productor del campo fijo en un S.R.I.

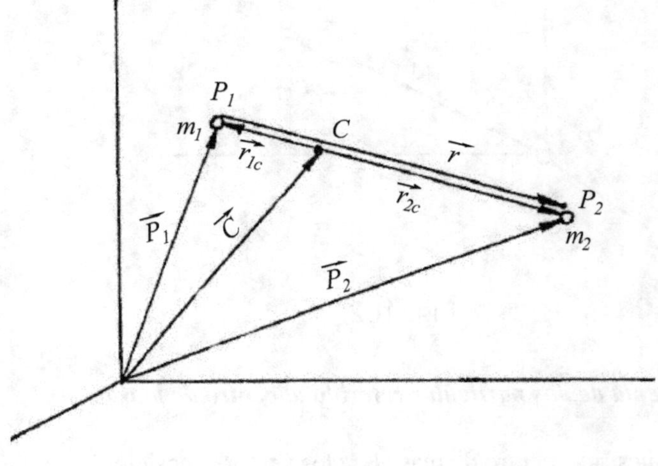


Fig. 103

**Comentario:** la fórmula (79) del momento cinético orbital y propio y la fórmula similar (80) de KÖNIG para la energía cinética, aplicadas a un par de partículas, como las estudiadas, conducirán a las siguientes expresiones en términos de $\vec{r}$ y masa reducida μ:

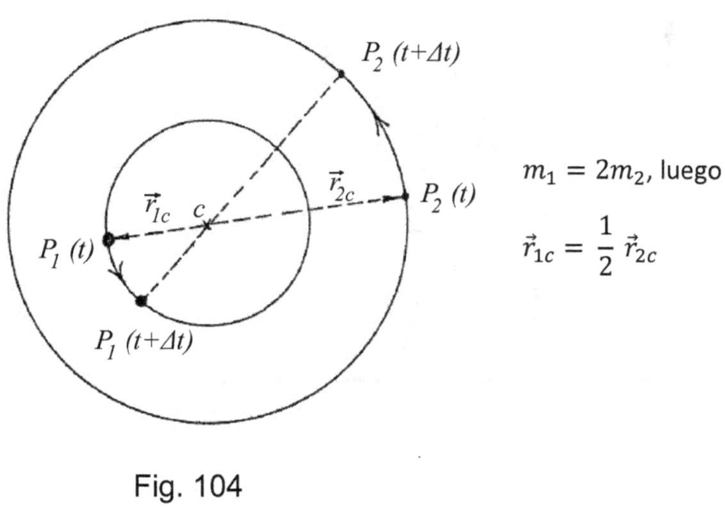


$m_1 = 2m_2$, luego

$$\vec{r}_{1c} = \frac{1}{2}\,\vec{r}_{2c}$$

**Fig. 104**

$$\vec{L}(0)_S = \vec{C} \times \vec{P} + \vec{r} \times \mu\left(\dot{\vec{r}}\right)$$

$$E_{CS} = \frac{1}{2}\,M\,V^2(c) + \frac{1}{2}\,\mu\left(\dot{\vec{r}}\right)$$

### Movimiento impulsivo.

Diremos que sobre una partícula o sistema de partículas actúa una PERCUSIÓN cuando actúe una fuerza muy intensa, pero de corta duración, tal que produzca un impulso finito. En la figura (105) representamos una fuerza tipo percusión en función del tiempo: es nula en el instante $t_1$, se hace máxima en el instante $t_m$ y vuelve a ser nula en el instante $t_2 = t_1 + \Delta t$.

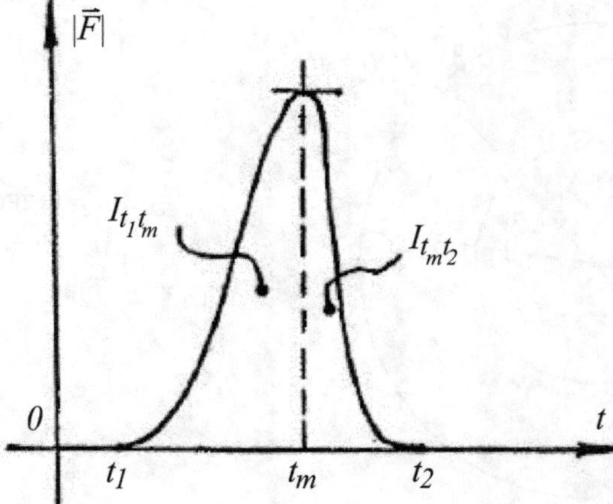


Fig. 105

Su impulso está dado por el área encerrada, es decir:

$$\vec{I} = \int_{t_1}^{t_2} \vec{F}\ dt$$

Idealizando se supone que el impulso es finito aún para $\Delta t \to 0$, lo que obliga a pensar que $\vec{F} \to \infty$ (esto conduciría a la función $\delta\,(t)$ de Dirac que se estudia en análisis).

El impulso de percusión, en el intervalo $\Delta t$, es muy superior a otros impulsos de fuerzas "comunes" en dicho intervalo, por ejemplo: si se golpea una pelota de tenis con una raqueta, durante el breve intervalo $\Delta t$ de duración de la interacción, el impulso del peso de la pelota, es despreciable frente al impulso de la fuerza percutiva de la raqueta. Esto y el hecho de que el intervalo $\Delta t$ es pequeño nos lleva a suponer que durante la percusión (o choque) ocurre que:

1)

Se pueden despreciar las fuerzas <u>no</u> percutivas que actúan sobre la partícula o sistema.

2)

En el intervalo $\Delta t$ prácticamente la partícula o sistema no se desplaza.

### Las ecuaciones cardinales modificadas para la percusión.

El gráfico de la figura (105) en la práctica normal se desconoce, de modo que en consecuencia no se puede aplicar la segunda ley de Newton en la forma $\vec{R} = M\,\vec{a}\,(c)$ en forma directa, sino más bien la expresión integral:

$$\vec{I}_{ext\,p} = \int_{t_1}^{t_2} \vec{R}_{ext\,p}\,dt = \vec{P}\,(t_2) - \vec{P}\,(t_1)\ ,\ \text{donde el subíndice p indica impulso y fuerza}$$

percutiva. Es claro que, más fácil que obtener la gráfica de figura (105), resulta medir las velocidades (de la partícula o del centro de masas), antes y después del choque, así podemos escribir:

$$\vec{I}_{ext\,p} = M\,\vec{V}_c(t_2) - M\vec{V}_c(t_1)\ ,\ \text{o bien}$$

$$(89)\quad \boxed{\ \vec{V}_c(t_2) = \vec{V}_c(t_1) + \frac{\vec{I}_{ext\,p}}{M}\ }$$

_Primera ecuación cardinal adaptada al choque._

Similarmente se obtiene la segunda _ecuación cardinal._

$$\boxed{\ \vec{L}\,(0,t_2) = \vec{L}\,(0,t_1) + \vec{H}_{ext\,p}\ }$$

Donde $\vec{H}_{ext\,p}$ es el impulso angular del momento de percusión.

Veamos una tercera ecuación que puede ser útil: si $\vec{I}_{jp}$ es el impulso de percusión, tanto interno como externo, que actúa sobre una partícula $P_j$ del sistema, podemos escribir, según la (89):

$$\vec{V}_j(t_2) - \vec{V}_j(t_1) = \frac{\vec{I}_{jp}}{m_j}\ \text{ y la variación de energía cinética para esta partícula } P_j \text{ es:}$$

$$\Delta E_{cj} = \frac{1}{2}\,m_j V_j\,(t_2)^2 - \frac{1}{2}m_j V_j(t_1)^2$$

$$\Delta E_{cj} = \frac{1}{2}\,m_j\big[\vec{V}_j(t_2) + \vec{V}_j(t_1)\big].\big[\vec{V}_j(t_2) + \vec{V}_j(t_1)\big]$$

O sea:

$$\Delta E_{cj} = \frac{1}{2}\vec{I}_j.\left[\vec{V}_j(t_2) + \vec{V}_j(t_1)\right]$$

Y para todo el sistema:

$$\Delta E_c = \sum_j \vec{I}_j \left[\frac{\vec{V}_j(t_2) + \vec{V}_j(t_1)}{2}\right]$$

***Choque de dos cuerpos deformables.***

En la figura (106) mostramos dos cuerpos A y B en el instante en que chocan: si el punto de contacto P queda alineado con los centros de masas $C_A$ y $C_B$ y si esta línea es perpendicular al plano tangente común $\pi$, diremos que el choque es CENTRAL (condiciones fáciles de obtener en un choque de esferas). Además, si las velocidades, un instante antes del choque, son vectores colineales con dicha línea, el choque se denomina DIRECTO, de lo contrario se dice OBLICUO.

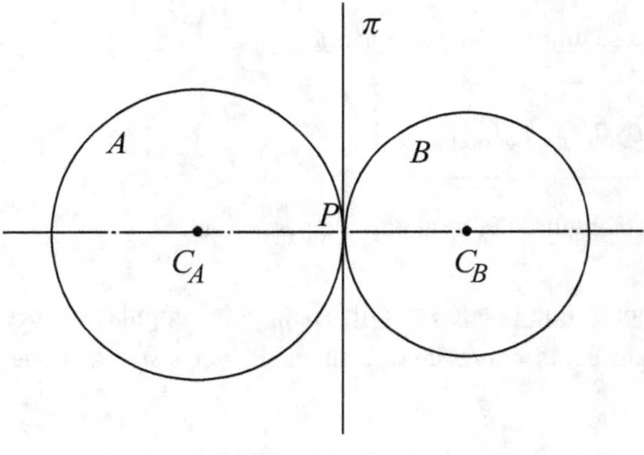


Fig. 106

Analizaremos un caso sencillo de choque <u>central directo</u> de dos cuerpos esféricos. En la figura (107 a) tenemos dos esferas A y B con velocidades "antes del choque" $\vec{V}_A$ y $\vec{V}_B$ (suponemos que $V_A > V_B$). En la figura (107 b) se suponen en el instante $t_m$ en que las fuerzas percutivas recíprocas son máximas, de modo que también la deformación es máxima y en ese instante la velocidad de ambas $\vec{U}$, es común. En la figura (107 c) las esferas, recuperadas (parcial o totalmente), se mueven a velocidades "después del choque" $\vec{V'}_A$ y $\vec{V'}_B$.

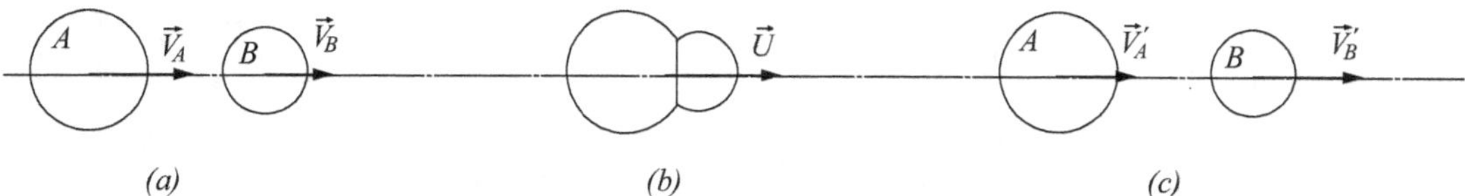

Fig. 107

Elijamos la esfera A como objeto de estudio: sobre ella actúa percutivamente B. Al intervalo $\Delta t = (t_1 - t_2)$, de duración del choque, lo subdividimos en dos etapas: la primera dura $(t_m - t_1)$ y le denominamos "etapa de deformación" y la segunda dura $(t_2 - t_m)$ y le denominamos "etapa de recuperación" (ver figura 105).

En base a la ecuación (89) podemos escribir para la primera etapa (trabajando son componentes escalares $y$ positivo a la derecha):

$$(90) \qquad m_A V_A - I_{t1,tm} = m_A U$$

y para la segunda etapa:

$$(91) \qquad m_A U - I_{tm,t2} = m_A V_A^{'}$$

Definiremos ahora un coeficiente denominado "de RESTITUCIÓN" (e) como el cociente entre el impulso de la segunda etapa y el impulso de la primera, así:

$$\boxed{e = \frac{I_{tm,t2}}{I_{t1,tm}}}$$

La experiencia permite comprobar que el impulso $I_{tm,t2}$ es en general menor que el $I_{t1,\,tm}$, de modo que $e < 1$ (al menos 1 pero nunca mayor, para cuerpos inertes), el valor de e depende en esencia de los materiales de A y B y en cierto modo del rango de velocidades de choque (¡cuidado! e es asignable a la "pareja" y no a un cuerpo individualmente). Podemos decir que el gráfico (105) no es simétrico respecto de $t_m$.

Si despejamos los impulsos de (90) y (91) y los reemplazamos en e resulta:

$$e = - \frac{U - V_A^{'}}{U - V_A}$$

Podemos repetir el razonamiento con el cuerpo B y llegaríamos a:

$$e = -\frac{U - V_B'}{U - V_B}$$

Y eliminando entre las dos últimas expresiones U, de difícil medición, se llega a:

$$e = -\frac{(V_A' - V_B')}{(V_A - V_B)} \text{ , o bien;}$$

$$\boxed{V_A' - V_B' = -e\,(V_A - V_B)}$$

Expresión interesante pues vincula las <u>velocidades relativas</u> antes y después del choque.

*Casos límites:*

1. *Choque perfectamente plástico:* los cuerpos no recuperan sus formas originales, ni siquiera parcialmente, de modo que la segunda etapa es de impulso nulo y así:

$$\boxed{e = 0}$$

Luego resulta: $V_A' - V_B' = 0$, o sea $V_A' = V_B'$, de modo que los cuerpos prosiguen juntos luego del choque. Ejemplo: la incrustación de un proyectil en una bolsa de arena.

2. *Choque perfectamente elástico:* los cuerpos recuperan totalmente sus formas originales, el impulso de la segunda etapa es igual a la de la primera y así:

$$\boxed{e = 1}$$

Luego, resulta: $V_A' - V_B' = -(V_A - V_B)$, es decir las velocidades relativas antes y

después del choque son opuestas.

Ejemplo: el choque de una pelota de goma contra una pared rígida. Los casos reales sólo se acercan a esta situación.

En todos los casos, dado que los eventuales impulsos externos de fuerzas no percutivas (por ejemplo el peso), son despreciables y que los impulsos de choque de A con B son internos del sistema (A, B), concluimos que se conserva la cantidad de movimiento del sistema, o sea:

$$m_A \vec{V}_A + m_B \vec{V}_B = m_A \vec{V}_A' + m_B \vec{V}_B' \text{ , o bien escalarmente:}$$

$$m_A V_A + m_B V_B = m_A V_A^{'} + m_B V_B^{'} \text{ (Choque central directo)}.$$

Es fácil demostrar que para el choque perfectamente elástico (e = 1) también se conserva la energía cinética, en efecto, escribiendo la última en esta otra forma:

$$m_A \left( V_A - V_A^{'} \right) = m_B \left( V_B^{'} - V_B \right) \text{, y según las velocidades relativas:}$$

$$V_A + V_A^{'} = V_B^{'} + V_B \text{ , multiplicando m.a.m. estas dos igualdades:}$$

$$m_A (V_A^2 - V_A^{'2}) = m_B (V_B^{'2} - V_B^2) \text{ , dividiendo m.a.m. por 2 y reagrupando:}$$

$$\tfrac{1}{2} \, m_A \, V_A^2 + \tfrac{1}{2} \, m_B \, V_B^2 = \tfrac{1}{2} \, m_A \, V_A^{'2} + \tfrac{1}{2} \, m_B \, V_B^{'2} \text{ , con lo que queda demostrado.}$$

En los choques en que e $\neq$ 1 no se conserva la energía cinética del sistema (demostrarlo). Parte de la energía mecánica del sistema se convierte en otro tipo no recuperable (por ejemplo: calor en la deformación).

***Choque central oblicuo.***

En la figura (108) se muestran dos cuerpos A y B en un choque central oblicuo (ya que las velocidades $\vec{V}_A$ y $\vec{V}_B$ no están contenidas en la recta que une los centros de masas y el punto de contacto). Si suponemos que los cuerpos son lisos, es decir, que son despreciables las fuerzas de rozamiento recíproco contenidas en el plano tangente común $\pi$, se cumplirán los puntos a) y b) siguientes. Los puntos c) y d) restantes son idénticos a lo que ocurre en el choque central directo.

Este tema se complementará con ejercicios oportunos.

a) Se conserva la componente según ($y$) de la cantidad de movimiento individual de A.

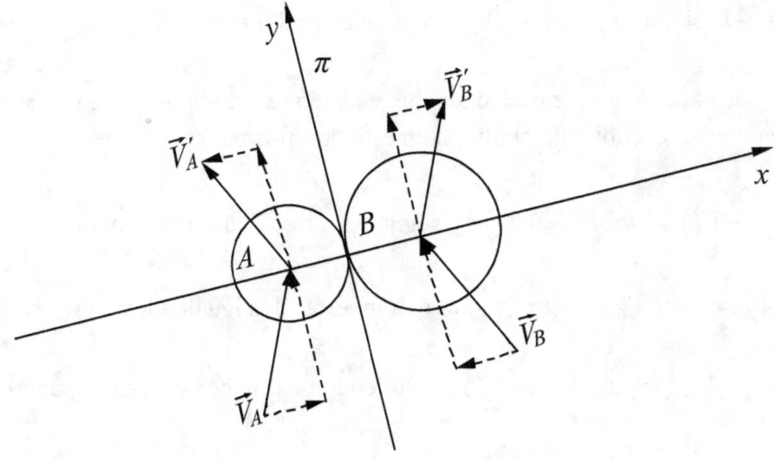


Fig. 108

b) Ídem para B.

c) Se conserva la cantidad de movimiento total del sistema (A, B) y por ende la componente según α de dicha cantidad.

d) La componente según α de la velocidad relativa después del choque $\left(\vec{V}'_A - \vec{V}'_B\right)$ se obtiene multiplicando la opuesta de la velocidad relativa según α antes del choque por el coeficiente de restitución e.

### *Sistemas de masa variable. Cohete.*

En este tema estudiaremos los sistemas de partículas que intercambian masa con el exterior, ya sea incorporando masa, cediéndola o bien incorporando y cediéndola a distintas velocidades relativas (por ejemplo: en los turborreactores). Las nociones aquí estudiadas también serán útiles para analizar venas fluidas que cambian la dirección del movimiento (por ejemplo: fluidos de álabes y tuberías curvas).

Apoyaremos nuestro estudio en un caso concreto: el cohete, pero no se vea en esto una pérdida de generalidad.

En la figura (109) se muestra un cohete sometido a fuerzas exteriores ($\vec{R}_{ext}$), por ejemplo: aerodinámicas, gravedad, etc., en dos instantes distintos: t y (t + dt). Referimos el movimiento a un S.R.I..

En el instante t el cohete posee una masa M y una velocidad $\vec{V}$, en el instante (t + dt) tiene una masa menor (M – dm) y una velocidad $(\vec{V} + d\vec{V})$ (dm es la masa de gas expedida en el intervalo dt).

La primera ecuación cardinal:

$$\frac{d\vec{P}}{dt} = \vec{R}_{ext}$$

Fue demostrada para sistemas de masa constante, pero podemos aplicarla aquí si consideramos que el sistema estudiado está constituido por el cohete más los gases expelidos, de modo que este sistema es de masa constante.

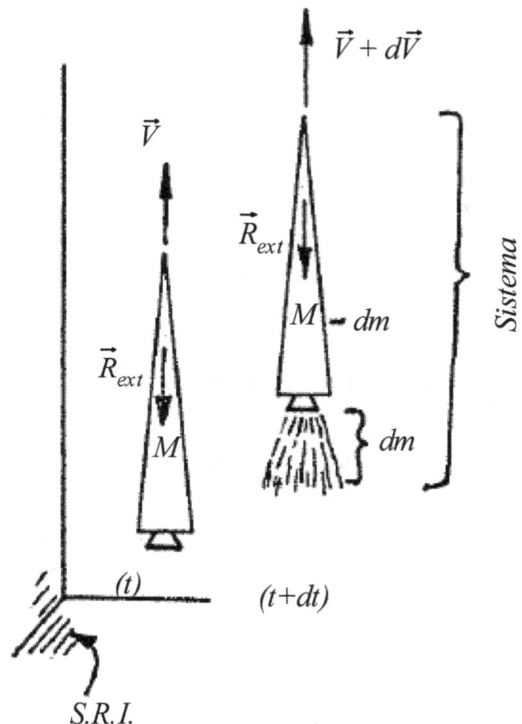


Fig. 109

Así, este sistema posee dos subsistemas o partes:

1)  El cohete propiamente dicho, que pierde masa, y

2)  los gases que ganan masa, de modo que si dM es la masa perdida por el cohete y dm la masa ganada por los gases es:

dM = - dm

Llamaremos con $\vec{V}_{ab.sal}$ a la velocidad de salida de los gases, respecto al S.R.I. ("velocidad absoluta de salida"). Si fijamos un S.R. en el cohete podemos hablar de la velocidad relativa de salida ($\vec{V}_{rel.sal}$), de modo que la velocidad del cohete ($\vec{V}$) es de arrastre para los gases, cumpliéndose entonces:

$$\vec{V}_{ab.sal} = \vec{V} + \vec{V}_{rel.sal}$$

Evaluemos ahora la variación de la cantidad de movimiento total del sistema en el intervalo dt:

$$\vec{P}(t) = M\,\vec{V}$$

$$\vec{P}(t + dt) = (M - dm)(\vec{V} + d\vec{V}) + \vec{V}_{ab.sal}.dm$$

Restando la segunda con la primera:

$$d\vec{P} = (M - dm)(\vec{V} + d\vec{V}) + \vec{V}_{ab.sal}.dm - M\vec{V}$$

Desarrollando y despreciando el diferencial de segundo orden dm . d$\vec{V}$ resulta:

$$d\vec{P} = M\,d\vec{V} + (\vec{V}_{ab.sal} - \vec{V})\,dm$$

Teniendo en cuenta que dm = - dM, y que el paréntesis es la velocidad relativa de salida queda:

$$d\vec{P} = M\,d\vec{V} - \vec{V}_{rel.sal}dM$$ , dividamos m.a.m. por dt y llamemos con $\mu = \frac{dM}{dt}$ (flujo o caudal másico, denominado por algunos autores "gasto"), resulta:

$$\frac{d\vec{P}}{dt} = \vec{R}_{ext} = M\vec{a} - \mu\vec{V}_{rel.sal}$$, donde $\vec{a}$ es la aceleración del cohete.

También podemos escribir así:

$$(92) \qquad \boxed{\vec{R}_{ext} + \mu\vec{V}_{rel.sal} = M\vec{a}}$$

El término $\mu\vec{V}_{rel.sal}$ representa la fuerza de interacción entre el cohete y los gases expelidos. Sería una fuerza externa si el sistema fuese solo el cohete. Esta fuerza se denomina EMPUJE. Para aumentar el empuje, es claro que hay que aumentar $\mu, \vec{V}_{rel.sal}$ o ambas cosas, pero como $\mu$ representa un gasto de combustible se busca en lo posible aumentar $\vec{V}_{rel.sal}$ mejorando los motores y los combustibles. Quizás en el futuro se consiga un empuje apreciable con la expulsión de iones a velocidades del orden de la velocidad de la luz y un flujo másico muy pequeño comparado con el de los cohetes químicos actuales.

Observe el alumno que la $\vec{V}_{rel.sal}$ es hacia "abajo", pero como $\mu$ es negativo, dado que es flujo de salida, el empuje es hacia "arriba".


*Comentarios:*

Suelen producirse confusiones conceptuales provenientes seguramente de no definir previamente cual es el sistema en estudio:

a) Si C es el centro de masas del sistema (cohete más gases expelidos) es claro que vale directamente la ley de Newton $\vec{R}_{ext} = m_{sist}\ \vec{a}\ (c)$, pero en la práctica no interesa la aceleración de ese centro C sino sólo el del cohete, de modo que resulta la (92).

b) Otro planteo que puede conducir a un error es el siguiente: si M y $\vec{V}$ son la masa y la velocidad del cohete y por ende $M\vec{V}$ la cantidad de movimiento, todo en un instante t,....¿la $\vec{R}_{ext}$ será igual a la derivada respecto de t de $M\vec{V}$?

Veamos:

$$\vec{R}_{ext} = \frac{d}{dt}\left(M\ \vec{V}\right) = M\frac{d\vec{V}}{dt} + \vec{V}\ \frac{d\vec{M}}{dt} = M\ \vec{a} + \mu\vec{V}\ .$$

Es una expresión distinta de la (92). En esta derivación no se ha tenido en cuenta la cantidad de movimiento $(\vec{R}_{ab.sal}.\ dm)$ que se "va" con los gases. Sin embargo puede coincidir con la (92) en un caso muy particular, cual es, que la velocidad absoluta de salida se NULA. En efecto, escribiendo la (92) así:

$$\vec{R}_{ext} = M\vec{a} - \mu\left(\vec{V}_{ab.sal} - \vec{V}\right)$$

Vemos que para $\vec{V}_{ab.sal} = 0$ coincide.

¿Cuándo $\vec{V}_{ab.sal}$ es nula? Cuando la velocidad relativa es opuesta a la del cohete. La nube de gases se vería "quieta" respecto del S.R.I..

***Estudio de la velocidad.***

Sean:

1)  $M_o$ masa total inicial del cohete.

2)  $\mu$ flujo másico, que aquí suponemos constante.

3)  $M(t) = (M_o - |\mu|\,t)$ masa del cohete en el instante t.

4)  $m_o$ masa del combustible, inicial.

5)  $\tau = \dfrac{m_o}{|\mu|}$ "tiempo de quemado".

Si $\vec{R}_{ext} = M\vec{g}$ por la (92) podemos escribir:

$$\vec{a} = \frac{d\vec{V}}{dt} = \frac{M\vec{g}}{M} + \frac{\mu}{M}\,\vec{V}_{rel.sal}$$

Pasando a componentes escalares (con + hacia arriba) y teniendo en cuenta que $M = M_o - |\mu|\,t$, podemos escribir:

$$dV = \frac{\mu V_{rel.sal}}{(M_o - |\mu|\,t)}\,dt - g\,dt$$

Si, $V = V_o$ para $t = 0$, integrando obtenemos:

$$V(t) = V_0 + V_{rel.sal}\,\ell n\left[\frac{M_o}{M_o - |\mu|\,t}\right] - g\,t\,,$$

o bien, dividiendo numerador y denominador por $M_o$:

$$(93) \qquad \boxed{V(t) = V_0 + V_{rel.sal}\,\ell n\left[\frac{1}{1 - \frac{|\mu|\,t}{M_o}}\right] - g\,t}$$

Expresión que nos da la velocidad del cohete en función del tiempo, supuesto $\mu = $ cte. sometido a un campo g uniforme.

Cuando se consume todo el combustible (t = $\tau$) se tiene:

$$V_{final} = V(\tau) = V_0 + V_{rel.sal}\ \ell n\left[\frac{1}{1-\frac{m_0}{M_0}}\right] - g\frac{m_0}{|\mu|}$$

Vemos que para conseguir una mayor velocidad final conviene que la relación ${m_0}/{M_o}$ sea cercana a 1, pero claro está que esto plantea serias dificultades prácticas.

### *Cohete de dos etapas.*

Resulta comprensible, sin necesidad de cálculo, que a los fines de mayores velocidades finales conviene construir cohetes de dos o más etapas, en efecto, en el cohete de única etapa se arrastra hasta el final una estructura que paulatinamente se va haciendo inútil: la de los tanques vacíos, en cambio en el cohete de múltiples etapas éstas se van desprendiendo a medida que se agotan.

Demostremos ahora cuánto vale la ventaja en la velocidad final del de dos etapas frente al de una. Suponemos las siguientes relaciones entre las cantidades que caracterizan a ambos cohetes (figura 110).

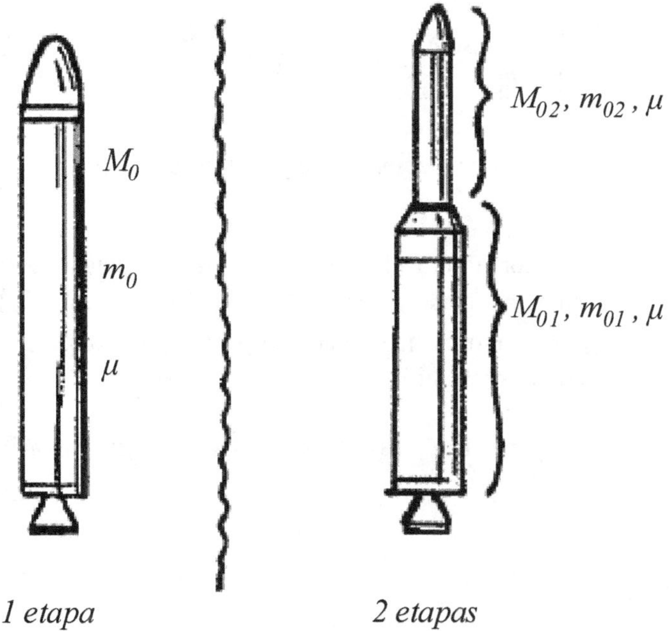


Fig. 110

$$M_0 = M_{o1} + M_{o2}$$

$$m_0 = m_{o1} + m_{o2}$$

$$\mu = \mu_1 = \mu_2 \text{ y además}$$

$$\frac{m_0}{M_0} = \frac{m_{01}}{M_{01}} = \frac{m_{02}}{M_{02}} \text{ , e igual velocidad relativa de salida.}$$

Suponiendo que el cohete de dos etapas parte del reposo, se tiene, al final de la primera etapa $\left(\tau_1 = {}^{m_{o1}}\!/\!\mu\right)$.

$$V_{f1} = V_{rel.sal} \, \ell n \, \frac{1}{\left[1 - \frac{m_0}{M_0}\right]} - g \, \frac{m_{o1}}{|\mu|}$$

Esta velocidad es inicial para la segunda etapa, de modo, que la final para ella es:

$$V_{f2} = V_{f1} + V_{rel.sal} \, \ell n \, \frac{1}{\left[1 - \frac{m_0}{M_0}\right]} - g \, \frac{m_{o2}}{|\mu|}$$

O bien:

$$V_{f2} = \underbrace{V_{rel.sal} \ell n \frac{1}{\left[1 - \frac{m_0}{M_0}\right]}}_{\text{"ventaja"}} + \underbrace{V_{rel.sal} \ell n \frac{1}{\left[1 - \frac{m_0}{M_0}\right]} - g \frac{m_0}{|\mu|}}_{\text{velocidad final para la 1ª etapa}}$$

Analicemos ahora un turborreactor (figura 111): este toma aire por delante y expele gases de combustión por atrás. El aire es tomado a una cierta velocidad relativa $\left(\vec{V}_{r.e}\right)$ y sale con otra velocidad relativa $\left(\vec{V}_{r.s}\right)$. El flujo másico de entrada es $\mu_e$ (positivo) y el de salida es $\mu_s$ (negativo). Si $\mu_c$ es el flujo de combustible que ingresa al motor es:

$$|\mu_s| = |\mu_e| + |\mu_c| \text{ , pero podemos hacer la siguiente aproximación dada la}$$

relativa pequeñez de $\mu_c$:

$$|\mu_s| = |\mu_e|$$

Tenemos aquí, a diferencia del cohete, dos fuerzas:

La producida por la entrada de masa: $\mu_e \, . \, \vec{V}_{r.e}$ y la producida por la salida: $\mu_s \, . \, \vec{V}_{r.s}$.

La fuerza neta o empuje es la suma vectorial de estas fuerzas:

$$\vec{E} = \mu_e \vec{V}_{r.e} + \mu_s \vec{V}_{r.s}$$ , teniendo en cuenta que:

$$\mu_e \approx -\mu_s$$

(94)
$$\boxed{\vec{E} = \mu_s \left( \vec{V}_{r.s} - \vec{V}_{r.e} \right)}$$

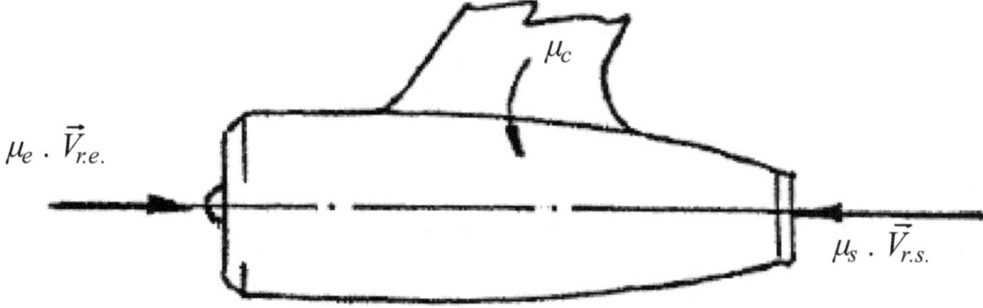

Fig. 111

La $\vec{V}_{r.s}$ es de módulo mayor que $\vec{V}_{r.e}$ gracias a la energía química aportada por la combustión del combustible en el motor.

La expresión (94) es útil también para analizar las fuerzas que cambian la dirección de movimiento de venas fluidas (figura 112 a) y de propulsión por hélices (figura 112 b).

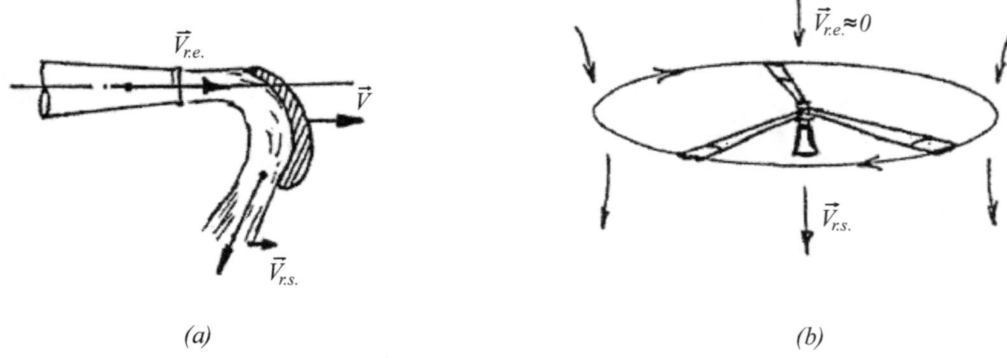

(a)

(b)

Fig. 112

# Capítulo VI: Dinámica Del Cuerpo Rígido.

## Teorema de Euler- Charles.

Diremos simplemente que este teorema afirma lo que ya hemos adelantado en el capítulo IV; el campo de velocidades más general posible asociado  a los puntos P de un cuerpo rígido, se obtiene de la superposición de dos campos: 1) el que resulta de suponer al cuerpo rígido en traslación con velocidad $\vec{V}(Q)$, donde Q es el punto elegido como POLO DE REDUCCIÓN, más 2) el campo $\vec{\omega} \times \overrightarrow{PQ}$ que resulta de tomar el momento de la velocidad angular instantánea $\omega$ aplicada en Q, respecto de los puntos P. Así tenemos la fórmula (51) del mencionado sub-tema:

$$\vec{V}(P)_S = \vec{V}(Q)_S + \vec{\omega} \times \overrightarrow{PQ}$$

Veamos una aplicación que permite esclarecer cómo debe efectuarse la reducción a un polo, en un caso general. En la figura 113 mostramos un dispositivo constituido por un marco rígido ($s$) que puede deslizarse con respecto a una pared (S) por medio de apoyos móviles A y B. A su vez, un cuerpo rígido (R) se vincula también el marco ($s$) con apoyos móviles C y D.

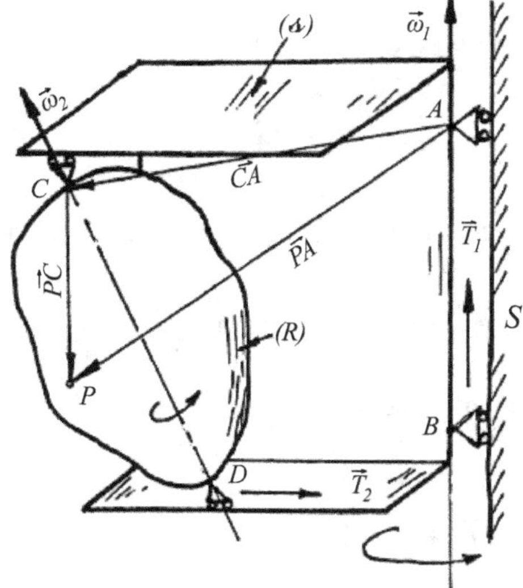


Fig. 113

Llamemos con:

$\vec{T}_1$ velocidad de traslación de $(s)$ respecto de $(S)$;

$\vec{T}_2$ velocidad de traslación del eje CD de $(R)$ respecto de $(s)$;

$\vec{\omega}_1$ velocidad angular de $(s)$, de eje AB, respecto de $(S)$;

$\vec{\omega}_2$ velocidad angular de $(R)$, de eje CD, respecto de $(s)$;

La velocidad de un punto P de $(R)$, respecto de $(S)$ es:

$$\vec{V}(P)_S = \vec{V}_{arr} + \vec{V}(P)_s \text{ , donde, por lo que sabemos de movimiento relativo:}$$

$$\vec{V}_{arr} = \vec{T}_1 + \vec{\omega}_1 x\,\overrightarrow{PA} \ \ y$$

$$\vec{V}(P)_s = \vec{T}_2 + \vec{\omega}_2\,x\,\overrightarrow{PC} \text{ , luego reemplazando:}$$

$$\vec{V}(P)_S = \vec{T}_1 + \vec{T}_2 + \vec{\omega}_1\,x\,\overrightarrow{PA} + \vec{\omega}_2\,x\,\overrightarrow{PC}$$

¿Cuál es la velocidad angular de $(R)$ respecto de $(S)$?

Para responder a este interrogante hacemos (según figura 113):

$$\overrightarrow{PA} = \overrightarrow{PC} + \overrightarrow{CA}, \text{ reemplazando:}$$

$$(95) \qquad \vec{V}(P)_S = \vec{T}_1 + \vec{T}_2 + \vec{\omega}_1\,x\,\overrightarrow{CA} + (\vec{\omega}_1 + \vec{\omega}_2)\,x\,\overrightarrow{PC}$$

Como C es un punto del cuerpo rígido $(R)$, por la (51) sabemos que se cumple:

$$(96) \qquad \vec{V}(P)_S = \vec{V}(C)_S + \vec{\omega}\,x\,\overrightarrow{PC}, \text{ donde } \omega \text{ es la velocidad angular}$$

buscada, identificando la (96) con la (95) debe ser:

$$(97) \qquad \vec{V}(C)_S = \vec{T}_1 + \vec{T}_2 + \vec{\omega}_1\,x\,\overrightarrow{CA} \qquad y \qquad \vec{\omega} = \vec{\omega}_1 + \vec{\omega}_2$$

En este planteo C ha actuado como POLO DE REDUCCIÓN. Como C está sobre el eje de $\vec{\omega}_2$ falta algo de generalidad en la (97). Para mayor generalidad pensemos a P como polo de reducción (ya que no está sobre ningún eje) y analicemos la velocidad de un punto cualquiera M, se cumple:

$$\vec{V}(M)_S = \vec{V}(P)_S + \vec{\omega}\ x\ \overrightarrow{MP} = \vec{T}_1 + \vec{T}_2 + \vec{\omega}_1\ x\ \overrightarrow{PA} + \vec{\omega}_2\ x\ \overrightarrow{PC} + \vec{\omega}\ x\ \overrightarrow{MP}$$

(Debido a la expresión anterior a la (95). Vemos que se obtiene la velocidad del polo P sumando las velocidades de traslación $\vec{T}_J$ con los momentos de las velocidades angulares $\vec{\omega}_k$ respecto del polo.

En la figura (114 a y b) se muestra una generalización: el cuerpo rígido (R) está sometido a las velocidades angulares $\vec{\omega}_1$, $\vec{\omega}_2$,...... $\vec{\omega}_N$, de ejes que pasan por puntos $A_1$, $A_2$,..., $A_N$ y a las velocidades de traslación $\vec{T}_1, \vec{T}_2,..., \vec{T}_N$ (por medio todo esto de unos mecanismos apropiados). Eligiendo a P como polo de reducción, se tiene para, un punto M de (R):

$$\boxed{\begin{array}{l} \vec{V}(M) = \vec{V}(P) + \vec{\omega}\ x\ \overrightarrow{MP}\ ,\ \text{con} \\[2mm] \vec{V}(P) = \sum_{j=1}^{H}\vec{T}_j + \sum_{k=1}^{N}\vec{\omega}_k\ x\ \overrightarrow{PA}_k \\[2mm] \vec{\omega} = \sum_{k=1}^{N}\vec{\omega}_k \end{array}}$$

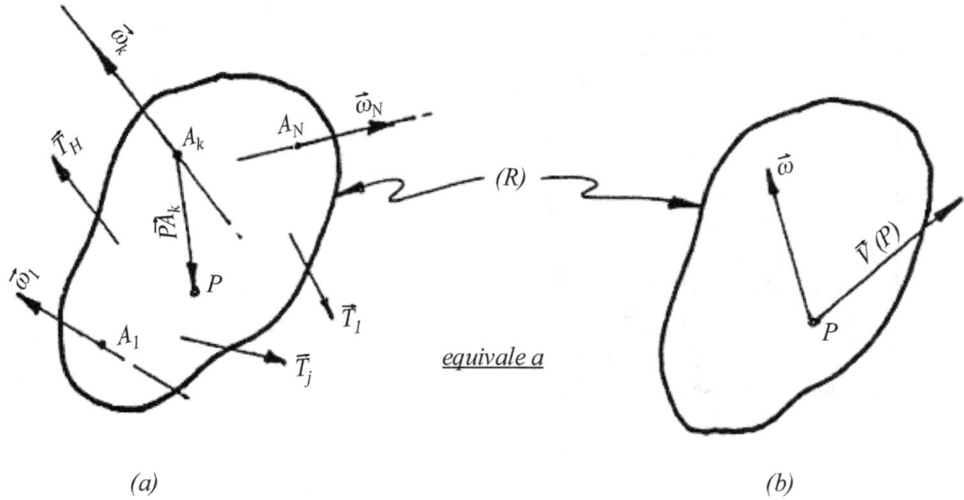


(a)                (b)

Fig. 114

<u>Ejemplo de aplicación: rotaciones opuestas.</u>

En la figura (115) se muestra un marco ($s$) rígido, que gira con velocidad $\vec{\omega}_1$ respecto de (S) y que, a su vez, contiene un cuerpo (R) que gira con velocidad $\vec{\omega}_2 = -\vec{\omega}_1$, respecto de ($s$). En la figura (115 b) se muestran en planta, dos posiciones correspondientes a los instantes (t) y (t + $\Delta$t). De la simple inspección de la figura se comprende que (R) está en traslación respecto de (S). De todos modos se confirma por la reducción a un polo P cualquiera (figura 115 c). En efecto:

$$\vec{\omega} = \vec{\omega}_1 + \vec{\omega}_2 = \vec{\omega}_1 + (-\vec{\omega}_1) \equiv 0$$

Luego:     $\vec{V}\,(M)_S = \vec{V}\,(P)_S + \vec{\omega}\, x\, \overrightarrow{MP} \equiv \vec{V}\,(P)_S$ (traslación)

$$\vec{V}\,(P)_S = \vec{\omega}_1\, x\, \overrightarrow{PO_1} + \vec{\omega}_2\, x\, \overrightarrow{PO_2} = \vec{\omega}_1\, x\,(\overrightarrow{PO_1} - \overrightarrow{PO_2}) = \vec{\omega}_1\, x\, \overrightarrow{O_2O_1}$$

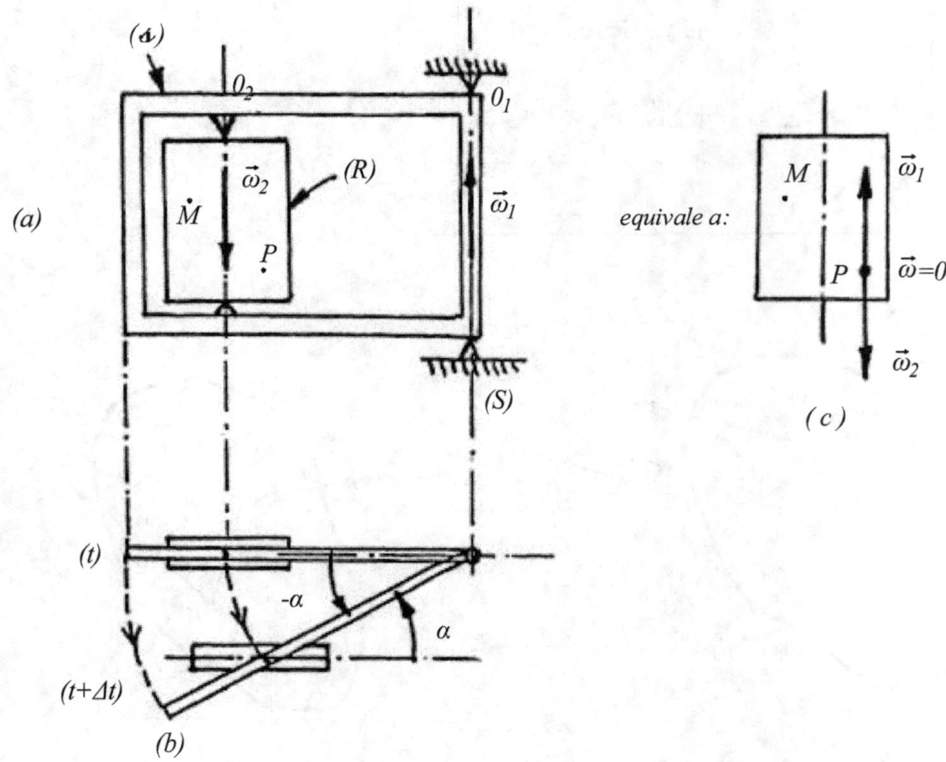


Fig. 115

***Invariante vectorial e invariante escalar.***

Es claro que para un CIERTO INSTANTE t, la velocidad angular $\vec{\omega}$ (t) no depende del polo de reducción elegido, por ello a $\vec{\omega} = \sum \vec{\omega}_k$ se le denomina también INVARIANTE VECTORIAL del campo de velocidades.

***Invariante escalar:***

Para un cierto instante t tenemos:

$\vec{V}(M)_S = \vec{V}(P)_S + \vec{\omega} \times \overrightarrow{MP}$ , multiplicando m.a.m. escalarmente por el versor $\frac{\vec{\omega}}{|\vec{\omega}|}$ se tiene:

$$\vec{V}(M).\frac{\vec{\omega}}{|\vec{\omega}|} = \vec{V}(P).\frac{\vec{\omega}}{|\vec{\omega}|} \text{ , pues } \left(\vec{\omega} \times \overrightarrow{MP}\right).\frac{\vec{\omega}}{|\vec{\omega}|} \equiv 0$$

Como M y P son del puntos cualesquiera del rígido y en base al concepto de producto escalar concluimos que "las proyecciones de las velocidades sobre la dirección de $\vec{\omega}$ son iguales entre sí".

Se denomina INVARIANTE ESCALAR a dicha proyección. Lo de invariante está en el sentido de que no dependen de los puntos del rígido pero, en general, sí dependen del tiempo.

Por una razón que se comprenderá más adelante denominaremos con $V_{min}$ a dichas proyecciones, o sea:

$$V_{min} = \vec{V}(P).\frac{\vec{\omega}}{|\vec{\omega}|}$$

*Estructura instantánea del campo de velocidades. Eje central.*

Es posible demostrar que, en un instante cualquiera t, existe un conjunto de puntos E del rígido que poseen velocidades $\vec{V}(E)$ paralelas al vector $\vec{\omega}$ (figura 116). Si es así, entonces esos puntos E tienen una velocidad menor que cualquier otro, en efecto: por el concepto de invariante escalar se tiene que para un $\vec{\omega}$ instantáneo, el otro factor $\vec{V}(E)$ debe ser mínimo cuando el coseno del producto escalar sea máximo (cos 0° = 1), es decir $\vec{V}(E)$ paralelo a $\vec{\omega}$:

$$V_{min} = \vec{V}(E).\frac{\vec{\omega}}{|\vec{\omega}|} = |\vec{V}(E)|\frac{|\vec{\omega}|}{|\vec{\omega}|}\cos 0° = |\vec{V}(E)|$$

Es también fácil demostrar que, si P es el vector posición de un punto P del rígido y $\vec{E}$ lo es de un punto E de mínima velocidad, se tiene:

$$\vec{E}= \vec{P} + \frac{\vec{\omega} \; x \; \vec{V}(P)}{\omega^2}$$

Todo otro punto E' de una recta que pasa por E y es paralela a $\vec{\omega}$ tiene la misma velocidad mínima, en efecto: por lo dicho es $\vec{E'}$ - $\vec{E} = \lambda \, \vec{\omega}$ (donde $\lambda$ es un escalar conveniente), luego:

$$\vec{V}(E') = \vec{V}(E) + \vec{\omega} \; x \; \left(\vec{E'} - \vec{E}\right) = \vec{V}(E) \text{ , pues } \vec{\omega} \; x \; \lambda \, \vec{\omega} \equiv 0$$

Por lo tanto, el conjunto de puntos de esa recta (e) de velocidad mínima, se le denomina EJE CENTRAL de velocidades.

En la figura (116) se muestran, para un cierto instante t, al eje central (e) y a las velocidades de distintos puntos $P_1$, $P_2$,….contenidos en la superficie de un cilindro circular de eje (e). Por ser para cualquiera de ellos, por ejemplo para $P_1$:

$$\vec{V}(P_1) = \vec{V}(E) + \vec{\omega} \; x \; \overrightarrow{P_1E}$$

Resulta que todos los puntos de esta superficie tienen velocidades de igual módulo, inclusive los puntos de una generatriz tiene velocidades idénticas en módulo, dirección y sentido: de modo que la estructura instantánea del campo de velocidades tiene simetría cilíndrica.

En consecuencia, en un intervalo infinitesimal dt, todo sucede como si el rígido girase con velocidad $\vec{\omega}$, de eje (e) y se trasladase con velocidad $\vec{V}(E)$ paralela a (e). Por todo ello, al movimiento rototraslatorio, también se le denomina HELICOIDAL instantáneo (o tangente).

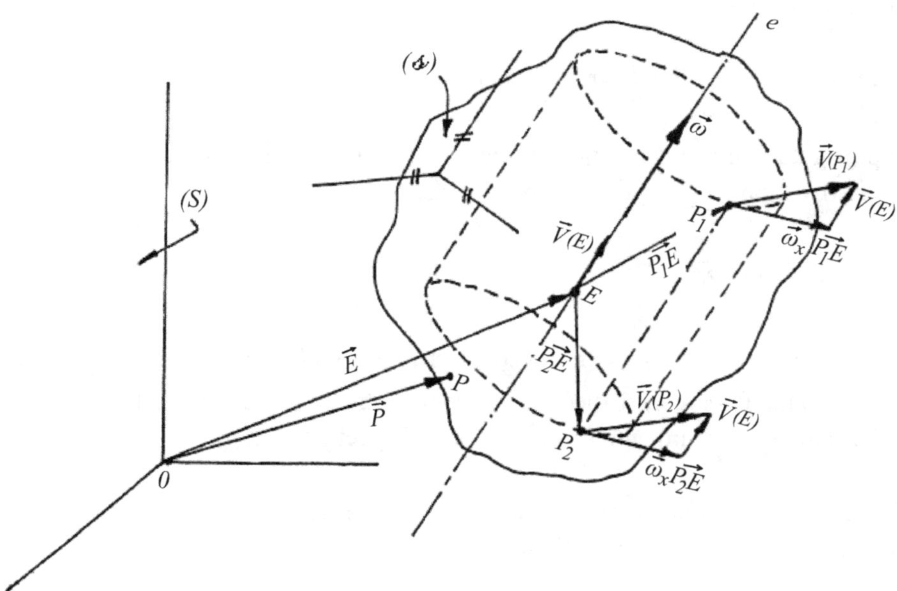


Fig. 116

Si $\vec{\omega}$ y $\vec{V}(E)$ fuesen constantes en el tiempo todos los puntos (salvo los del eje (e)) describirían hélices de paso constante, de distintos radios, (movimiento helicoidal uniforme).

### Axoide fijo y axoide móvil.

En general el vector $\vec{\omega}$ y $\vec{V}(E)$ cambian en el tiempo, tanto respecto a un S.R. (S) como respecto a un S.R. (s) fijo al propio cuerpo. Por ello el eje central (e), visto desde (S), "barre" una superficie reglada denominada "axoide fijo" o espacial y visto desde (s), barre una superficie reglada denominada "axoide móvil" o del cuerpo. El eje (e) en todo instante es la generatriz común de ambas, de aquí que todo sucede como si el axoide móvil rodase y resbalase sobre el axoide fijo (la velocidad de resbalamiento respecto de (S) es precisamente $\vec{V}(E)$).

Si se eligen los puntos del eje central como polos de reducción, la reducción se denomina PROPIA.

***Movimiento polar y plano.***

En este subtema tratamos algunos casos particulares:

1) Cuerpo rígido con un punto fijo 0 respecto a (S), figura 117. Es claro que $\vec{V}_{min}=$ $\vec{V}(O) \equiv 0$, de modo que el campo de velocidades está dado por:

$$\vec{V}(P) = \vec{\omega} \; x \; \overrightarrow{PO}$$

Los axoides son superficies cónicas (no necesariamente circulares), con vértices en O. Como $\vec{V}(E) = \vec{V}(o) \equiv 0$ los conos ruedan uno contra otro sin resbalar. Todo esto será aplicado en el estudio del movimiento de giroscopios, proyectiles, etc.

El vector $\vec{\omega}$ y el eje (e), como siempre, están en la generatriz de contacto, entre ambos axoides. El movimiento se denomina POLAR.

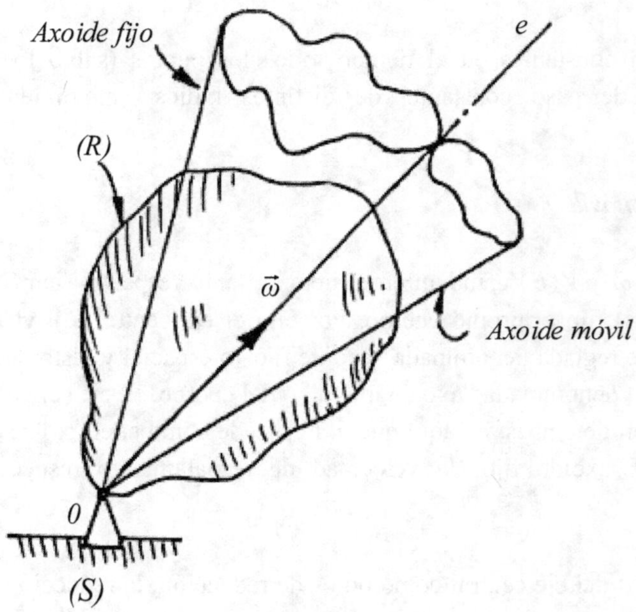


Fig. 117

2) Movimiento plano: ocurre cuando la dirección de $\omega$ es fija respecto de (S), y $\vec{V}(E) \equiv 0$. Luego aquí también es:

$$\vec{V}(P) = \vec{\omega} \, x \, \overrightarrow{PE}$$

Pero además es claro que el de velocidades es plano, o sea, todo vector $\vec{V}(P)$ es paralelo a un plano $\pi$ perpendicular al eje central (e) ($\mu \, \vec{\omega}$).

Los axoides son superficies cilíndricas (no necesariamente circulares) figura (118).

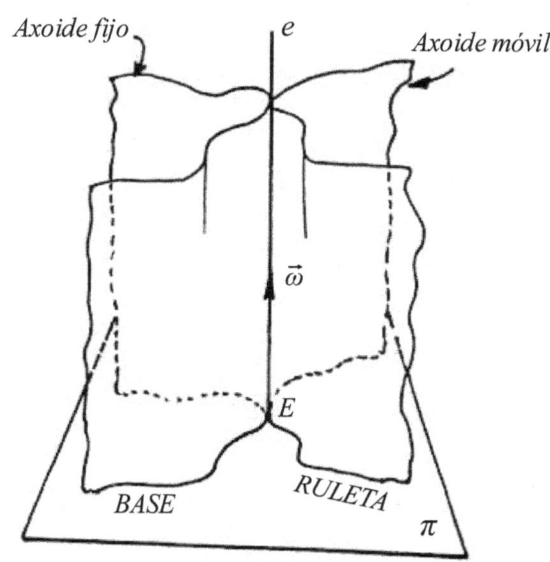


Fig. 118

La intersección del axoide fijo con $\pi$ es la curva denominada BASE, la del móvil, RULETA. La intersección del eje central constituye un punto E denominado CENTRO INSTANTÁNEO de rotación. Podemos decir que la base es la trayectoria de E respecto de (S) y la ruleta respecto de ($s$), o sea, del propio cuerpo. Demás está decir que la ruleta rueda sobre la base sin resbalar.

<u>Ejemplo:</u>

Cilindro rígido que rueda sin resbalar sobre un plano (figura 119).

Es claro que la superficie lateral del cilindro es el propio axoide móvil (o bien la ruleta) y el plano el axoide fijo (o bien la base). Entonces la arista de contacto es el eje central y E el centro instantáneo de rotación (respecto de S es $\vec{V}(E) \equiv 0$ ).

Si tomamos a E como polo de reducción (reducción propia) es:

$$\vec{V}(P) = \vec{\omega} \times \overline{PE}\,.$$

En cambio se puede elegir a C como polo (reducción impropia), así:

$$\vec{V}(P) = \vec{V}(C) + \vec{\omega} \times \overline{PC}\,.$$

Si M es un punto periférico (figura 119) es:

$$\vec{V}(M) = \vec{\omega} \times \overline{ME}\,, \text{ o bien}$$

$$\vec{V}(M) = \vec{V}(C) + \vec{\omega} \times \overline{MC}\,, \text{ pero según la figura vemos:}$$

$$\overline{ME} = 2\,\overline{MC}\,,$$

Luego igualando las dos últimas y reemplazando $\overline{ME}$:

$$\vec{\omega} \times 2\,\overline{MC} = \vec{V}(C) + \vec{\omega} \times \overline{MC}, \text{ así}$$

$$\vec{V}(C) = \vec{\omega} \times \overline{MC}\,, \text{ como era de esperar (ya que } |\overline{MC}| = radio).$$

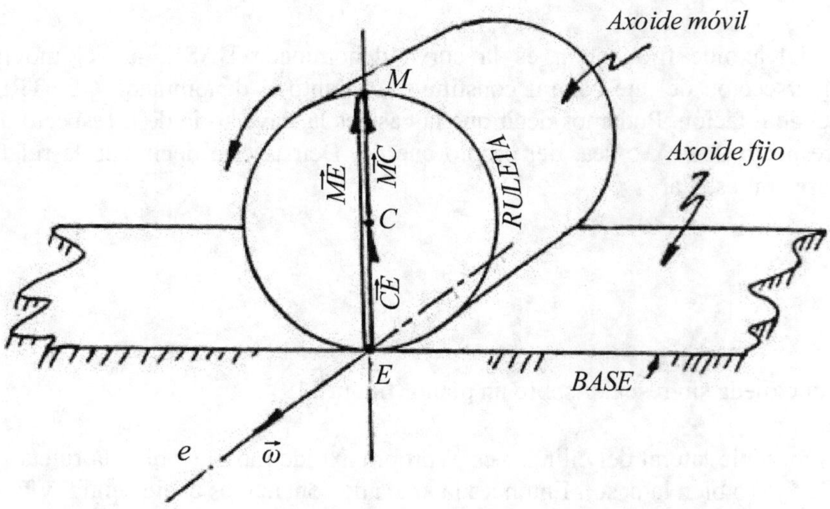


Fig. 119

En las figuras (120 a, b y c) se muestran los campos de velocidades de: traslación con polo C, rotación según eje que pasa por C y campo resultante (se observa otra vez que

$$\vec{V}(E) \equiv 0).$$

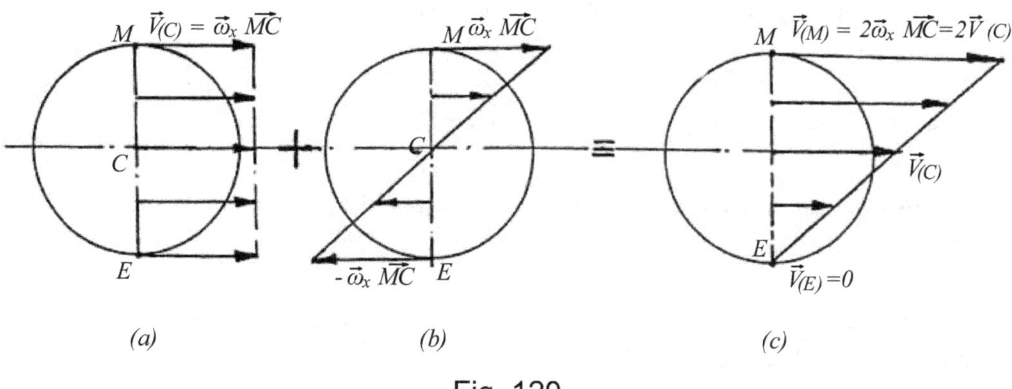


Fig. 120

**Comentarios:** Se ha detectado que en algunos alumnos suele producirse una confusión, en cierto modo comprensible, suelen preguntar: ¿cómo es que los puntos del eje central ( o bien el centro instantáneo E) tienen siempre velocidad nula y sin embargo se traslada, tanto respecto de (S) como de (s)?. Es que no es el eje central, como ente geométrico, el que no posee velocidad, sino los puntos del cuerpo que en  un instante t están sobre dicho eje, o dicho de otra forma: en un instante t el conjunto de puntos del cuerpo que poseen velocidad nula son aquellos que <u>les ha tocado el turno</u> de constituir al eje central, pero luego, en un instante posterior muy próximo (t + dt) ese conjunto pasa a tener velocidad no nula y es otro el conjunto de puntos a los que les toca el turno de constituirse en eje central, haciéndolo en un lugar desplazado un infinitésimo respecto del anterior.

La meditación sobre el cilindro rígido que rueda puede, dada su sencillez, afirmar esta idea.

También provoca desconcierto afirmar que una rueda, en rototraslación sin resbalamientos, gira respecto de un eje.....¡que está en el piso!. Aquí está nuevamente presente la relatividad de la cinemática: para un observador que se traslada con la rueda, (por ejemplo el conductor de un vehículo), ésta gira según el eje <u>propio</u>, que pasa por el centro C. En cambio un observador fijo al piso debe admitir que la rotación se produce en un eje instantáneo que pasa por el punto de apoyo inferior E, de lo contrario, si piensa como el observador anterior, debería concluir que la rueda gira sin traslación (cosa que ocurre efectivamente cuando las ruedas de un vehículo resbalan totalmente y así el vehículo no se traslada).

***Campo de aceleración de un cuerpo rígido.***

Así como hemos estudiado el campo de velocidades cabe preguntar cómo es el campo de aceleraciones asociado a los puntos de un cuerpo rígido. Sabemos por el teorema de Coriolis que la aceleración absoluta (respecto de S) de un punto M (aquí pensado como perteneciente al cuerpo) guarda la siguiente relación con la aceleración relativa a otra referencia ($\mathscr{s}$) cualquiera:

$$\vec{A}(M)_S = \vec{A}(o)_S + \dot{\vec{\omega}} \; x \; \vec{r} + \vec{\omega} \; x \; (\vec{\omega} \; x \; \vec{r}) + \vec{A}(M)_{\mathscr{s}} + 2\vec{\omega} \; x \; \vec{V}(M)_{\mathscr{s}}$$

Pero si elegimos a $\mathscr{s}$ fijo al cuerpo, con origen o en un punto P (polo de reducción) se tiene:

$$\vec{A}(o)_S \equiv \vec{A}(P)_S \; , \; \vec{V}(M)_{\mathscr{s}} \equiv 0 \text{ pues M pertenece al cuerpo y además, por la}$$
misma razón $\vec{A}(M)_{\mathscr{s}} \equiv 0$ , haciendo $\vec{r} = \overrightarrow{MP}$ queda:

$$\boxed{\vec{A}(M)_S = \vec{A}(P)_S + \dot{\vec{\omega}} \; x \; \overrightarrow{MP} + \vec{\omega} \; x \; \vec{\omega} \; x \; \overrightarrow{MP}}$$

Expresión que juega el mismo rol que la (51), pero aquí para las aceleraciones.

***Ángulos de Euler (ver apéndice I).***

Un cuerpo rígido libre de vínculos posee 6 grados de libertad, es decir, es necesario establecer como mínimo 6 coordenadas independientes para definir unívocamente su posición respecto de un S.R.

Esto está implícito en la ecuación (51) ya que para definir el estado de movimiento del rígido es necesario dar $\vec{V}(P)$ y $\vec{\omega}$, o sea $3 + 3 = 6$ componentes escalares. Existen muchas formas de establecer las 6 coordenadas, por ej: podemos fijar al cuerpo un S.R. ($\mathscr{s}$) ortogonal, con origen en un punto P del mismo. La posición de P respecto de otro S.R. (S) exige dar 3 coordenadas, las otras 3 pueden ser los ángulos que hacen entre sí los ejes correspondientes de ($\mathscr{s}$) y (S).

Una forma muy utilizada, en especial en el estudio de giroscopios, es una debida a Euler. En la figura 121 se muestran los dos S.R. (S) y ($\mathscr{s}$) tal que el origen P de ($\mathscr{s}$) coincida con el O de (S), cosa siempre posible.

Los círculos $\alpha$ y $\beta$ representan porciones del plano (X, Y) y (x, y) respectivamente. Sean $(\vec{I},\vec{J},\vec{K})$ y $(\vec{\imath},\vec{\jmath},\vec{k})$ los versores base de las ternas (X, Y, Z) y (x, y, z). El plano (x, y) corta al (X, Y) en la recta ON denominada eje NODAL. Como esta recta es común a ambos planos y perpendicular tanto a Z como a z resulta perpendicular al plano determinado por estos dos ejes. Sobre el eje nodal se define un versor $\vec{N}$ que marca el sentido positivo de giro del eje z respecto del Z.

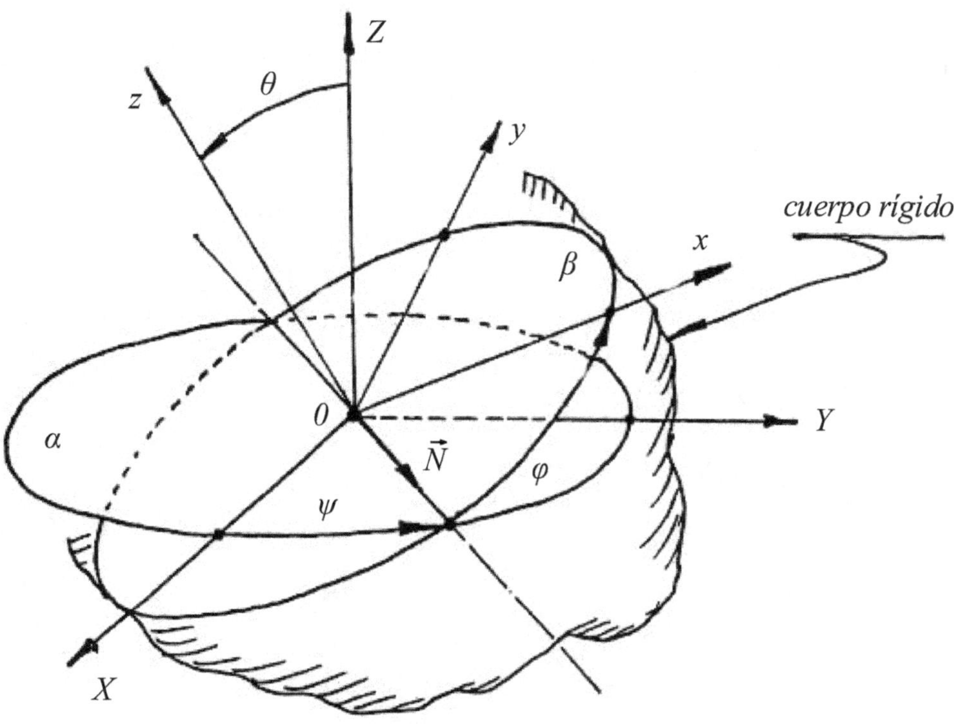


Fig. 121

Los ángulos de Euler son:

$\Psi$, ángulo que forma $\vec{N}$ con $\vec{I}$, contenido en el plano (X, Y). Se denomina ángulo de precesión.

$\varphi$, ángulo que forma $\vec{\imath}$ con $\vec{N}$, contenido en el plano (x, y). Se denomina ángulo de giro propio (de "spin").

$\theta$, ángulo que forma $\vec{k}$ con $\vec{K}$, contenido en el plano (Z, z). Se denomina ángulo de nutación.

En general el vector velocidad angular $\vec{\omega}$ del cuerpo respecto de S será:

$$(98) \qquad \vec{\omega} = \dot{\varphi}\,\vec{k} + \dot{\Psi}\,\vec{K} + \dot{\theta}\,\vec{N}$$

$\dot\varphi$ es la velocidad angular "propia", $\dot\Psi$ de precesión y $\dot\theta$ de nutación. El inconveniente de la expresión (98) es que está expresada en ejes de distintos S.R. Es fácil expresar los versores $\vec{K}$ y $\vec{N}$ en función de los $\vec{\imath}, \vec{\jmath}, \vec{k}$. Veamos: en la figura 122 tenemos, visto en planta, al plano $\beta$.

De la inspección de la figura establecemos:

$$\vec{N} = \vec{\imath}\cos\varphi - \vec{\jmath}\,sen\,\varphi$$

Proyectando $\vec{K}$ sobre $\beta$ se tiene:

$$K_\beta = sen\,\theta$$

Y proyectando $K_\beta$ sobre x, y, z se tiene:

$$K_x = sen\,\theta\,sen\,\varphi$$

$$K_y = sen\,\theta\cos\varphi$$
$$K_z = \cos\theta$$

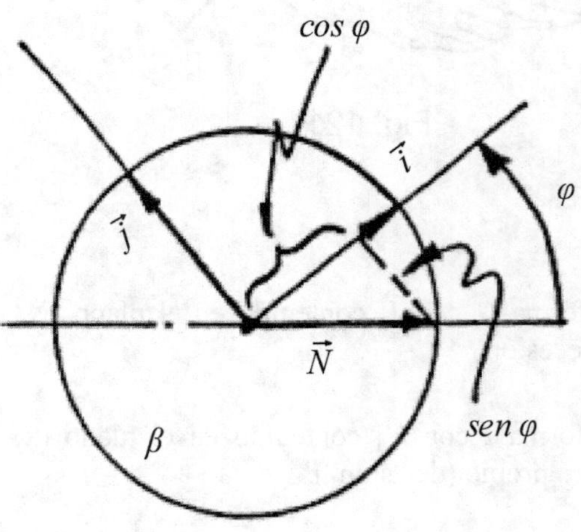


Fig. 122

O sea $\vec{K} = sen\,\theta\,sen\,\varphi\,\vec{\imath} + sen\,\theta\cos\varphi\,\vec{\jmath} + \cos\theta\,\vec{k}$ , reemplazando $\vec{N}$ y $\vec{K}$ en (98) y agrupando por versores resulta:

$$\vec{\omega} = \vec{\imath}\left(\dot{\theta}\cos\varphi + \dot{\Psi}\,sen\,\theta\,sen\,\varphi\right) + \vec{\jmath}\left(-\dot{\theta}\,sen\,\varphi + \dot{\Psi}\,sen\,\theta\,\cos\varphi\right) +$$

$$+ \vec{k}\left(\dot{\Psi}\cos\theta + \dot{\varphi}\right)$$

O lo que es lo mismo:

$$(99)\qquad \begin{cases} \omega_x = \dot{\theta}\cos\varphi + \dot{\Psi}\,sen\,\theta\,sen\,\varphi \\ \omega_y = -\dot{\theta}\,sen\,\varphi + \dot{\Psi}\,sen\,\theta\,\cos\varphi \\ \omega_z = \dot{\Psi}\cos\theta + \dot{\varphi} \end{cases}$$

Las (99) se suelen denominar ecuaciones cinemáticas de Euler. Están expresadas según componentes de los ejes fijos al propio cuerpo. No constituye dificultad encontrar las componentes según S.

### Dinámica del cuerpo rígido.

*Aclaración:*

Emplearemos los siguientes sistemas de referencia:

1). S.R.I. (S) con un S.C. ortogonal cartesiano (O, X Y Z) o bien (O, $X_1$, $X_2$, $X_3$).

2). S.R. ($s$), fijo al cuerpo, por ende, en general no inercial. Se le asociará un S.C. ortogonal cartesiano (P, x y z) o bien (P, $x_1$, $x_2$, $x_3$) donde P es un punto cualquiera. Eventualmente será P $\equiv$ C (centro de masas).

3). S.R. ($S_c$), con origen en C, pero además en traslación pura respecto de (S). No confundir con el anterior.

4). En algunos casos particulares se podrá utilizar otra referencia no contemplada en las tres primeras, por ejemplo, en el estudio de giroscopios se suele trabajar con un S.R. que posee precesión, pero no la rotación propia del cuerpo (rotor).

Además, dado el carácter invariante de las magnitudes escalares, vectoriales y tensoriales respecto de los cambios de S.C., expresaremos las mismas por sus componentes según el S.C. que más convenga. Por ejemplo, el vector $\omega$ puede ser expresado tanto en el (O, X Y Z) como en el (P, x y z).

$$\vec{\omega} = \omega_x\,\vec{I} + \omega_y\,\vec{J} + \omega_z\,\vec{K} = \omega_x\,\vec{\imath} + \omega_y\,\vec{\jmath} + \omega_z\,\vec{k},\ \text{etc.}$$

Adaptaremos ahora las ecuaciones cardinales para el uso en cuerpos rígidos.

### *Primera ecuación cardinal.*

En la figura 123 se muestra un cuerpo rígido cualquiera. Tomamos a P como polo de reducción. La primera ecuación cardinal para un sistema de partículas respecto de (S) es:

$$\frac{d\vec{P}}{dt} = \vec{R}_{ext}, \text{ donde } \vec{P} = \sum_{j=1}^{N} m_j \vec{V}_j$$

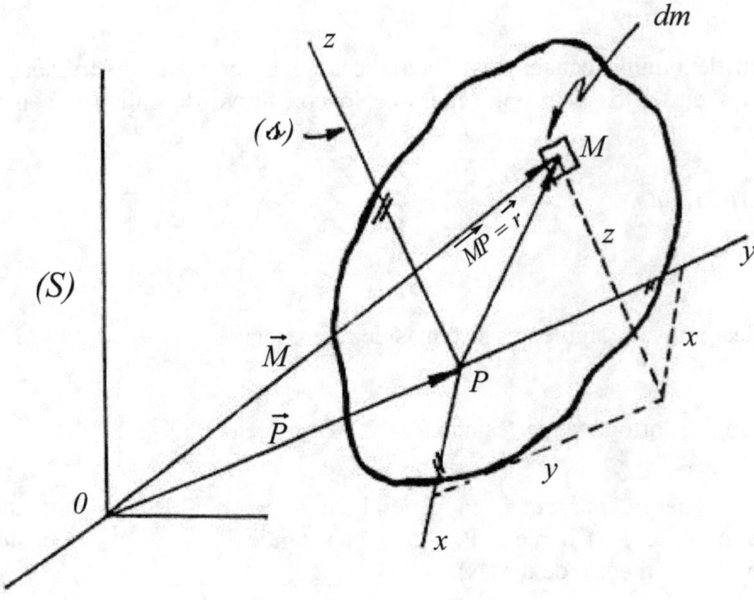


Fig. 123

Para un cuerpo rígido se puede reemplazar $m_j$ por $dm = \rho\, dv$ (donde $\rho$ es la densidad en el punto M y dv el volumen del entorno infinitesimal de M),

$\vec{V}_j$ por $\vec{V}$(M), luego la sumatoria se convierte en una integral de volumen:

$$\vec{P} = \int_v \rho\, \vec{V}(M)dv \text{ , o bien } \int_m \vec{V}(M)dm$$

Por la (51) es $\vec{V}(M) = \vec{V}(P) + \vec{\omega} \times \vec{r}$ (con $\vec{r} = \overrightarrow{MP}$), luego reemplazando en la

expresión de la cantidad de movimiento:

$$\vec{P} = m\,\vec{V}(p) + \vec{\omega}\,x\int_{m}\vec{r}\,dm$$

Esta integral es el momento estático o lineal del cuerpo respecto de P.

$\vec{K}(P) = \int_{m}\vec{r}\,dm$ , de modo que la cantidad de movimiento reducida a un polo P queda:

$$\boxed{\vec{P} = m\,\vec{V}(P) + \vec{\omega}\,x\,\vec{K}(P)}$$

Derivando m.a.m. según el tiempo y respecto de (S):

$$\left.\frac{d\vec{P}}{dt}\right]_{S} = m\,\vec{a}(P) + \vec{\omega}\,x\,\vec{K}(P) + \vec{\omega}\,x\left.\frac{d\vec{K}(P)}{dt}\right]_{S}$$

Por el operador derivada relativa de un vector:

$\left.\frac{d\overline{K}(P)}{dt}\right]_{S} = \left.\frac{d\overline{K}(P)}{dt}\right]_{s} + \overline{\omega}\,x\,\overline{K}(P)$ , claro está que según $(s)$ $\overline{K}$(P) no varía, de modo que:

$$\left.\frac{d\vec{K}(P)}{dt}\right]_{S} = \vec{\omega}\,x\,\vec{K}(P)$$ , reemplazando:

$$(100)\quad\boxed{\left.\frac{d\vec{P}}{dt}\right]_{S} = m\,\vec{a}(P) + \dot{\vec{\omega}}\,x\,\vec{K}(P) + \vec{\omega}\,x\,\vec{\omega}\,x\,\vec{K}(P) = \vec{R}_{ext}}$$

A este resultado también se puede arribar partiendo de la expresión del campo de aceleraciones de un rígido.

Para el caso en que el polo de reducción es el centro de masas C, sabemos que $\vec{K}(C) = 0$, luego:

$$(101)\quad\boxed{\left.\frac{d\vec{P}}{dt}\right]_{S} = m\,\vec{a}(C) = \vec{R}_{ext}}$$

Ya conocida.

### Segunda ecuación cardinal. Tensor de inercia.

Tenemos al igual que para un sistema de partículas:

$\frac{d\vec{L}(P)}{dt} = \vec{M}_{ext} + \vec{P} \ x \ \vec{V}(P)$, para el cuerpo rígido es:

$\vec{L}(P) = \int_m \vec{r} \ x \ \vec{V}(M) \ dm$ , haciendo otra vez $\vec{V}(M) = \vec{V}(P) + \vec{\omega} \ x \ \vec{r}$:

$\vec{L}(P) = \int_m \vec{r} \ x \ \vec{V}(P) \ dm + \int_m \vec{r} \ x \ \vec{\omega} \ x \ \vec{r} \ dm$ , o bien:

$\vec{L}(P) = -\vec{V}(P) \ x \ \vec{K}(P) + \int_m \vec{r} \ x \ \vec{\omega} \ x \ \vec{r} \ dm$

Trabajaremos con esta última integral, integral que nos llevará al concepto de tensor de inercia: se sabe, por cálculo vectorial, que el doble producto vectorial puede ser expresado así:

$$\vec{r} \ x \ \vec{\omega} \ x \ \vec{r} = \ \begin{vmatrix} \vec{\omega} & \vec{r} \\ (\vec{\omega} \ . \ \vec{r}) & r^2 \end{vmatrix} = \ r^2 \vec{\omega} - (\vec{\omega} \ . \ \vec{r}) \ \vec{r}$$

Podemos expresar $\vec{r}$ y $\vec{\omega}$ por sus componentes según el S.C. ligado al cuerpo:

$$\vec{r} = x \ \vec{\imath} + \ y \ \vec{\jmath} + z \ \vec{k}; \ \vec{\omega} = \omega_x \vec{\imath} + \omega_y \vec{\jmath} + \omega_z \vec{k}, \text{ luego:}$$

$$\vec{r} \ x \ \vec{\omega} \ x \ \vec{r} = (x^2 + y^2 + z^2)\left(\omega_x \vec{\imath} + \omega_y \vec{\jmath} + \omega_z \vec{k}\right) -$$

$$-\left(\omega_x x + \omega_y y + \omega_z z\right)\left(x\vec{\imath} + y\vec{\jmath} + z\vec{k}\right)$$

Desarrollando los productos y reagrupando por versores comunes resulta, luego de reemplazar en la integral:

$$\int_m \vec{r} \ x \ \vec{\omega} \ x \ \vec{r} \ dm = \vec{\imath}\left[\omega_x \int_m (y^2 + z^2) \ dm - \omega_y \ y \int_m x \ y \ dm - \omega_z \int_m x \ z \ dm\right]$$

Más demás componentes.

Las demás componentes las obtenemos fácilmente por permutación cíclica, es decir, reemplazando en el primer corchete y luego en el segundo, las componentes según esta ley:

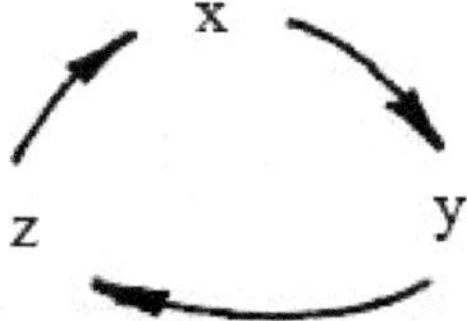

Es claro que $(y^2 + z^2)$, $(z^2 + x^2)$ y $(x^2 + y^2)$ son las distancias al cuadrado de los dm a los ejes x, y, z respectivamente, de modo que aparecen los conocidos MOMENTOS de segundo orden o de INERCIA del cuerpo respecto de dichos ejes:

$$I_{xx} = \int_m (y^2 + z^2)\,dm$$

$$I_{yy} = \int_m (z^2 + x^2)\,dm$$

$$I_{zz} = \int_m (x^2 + y^2)\,dm$$

Llamaremos PRODUCTOS DE INERCIA o "momentos CENTRÍFUGOS" a:

$$I_{xy} = -\int_m x\,y\,dm,$$

$$I_{xz} = -\int_m x\,z\,dm,$$

$$I_{yz} = -\int_m y\,z\,dm, \text{ etc.}$$

Con estos símbolos y definiciones queda:

$$\vec{L}(P) = -\vec{V}(P) \times \vec{K}(P) + \left(I_{xx}\omega_x + I_{xy}\omega_y + I_{xz}\omega_z\right)\vec{\imath} + \text{(demás componentes).}$$

La suma de estos tres últimos paréntesis constituye el desarrollo de un producto matricial, en efecto, de la matriz 3 x 3, simétrica:

$$[I_{ik}] = \begin{bmatrix} I_{xx} & I_{xy} & I_{xz} \\ I_{yx} & I_{yy} & I_{yz} \\ I_{zx} & I_{zy} & I_{zz} \end{bmatrix}, \text{ con el vector } [\omega_j] = \begin{bmatrix} \omega_x \\ \omega_y \\ \omega_z \end{bmatrix}$$

De modo que podemos escribir al momento cinético del cuerpo en forma más compacta:

$$(102) \qquad \boxed{\vec{L}(P) = -\vec{V}(P) \; x \; \vec{K}(P) + \left[I_{ij}\right]\left[\omega_j\right]}$$

Se denomina también TENSOR DE INERCIA del cuerpo, asociado al punto P, a la matriz $I_{ij}$. Este tensor es cartesiano, de rango 2 (pues en el espacio $E_3$ tiene $3^2 = 9$ componentes $I_{ij}$), simétrico pues:

$$I_{ij} = I_{ji}$$

Todo tensor es invariante a los cambios de S.C. (esto es lo que los distingue de las matrices en general).

Si P es fijo respecto de (S) o coincide con el centro de masas C, se tiene:

$$(103) \qquad \boxed{\vec{L}(P \; ó \; C) = \left[I_{ij}\right]\left[\omega_j\right]}$$

$$\text{Con } \vec{V}(P)\Big]_S \equiv 0$$

Antes de mayores detalles sobre este subtema pasemos al análisis de la tercera ecuación cardinal como las distancias entre los puntos de un cuerpo rígido no varían durante el movimiento, es claro que el trabajo de las fuerzas interiores es nulo, de modo que:

$$(104) \qquad \boxed{d\tau_{ext} = dE_{cin}}$$

En la página 252 desarrollaremos una expresión para la energía cinética del rígido.

***Teorema matricial de Steiner (Ver apéndice II).***

<u>Comentario y ejemplo sencillo.</u>

Como en (103), $\vec{L}$ se obtiene por el producto matricial de: $\left[I_{ij}\right]$ con $\vec{\omega}$, resulta que en general $\vec{L}$ no es colineal con $\vec{\omega}$.

Apliquemos los conceptos anteriores a un dispositivo muy sencillo (figura 124). Consta de un eje "vertical" $x_2$ con cojinetes A y B. Soldada al eje tenemos una barra 1-2 (en el plano $x_1$, $x_2$), con masas concentradas m en sus extremos. Por medio de un motor se hace girar al dispositivo con velocidad angular $\omega$ (según eje $x_2$). Despreciar las masas del eje y de la barra. Considerar puntual las masas 1 y 2.

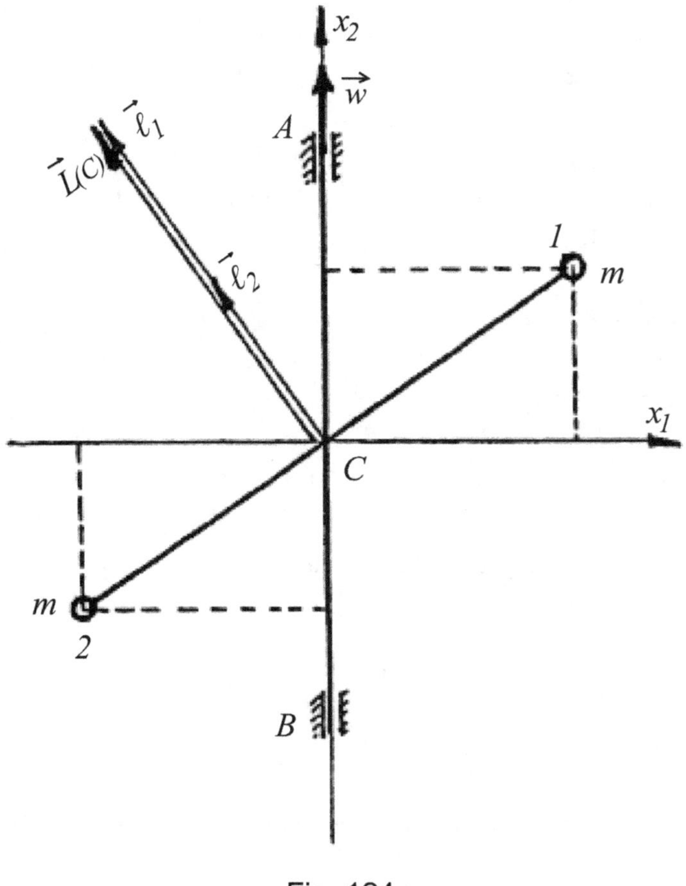


Fig. 124

Calculemos $\vec{L}(C)_S$ directamente por su definición, dado el carácter puntual de 1 y 2.

$$\vec{L}(C)_S = \vec{l}_1 + \vec{l}_2 = \vec{r}_1 x\, m\, \vec{V}_1 + \vec{r}_2\, x\, m\, \vec{V}_2 \text{ , o bien:}$$

$$\vec{L}(C)_S = \vec{r}_1\, x\, m(\vec{\omega}\, x\, \vec{r}_1) + \vec{r}_2\, x\, m\, (\vec{\omega}\, x\, \vec{r}_2) \text{ , pero } \quad \text{al ser } \vec{r}_2 = -\vec{r}_1$$

queda:

$$\vec{L}(C)_S = 2\, m\, \vec{r}_1\, x\, \vec{\omega}\, x\, \vec{r}_1 \text{ , que como vemos en la figura 124 no es colineal con } \vec{\omega}.$$

Desarrollamos al producto $(\vec{\omega}\, x\, \vec{r}_1)$ :

$$\vec{\omega} \times \vec{r}_1 = \begin{vmatrix} \vec{\imath} & \vec{\jmath} & \vec{k} \\ 0 & \omega & 0 \\ x_1 & x_2 & 0 \end{vmatrix} = -x_1 \, \omega \, \vec{k}, \text{ luego}$$

$$\vec{L}(C)_S = 2\,m \begin{vmatrix} \vec{\imath} & \vec{\jmath} & \vec{k} \\ x_1 & x_2 & 0 \\ 0 & 0 & -x_1\omega \end{vmatrix} = 2\,m\,(-x_1\,x_2\,\omega\,\vec{\imath} + x^2\,\omega\,\vec{\jmath})$$

Por definición de momentos de inercia es:

$$I_{12} = I_{21} = -2\,m\,x_1\,x_2$$

$$I_{22} = 2\,m\,x^2, \qquad\qquad (x_3 = 0)$$

De modo que $\vec{L}(C)_S = I_{12}\,\omega\,\vec{\imath} + I_{22}\,\omega\,\vec{\jmath}$, resultado al que se puede arribar directamente con la expresión (103), en efecto:

$$\vec{L}(C)_S = \begin{bmatrix} I_{11} & I_{12} & 0 \\ I_{21} & I_{22} & 0 \\ 0 & 0 & I_{33} \end{bmatrix} \begin{bmatrix} 0 \\ \omega \\ 0 \end{bmatrix} = \begin{bmatrix} I_{12} & \omega \\ I_{22} & \omega \\ 0 & \end{bmatrix}$$

***Significado de los productos de inercia o momentos de inercia centrífugos.***

Aprovecharemos este ejemplo sencillo para familiarizarnos con los momentos de inercia centrífugos: desde el punto de vista del S.R. ($s$) existen dos fuerzas inerciales axífugas (figura 125):

$$\vec{F}_1 = m\,x_1\omega^2\,\vec{\imath}, \qquad\qquad \vec{F}_2 = -m\,x_1\omega^2\,\vec{\imath}$$

Estas fuerzas producen un momento de fuerzas inercial:

$$\vec{M}_{in} = \vec{r}_1 \times \vec{F}_1 + \vec{r}_2 \times \vec{F}_2 = 2\,\vec{r}_1 \times \vec{F}_1$$

$$\vec{M}_{in} = 2 \begin{vmatrix} \vec{\imath} & \vec{\jmath} & \vec{k} \\ x_1 & x_2 & 0 \\ m\omega^2 x_1 & 0 & 0 \end{vmatrix} =$$

$$= -2\,x_1\,x_2\,m\,\omega^2\,\vec{k}, \quad \text{o sea } \vec{M}_{in} = I_{12}\,\omega^2\,\vec{k}$$

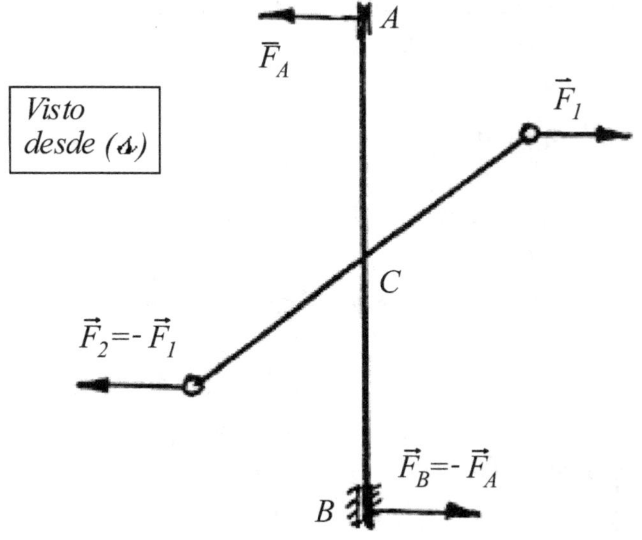


Fig. 125

De modo que $I_{12}$ está "asociado" a la existencia de un momento de fuerzas axífugas. Este momento inercial está equilibrado por el momento del par exterior $\vec{F}_A, \vec{F}_B$ que los cojinetes hacen sobre el eje (en efecto, desde el S.R.N.I. ($\mathscr{s}$), el dispositivo está en equilibrio estático).

Observe el alumno que si la barra estuviese sobre el eje $x_1$ entonces $\vec{L}$ y $\vec{\omega}$ serían colineales, el tensor $[I_{ij}]$ se reduce al escalar:

$$2\,m\,x^2 = I_{22}$$

***Ejes principales de inercia. Elipsoide de inercia.***

Hemos comprobado con el subtema anterior que dada la relación matricial entre $\vec{L}$ y $\vec{\omega}$ en general estos vectores no son colineales, pero cabe preguntar:

¿Existen direcciones especiales para $\vec{\omega}$ tales que resulte: $\vec{L}$ colineal con dicho $\vec{\omega}$? De ser afirmativa la respuesta, para tales direcciones se cumpliría:

$$\vec{L} = I\,\vec{\omega}, \text{ donde I, es un escalar.}$$

En efecto, es posible encontrar tales direcciones, constituyendo esto un clásico problema algebraico de autovalores y autovectores. Veamos: dado el carácter invariante de todo vector a los cambios de S.C. podemos igualar:

$$[I_{ij}][\omega_j] = I\delta_{ij}[\omega_j], \text{ o bien}$$

$$[I_{ij}][\omega_j] - I\,\delta_{ij}[\omega_j] \equiv 0$$

Escrito in extenso (adoptamos 1, 2, 3 en lugar de x, y, z) (recordando que $\delta_{ij} = 0$ para $i \neq j$ y $\delta_{ij} = 1$ para $i = j$):

$$(105) \qquad \begin{cases} (I_{11} - 1)\omega_1 + I_{12}\omega_2 + I_{13}\omega_3 = 0 \\ I_{21}\omega_1 + (I_{22} - I)\omega_2 + I_{23}\omega_3 = 0 \\ I_{31}\omega_1 + I_{32}\omega_2 + (I_{33} + I)\omega_3 = 0 \end{cases}$$

Los componentes $\omega_1$, $\omega_2$, $\omega_3$ de $\vec{\omega}$ que definen esas direcciones aparecen como incógnitas, e I como un parámetro a determinar.

Entonces el grupo (105) de ecuaciones algebraicas lineales homogéneas admite solución distinta de la trivial ($\vec{\omega} \equiv 0$ ) si el determinante de los coeficientes de las incógnitas es nulo, cosa posible de cumplir para ciertos valores de I, en efecto:

$$\begin{bmatrix} (I_{11} - I) & I_{12} & I_{13} \\ I_{21} & (I_{22} - I) & I_{23} \\ I_{31} & I_{32} & (I_{33} - I) \end{bmatrix} = 0$$

Desarrollando este determinante resulta una ecuación algebraica de tercer grado en I (ecuación "secular"), que en general tiene tres soluciones $I_1$, $I_2$, $I_3$ (Autovalores), en función de los $I_{ij}$. Si cada uno de los autovalores se reemplaza, uno por vez, en las (105) es posible hallar tres $\vec{\omega}$; $\vec{\omega}_1$ con $I_1$, $\vec{\omega}_2$ con $I_2$, $\vec{\omega}_3$ con $I_3$ (son los autovectores).

De modo que hay tres ejes de rotación que hacen $\vec{L}$ colineal con $\vec{\omega}$, se denominan EJES PRINCIPALES de inercia, asociados al punto P (ó C). Por cada punto se tiene una terna principal. Si el punto de reducción es el centro de masas C la terna se denomina PRINCIPAL CENTRAL.

Es fácil demostrar que las ternas son ortogonales:

$(\vec{\omega}_1 . \vec{\omega}_2 = \vec{\omega}_1 . \vec{\omega}_3 = \vec{\omega}_2 . \vec{\omega}_3 \equiv 0)$. Si normalizamos los autovalores se tienen los versores de las ternas:

$$\vec{\imath}_{1p} = \frac{\vec{\omega}_1}{|\vec{\omega}_1|} \; ; \; \vec{\imath}_{2p} = \frac{\vec{\omega}_2}{|\vec{\omega}_2|} \; ; \; \vec{\imath}_{3p} = \frac{\vec{\omega}_3}{|\vec{\omega}_3|}$$

(El subíndice P está por PRINCIPAL).

### *Momentos principales de inercia:*

Los autovalores $I_1$, $I_2$, $I_3$ se denominan momentos principales de inercia y son, claro está, los momentos de inercia del cuerpo respecto de los ejes principales. Cuando sean centrales los simbolizaremos $I_{1c}$, $I_{2c}$, $I_{3c}$.

El tensor de inercia, expresado por sus componentes según ternas principales queda reducido a su forma diagonal, o sea que "los productos de inercia (o momentos de inercia centrífugos) principales son todos nulos":

$$\left[ I_{ij} \right] = \begin{bmatrix} I_1 & 0 & 0 \\ 0 & I_2 & 0 \\ 0 & 0 & I_3 \end{bmatrix}$$

Esto siempre es posible para todo tensor (o matriz) simétrica ($I_{ij} = I_{ji}$).

En base a estas ternas el momento cinético adquiere una expresión sencilla:

(106)
$$\boxed{\vec{L}(P \text{ ó } C) = I_1 \omega_1 \vec{\imath}_1 + I_2 \omega_2 \vec{\imath}_2 + I_3 \omega_3 \vec{\imath}_3}$$

$(\vec{V}(P) \equiv 0)$

### *Elipsoide de inercia.*

Si se conoce el tensor de inercia $\left[ I_{ij} \right]$ , asociado a un punto P, entonces se conoce el momento de inercia $I_e$ del cuerpo, respecto a cualquier eje (e) que pase por P. En la figura 126 se muestra un cuerpo rígido y un eje cualquiera (e), cuya dirección queda definida por el versor $\vec{e}$, de origen en P:

$$\vec{e} = \cos \alpha_1 \vec{\imath}_1 + \cos \alpha_2 \vec{\imath}_2 + \cos \alpha_3 \vec{\imath}_3$$

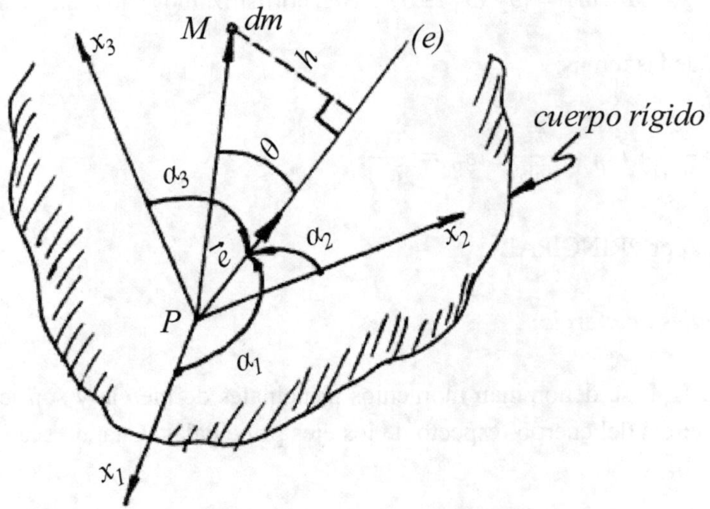


Fig. 126

Sabemos que, por definición, el momento de inercia respecto al eje (e) es:

$$I_e = \int_m h^2 dm$$ , donde h es la distancia de cada elemento dm al eje (e).

Observando la figura 126 vemos que:

$$h = r\, sen\theta = |\vec{r}\; x\; \vec{e}|$$

Expresando el producto vectorial por las componentes de $\vec{r}$ y $\vec{e}$ en ($s$) se tiene:

$$\vec{r}\; x\; \vec{e} = \vec{\imath}_1(x_2\, cos\alpha_3 - x_3\, cos\alpha_2) + \vec{\imath}_2(x_3\, cos\alpha_1 - x_1\, cos\alpha_3) +$$

$$+ \vec{\imath}_3(x_1\, cos\alpha_2 - x_2\, cos\alpha_1)$$

Sacando el módulo y elevando al cuadrado se tiene $h^2$, reemplazando en la integral, desarrollando y reagrupando aparecer los momentos $I_{ij}$ que, teniendo en cuenta que $I_{ij} = I_{ji}$ resulta al fin:

$$(107) \qquad I_e = I_{11}\, cos^2\alpha_1 + I_{22}cos^2\alpha_2 + I_{33}cos^2\alpha_3 +$$

$$+ 2\, I_{12}\, cos\alpha_1\, cos\alpha_2 + 2\, I_{13}\, cos\alpha_1\, cos\alpha_3 +$$

$$+\ 2\ I_{23}\ cos\alpha_2\ cos\alpha_3$$

Si la terna fuese principal resulta una expresión más sencilla:

$$(108)\qquad I_e\ =\ I_1\ cos^2\alpha_1\ +\ I_2 cos^2\alpha_2\ +\ I_3 cos^2\alpha_3$$

Definamos ahora sobre el eje (e), un vector posición:

$$\vec{\rho}\ =\ \frac{\vec{e}}{\sqrt{I_e}}\ =\ \frac{cos\alpha_1}{\sqrt{I_e}}\vec{\imath}_1\ +\ \frac{cos\alpha_2}{\sqrt{I_e}}\vec{\imath}_2\ +\ \frac{cos\alpha_3}{\sqrt{I_e}}\vec{\imath}_3$$

De modo que si dividimos m.a.m. la  (107) por $I_e$ resulta:

$$I_{11}\rho_1^2\ +\ I_{22}\rho_2^2\ +\ I_{33}\rho_3^2\ +\ 2\ I_{12}\rho_1\rho_2\ +\ 2\ I_{13}\rho_1\rho_3\ +\ 2\ I_{23}\rho_2\rho_3\ =\ 1$$

O bien por (108):

$$I_1\rho_1^2\ +\ I_2\rho_2^2\ +\ I_3\rho_3^2\ =\ 1$$

Por geometría analítica sabemos que estas expresiones corresponden a las ecuaciones de un elipsoide, de centro en P y cuyos puntos tienen las coordenadas $(\rho_1,\rho_2,\rho_3)$.

En la figura 127 visualizamos al elipsoide sin pretensión cuantitativa.

Los ejes $x_{1p}$, $x_{2p}$, $x_{3p}$ del elipsoide, claro está, son los ejes principales de inercia.

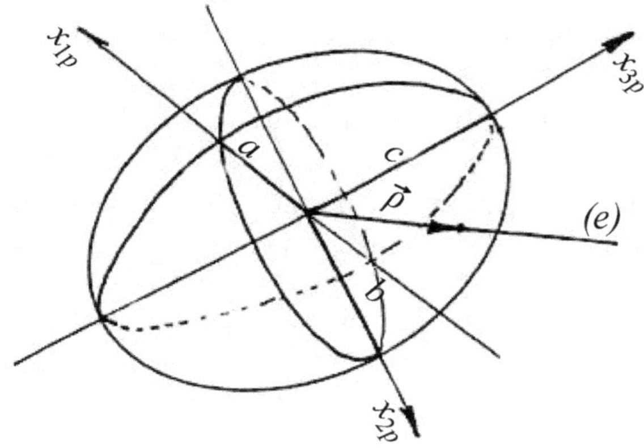


Fig. 127

Comparando con la ecuación del elipsoide $\frac{x^2}{a^2} + \frac{y^2}{b^2} + \frac{z^2}{c^2} = 1$, donde a, b, c, son las longitudes de los semiejes, es evidente que:

$$a = \frac{1}{\sqrt{I_1}}, \; b = \frac{1}{\sqrt{I_2}}, \; c = \frac{1}{\sqrt{I_3}}$$

Es decir, en cierta escala, esas longitudes son las raíces cuadradas recíprocas de los momentos de inercia principales. En general, el segmento ρ del eje (e) "atrapado" entre el centro P y la superficie del elipsoide, en cierta escala es $\frac{1}{\sqrt{I_e}}$

De modo que, resumiendo, el elipsoide de inercia visualiza la distribución de momentos de inercia según las direcciones del espacio que parten de P.

Si el elipsoide tiene centro en C se denomina CENTRAL.

Como veremos en un ejemplo los elipsoides correspondientes a cada punto no tienen en general sus ejes paralelos, salvo puntos especiales.

Si el elipsoide central es elíptico, o sea $I_1 \neq I_2 \neq I_3$ el cuerpo se denomina asimétrico.

Si el elipsoide central es de revolución, por ejemplo:

$I_1 = I_2 \neq I_3$ , el cuerpo se denomina simétrico (es el caso de un VOLANTE).

Si el elipsoide central degenera en una esfera ($I_1 = I_2 = I_3$) el cuerpo se denomina inercial esférica, pero no hay que creer que necesariamente la forma geométrica del cuerpo tiene que ser esférica, por ejemplo, sería este caso el de un dispositivo formado por tres barras idénticas, mutuamente perpendiculares y soldadas entre sí en sus partes medias.

**Comentarios**: se comprende intuitivamente que cuerpos rígidos de igual masa, pero formas distintas, si tienen idéntico el elipsoide central de inercia tendrán un comportamiento similar desde el punto de vista inercial. Con un "esqueleto" inercial como se indica en la figura 128, ajustando las longitudes, se puede repetir el elipsoide central de cualquier cuerpo.

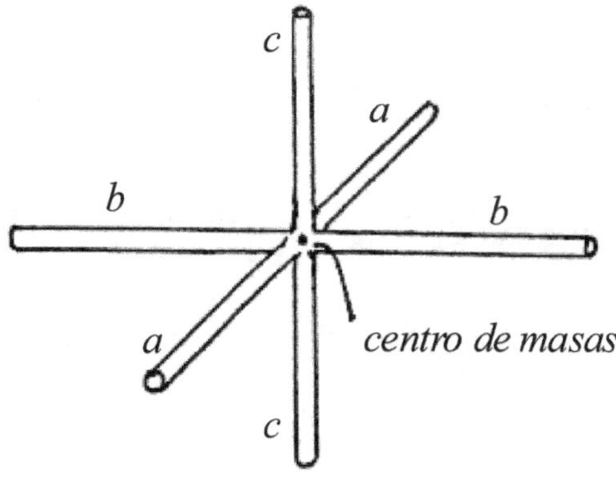



Fig. 128

Para mayores detalles el lector puede consultar DINAMICA DE LAGRANGE, de DARE A, WELLS, serie SCHAUM, capítulo 7.


<u>Ejemplo:</u>

Sea una lámina cuadrada (figura 129) de lado a y de densidad superficial uniforme $\sigma$. Sea además un sistema (S), con origen en P y ejes (x, y, z) tomados como se muestra en la figura.

Calcular:

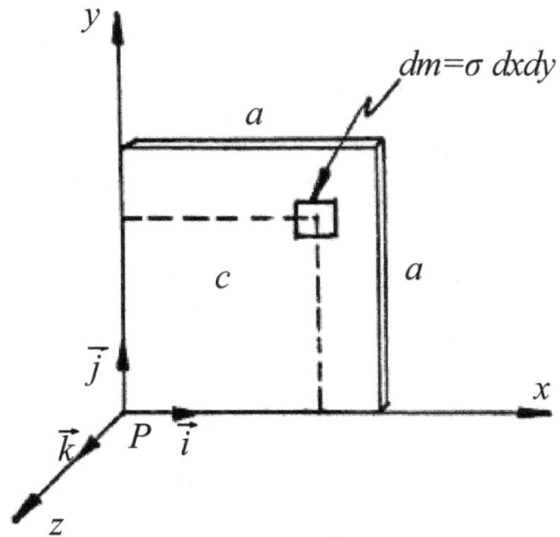



Fig. 129

1). Los momentos de inercia $I_{ij}$.

2). Los momentos de inercia principales $I_x$, $I_y$, $I_z$ y la dirección de los ejes principales $x_p$, $y_p$, $z_p$ de origen P.

3). El elipsoide de inercia de centro en P.

4). Ídem a 1), 2) y 3) pero con origen en el centro de masas C.


<u>Solución:</u>

1).Cálculo de $I_{xx}$, $I_{yy}$, $I_{zz}$: el momento de inercia de la partícula de masa dm $= \sigma$ dx dy respecto del eje x es $(\sigma \ dx \ dy) . y^2$, luego integrando:

$$I_{xx} = \sigma \int_0^a \int_0^a y^2 \ dx \ dy = \frac{1}{3} \ \sigma \ a^4$$

Como $\sigma \ a^2$ = m (masa total), luego:

$$\boxed{I_{xx} = \frac{1}{3} \ m \ a^2}$$

Ídem resulta para

$$\boxed{I_{yy} = \frac{1}{3} \ m \ a^2}$$

Veamos $I_{zz}$: la distancia al cuadrado de dm al eje Z es $(x^2 + y^2)$, luego:

$$I_{zz} = \sigma \int_0^a \int_0^a (x^2 + y^2) \ dx \ dy$$

$$\boxed{I_{zz} = \frac{2}{3} \ m \ a^2}$$

(Comprobamos que $I_{zz} = I_{xx} + I_{yy}$). Cálculo de los momentos centrífugos:

$$\boxed{I_{xy} = I_{yx} = -\sigma \int_0^a \int_0^a x \ y \ dx \ dy = -\frac{1}{4}\sigma \ a^4 = -\frac{1}{4} \ m \ a^2}$$

Como la lámina está en el plano x, y es $z \equiv 0$, luego:

$$\boxed{I_{xz} = I_{zx} = I_{yz} = I_{zy} = 0}$$

2). Haciendo nulo el determinante de los coeficientes de (105):

$$\begin{bmatrix} \left[\frac{1}{3} m\,a^2 - I\right] & -\frac{1}{4} m\,a^2 & 0 \\ -\frac{1}{4} m\,a^2 & \left[\frac{1}{3} m\,a^2 - I\right] & 0 \\ 0 & 0 & \left[\frac{2}{3} m\,a^2 - I\right] \end{bmatrix} =$$

$$= \left[\left[\frac{1}{3} m\,a^2 - I\right]\left[\frac{1}{3} m\,a^2 - I\right] - \left[-\frac{1}{4} m\,a^2\right]\left[-\frac{1}{4} m\,a^2\right]\right].$$

$$\cdot \left[\frac{2}{3} m\,a^2 - I\right] = 0$$

O bien:

$$\left[I^2 - \frac{2}{3} m\,a^2\,I + \frac{7}{144} m^2 a^4\right]\left[\frac{2}{3} m\,a^2 - I\right] = 0 \quad , \quad \text{del segundo paréntesis}$$

tenemos:

$$\boxed{I_3 = \frac{2}{3} m\,a^2}$$

del primero, por ser una ecuación de segundo grado, tenemos:

$$\boxed{I_1 = \frac{1}{12} m\,a^2} \quad , \quad \boxed{I_2 = \frac{7}{12} m\,a^2}$$

Estos son los momentos de inercia principales asociados al punto P. El tensor de inercia, expresado con ellos es la matriz diagonal:

$$I_{ij} = \begin{bmatrix} \frac{1}{12} m\,a^2 & 0 & 0 \\ 0 & \frac{7}{12} m\,a^2 & 0 \\ 0 & 0 & \frac{2}{3} m\,a^2 \end{bmatrix}$$

<u>Dirección de los ejes principales:</u> Obtenemos el autovector $\vec{\omega}_1$ reemplazando en las (105):

$$I = I_1 = \frac{1}{12}\, m\, a^2 \text{ , resultando:}$$

$$\left.\begin{cases} \frac{1}{4}\, m\, a^2 \omega_{1x} \;-\; \frac{1}{4}\, m\, a^2 \omega_{1y} \;+\; 0 \;=\; 0 \\[2mm] -\frac{1}{4}\, m\, a^2 \omega_{1x} \;+\; \frac{1}{4}\, m\, a^2 \omega_{1y} \;+\; 0 \;=\; 0 \\[2mm] 0 \;+\; 0 \;-\; \frac{1}{3}\, m\, a^2 \omega_{1z} \;=\; 0 \end{cases}\right\} \begin{array}{l} \omega_{1x} = \omega_{1y} \\[3mm] \rightarrow\ \omega_{1z} = 0 \end{array}$$

Luego el autovector es $\vec{\omega}_1 = \vec{\omega}_x\,(\vec{\imath} + \vec{\jmath})$, normalizando se tiene el versor principal:

$$\boxed{\;\vec{\imath}_P \;=\; \frac{\vec{\omega}_1}{|\vec{\omega}_1|} \;=\; \frac{(\vec{\imath} + \vec{\jmath})}{\sqrt{2}}\;}$$

(Ver figura 130). Haciendo lo mismo con $I_2$ e $I_3$ se obtiene de las (105):

$$\boxed{\;\vec{\jmath}_P \;=\; \frac{(\vec{\jmath} - \vec{\imath})}{\sqrt{2}}\;} \;;\quad \boxed{\;\vec{k}_P \;\equiv\; \vec{k}\;}$$

De modo que tenemos los tres ejes $x_P$, $y_P$, $z_P$ (figura 130).

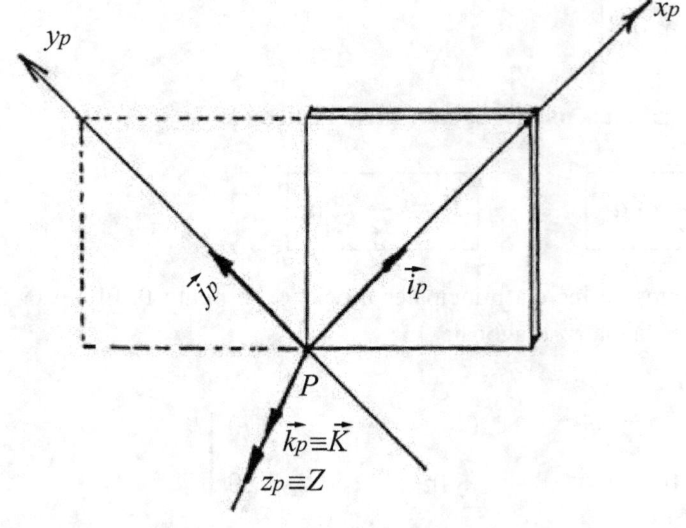


Fig. 130

3). La ecuación del elipsoide referida a los ejes (x y z) es, según vimos en teoría:

$$\frac{1}{3}\, m\, a^2 \rho_x^2 + \frac{1}{3}\, m\, a^2 \rho_y^2 + \frac{2}{3}\, m\, a^2 \rho_z^2 - \frac{1}{2}\, m\, a^2\, \rho_x \rho_y = 1$$

O bien referido a los ejes principales:

$$\frac{1}{12}\, m\, a^2 \rho_x^2 + \frac{7}{12}\, m\, a^2 \rho_y^2 + \frac{2}{3}\, m\, a^2 \rho_z^2 = 1$$

Trate el alumno de dibujar el elipsoide recordando que los semiejes a, b, c están dados por las recíprocas de las raíces cuadradas de los momentos principales de inercia.

4).Pasemos ahora al centro de masas: sean $x_c$, $y_c$, $z_c$ ejes paralelos a los x, y, z pero con origen en C. Por el teorema de STEINER (o de los ejes paralelos, que suponemos conocido) resulta:

$$I_{xx\,c} = I_{xx} - \frac{m\,a^2}{4} = \frac{1}{3}\, m\, a^2 - \frac{m\,a^2}{4} = \frac{1}{12}\, m\, a^2 = I_{yy\,c}$$

La distancia al cuadrado entre $z_c$ y z es $\left[\frac{a^2}{2}\right]$, luego:

$$I_{zz\,c} = I_{zz} - \frac{m\,a^2}{2} = \frac{1}{6}\, m\, a^2$$

Estos momentos son también los principales centrales:

$$I_{x\,c} = I_{y\,c} = \frac{1}{12}\, m\, a^2 \quad ; \quad I_{z\,c} = \frac{1}{6}\, m\, a^2$$

El elipsoide central resulta entonces de revolución (a = b ≠ c, con c < a = b) figura 131.

Cualquier par de ejes perpendiculares, contenidos en el plano de la lámina y con origen en C, son ejes principales. El elipsoide es achatado según el eje $z_c$.

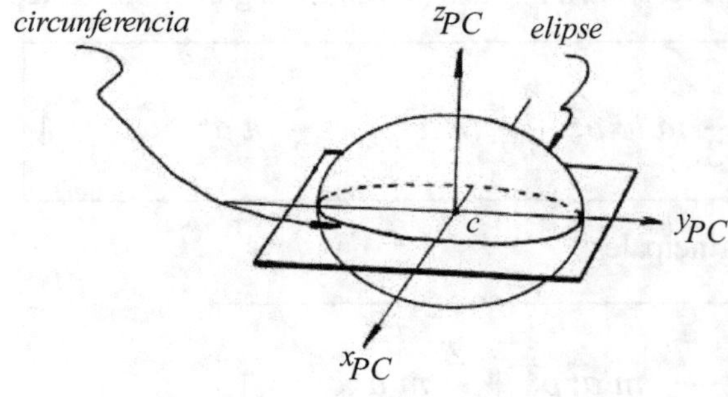



Fig. 131

### Energía cinética de un cuerpo rígido.

Sean P y M dos puntos de un rígido, P es pensado como polo de reducción y sea dm = $\rho$ dv la masa elemental de un entorno de M. La energía cinética del rígido, respecto de un S.R. (S) es:

$$E_{cin} = \frac{1}{2} \int_v V^2(M)\ \rho\, dv \text{ , o bien } \frac{1}{2} \int_m V^2(M)\, dm$$

Pero otra vez por (51): $\vec{V}(M) = \vec{V}(P) + \vec{\omega} \times \overrightarrow{MP}$, reemplazando en la integral y desarrollando el cuadrado:

$$E_{cin} = \frac{1}{2}\, m\, V^2(P) + \vec{V}(P) . \left( \vec{\omega} \times \vec{K}(P) \right) + \frac{1}{2} \int_m \left( \vec{\omega} \times \overrightarrow{MP} \right) dm$$

Donde como ya sabemos $\vec{K}$(P) es el momento de primer orden del rígido respecto de P. La última integral puede desarrollarse escribiendo: $\vec{\omega}$ y $\overrightarrow{MP} = \vec{r}$ por sus componentes en un S.C. ($s$), con origen en P, apareciendo los momentos $I_{ij}$:

$$\boxed{\ E_{cin} = \frac{1}{2}\, m\, V^2(P) + \vec{V}(P) . \left( \vec{\omega} \times \vec{K}(P) \right) + \frac{1}{2}\, I_{ij}\, \omega_i\, \omega_j\ }$$

(Recordar la notación de Einstein, de modo que el último sumando en realidad es un grupo de sumandos que se obtienen haciendo (i, j) = 1, 2, 3, recordando además que $I_{ij} = I_{ji}$).

Si $\vec{V}(P) \equiv 0$ o bien P $\equiv$ C se anula el sumando del medio (se suele denominar "energía cinética complementaria").

Si los ejes de $(s)$ son <u>principales centrales</u> resulta:

$$(109) \qquad \boxed{E_{cin} = \tfrac{1}{2}\, m\, V^2(C) + \tfrac{1}{2}\, I_{1c}\omega_1^2 + \tfrac{1}{2}\, I_{2c}\omega_2^2 + \tfrac{1}{2}I_{3c}\omega_3^2}$$

Teniendo en cuenta que la cantidad de movimiento del rígido es $\vec{P} = m\,\vec{V}(C)$ y que: $\vec{L}(C) = [I_{1c}][\omega_1]$, es claro que la (109) se puede escribir así:

$$(110) \qquad \boxed{E_{cin} = \tfrac{1}{2}\, \vec{P}\cdot\vec{V}(C) + \tfrac{1}{2}\vec{L}(C)\cdot\vec{\omega}}$$

VER APÉNDICE III

***Las ecuaciones dinámicas de Euler para un cuerpo rígido.***

Estas ecuaciones no son otra cosa que la expresión por componentes cartesianas de la segunda ecuación cardinal, en donde la derivada temporal, se expresa por el operador derivada relativa. El polo de reducción se toma:

1) Fijo en relación a un S.R.I.(S) o bien

2) El centro de masas C o bien

3) El cuerpo se analiza con valores relativos a un S.R. centro de masas $(S_c)$.

Para el caso 1) vale la ecuación (68), para el 2) la (69) y para el 3) la (75). Para concretar trabajemos en la forma 1) pues para los otros dos casos resulta evidente la adaptación de los resultados. En la figura 132 se muestra el cuerpo rígido con un punto fijo 0 respecto del S.R.I. (S) y S.R. $(s)$ ligado al cuerpo. $\vec{\omega}$ es la velocidad angular tanto del cuerpo como de $(s)$ en relación a (S). Sean $x_1$, $x_2$, $x_3$ ejes principales de inercia, de origen 0 e $I_1$, $I_2$, $I_3$ los momentos principales correspondientes, de modo que el momento cinético se escribe:

$$\vec{L}(0) = I_1\omega_1\vec{\imath} + I_2\omega_2\vec{\imath_2} + I_3\omega_3\vec{\imath_3}$$

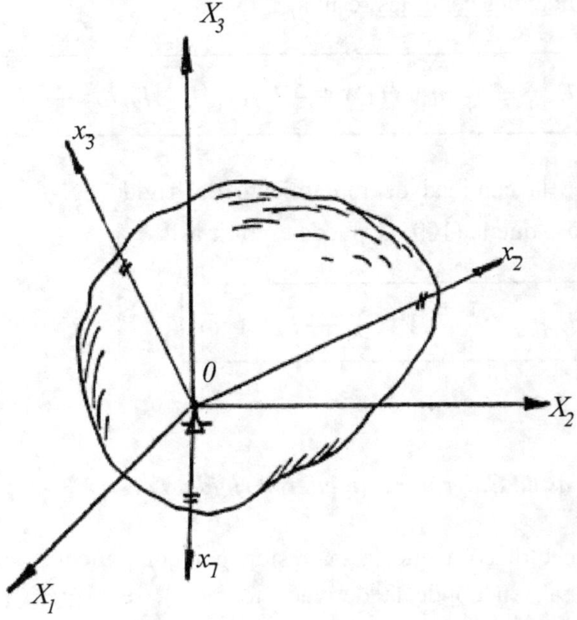


Fig. 132

La (68) establece:

$$\frac{d\vec{L}(0)}{dt}\bigg]_S = \vec{M}_{ext}(0), \text{ aplicando el operador derivada relativa:}$$

$$(111) \qquad \frac{d\vec{L}(0)}{dt}\bigg]_s + \vec{\omega} \times \vec{L}(0) = \vec{M}_{ext}(0)$$

Desarrollamos por componentes:

$$\frac{d\vec{L}(0)}{dt}\bigg]_s = I_1\dot{\omega}_1\vec{\imath}_1 + I_2\dot{\omega}_2\vec{\imath}_2 + I_3\dot{\omega}_3\vec{\imath}_3$$

$$\vec{\omega} \times \vec{L}(0) = \begin{vmatrix} \vec{\imath}_1 & \vec{\imath}_2 & \vec{\imath}_3 \\ \omega_1 & \omega_2 & \omega_3 \\ I_1\omega_1 & I_2\omega_2 & I_3\omega_3 \end{vmatrix} =$$

$$= \vec{\imath}_1(I_3\omega_3\omega_2 - I_2\omega_2\omega_3) + \vec{\imath}_2(I_1\omega_1\omega_3 - I_3\omega_3\omega_1) + \vec{\imath}_3(I_2\omega_2\omega_1 - I_1\omega_1\omega_2)$$

De modo que la (111) expresada por componentes es:

$$(112) \quad \begin{cases} I_1\dot{\omega}_1 \ + \ (I_3 - I_2) \ \omega_2\omega_3 = M_{ext1}(0) \\ I_2\dot{\omega}_2 \ + \ (I_1 - I_3) \ \omega_3\omega_1 = M_{ext2}(0) \\ I_3\dot{\omega}_3 \ + \ (I_2 - I_1) \ \omega_1\omega_2 = M_{ext3}(0) \end{cases}$$

Estas son precisamente las ecuaciones de Euler.

Se pueden reemplazar los $\omega_j$ en función de los ángulos de Euler, dadas por las (99). Lo haremos cuando sea necesario.

<u>Ejemplo de aplicación.</u>

*1)*   *<u>Cuerpo rígido simétrico, libre de momentos.</u>*

Esta situación se tiene en múltiples casos: proyectiles moviéndose en el vacío, satélites, planetas (como la Tierra), etc.

Nosotros pensaremos en un volante como el esquematizado en la figura 133. El eje puede desplazarse y ajustarse de modo que el apoyo (cónico) coincida con el centro de masas (en este caso también de gravedad), quedando así en equilibrio indiferente.

Despreciando el rozamiento del apoyo y contra el aire se tiene $\vec{M}_{ext}(C) \equiv 0$ y como el elipsoide central de este volante es de revolución se tiene:

$$I_1 = I_2 = I \neq I_3$$

Las ecuaciones (112) quedan:

$$(113) \quad \begin{cases} I \dot{\omega}_1 \ + \ (I_3 - I) \ \omega_2\omega_3 = \ 0 \\ I\dot{\omega}_2 \ + \ (I - I_3) \ \omega_3\omega_1 = \ 0 \\ I_3\dot{\omega}_3 \qquad\qquad\qquad = \ 0 \end{cases}$$

De la última resulta $\omega_3 = cte$.

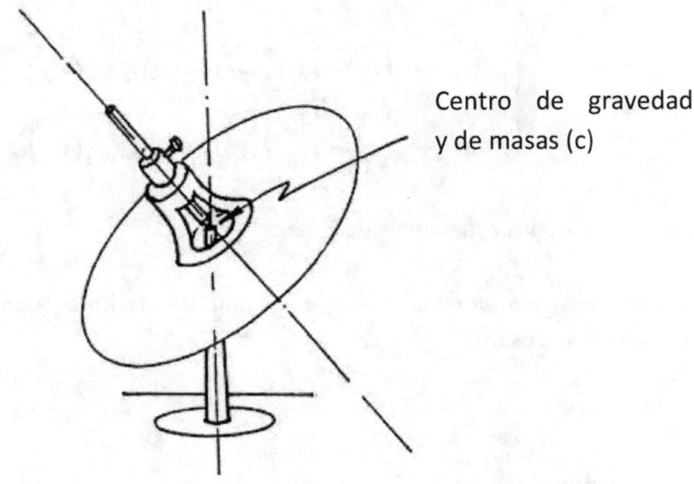



Fig. 133

Al S.R.I.(S), de ejes (XYZ) lo elegimos de modo que el eje Z contenga al vector $\vec{L}(C)$ (figura 134). Como $\vec{L}(C)$ es constante en el tiempo respecto de S para evaluarlo podemos elegir cualquier instante, entonces, para simplificar las ecuaciones elijamos el instante en que coinciden x con el eje nodal, o sea $\varphi = 0$, ver figura 134.

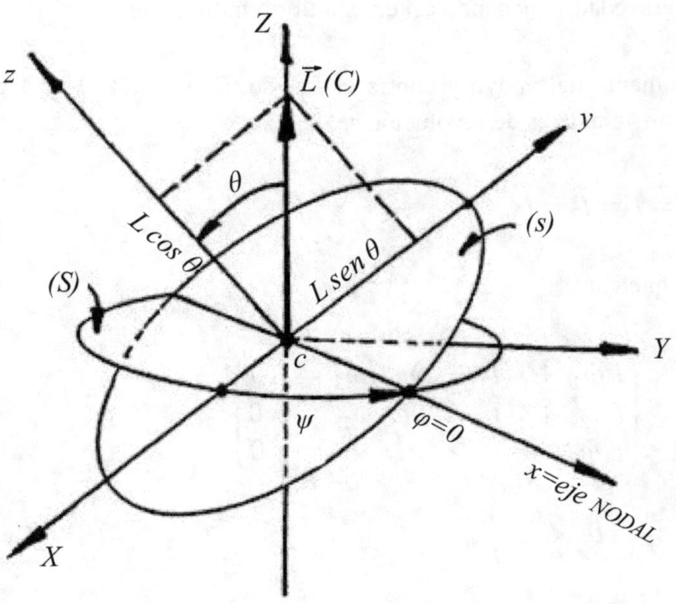



Fig. 134

Así las ecuaciones (99) quedan:

$$(114) \qquad \begin{cases} \omega_1 = \dot{\theta} \\ \omega_2 = \dot{\Psi}\, sen\, \theta \\ \omega_3 = \dot{\Psi}\cos\theta + \dot{\varphi} \end{cases}$$

De modo que el momento cinético $\vec{L}(C)$ expresado por las componentes según (x, y, z) resulta:

$$(115) \qquad \vec{L}(C) = I_1\omega_1\vec{\imath}_1 + I_2\omega_2\vec{\imath}_2 + I_3\omega_3\vec{\imath}_3 = I\,\dot{\theta}\vec{\imath}_1 + I\dot{\Psi}\, sen\, \theta\vec{\imath}_2 +$$

$$+ I_3\left(\dot{\Psi}\cos\theta + \dot{\varphi}\right)\vec{\imath}_3$$

Como el eje x coincide, en el instante que hemos considerado, con el eje nodal, es claro que así el eje "y" está en el plano (z, Z), de modo que de la figura (134) comprendemos que:

$$L_1 = 0, \qquad L_2 = L\, sen\, \theta, \qquad L_3 = L\cos\theta, \text{ comparando con la (115):}$$

$$\begin{cases} I\,\dot{\theta} = 0 \\ I\,\dot{\Psi}\, sen\, \theta = L\, sen\, \theta \\ I_3\left(\dot{\Psi}\cos\theta + \dot{\varphi}\right) = L\cos\theta \end{cases}$$

(No hay velocidad de nutación, los ejes z, Z forman entre sí ángulo constante). De la segunda despejamos la velocidad angular de precesión.

$$(116) \qquad \dot{\Psi} = \frac{L}{I} \qquad \text{Como L no es medible directamente conviene eliminarlo}$$

con la tercera:

$$L = \frac{I_3(\dot{\Psi}\cos\theta + \dot{\varphi})}{\cos\theta}$$

y reemplazando en (116), despejando $\dot{\Psi}$ resulta:

$$(117) \qquad \boxed{\dot{\Psi} = \frac{I_3\dot{\varphi}}{(I - I_3)\cos\theta}}$$

A $\dot\Psi$ se le denomina velocidad de precesión libre para distinguirla de la forzada, que luego estudiaremos.

Para un cuerpo con elipsoide central "achatado" (como en el caso del volante) es $I_3 > I$ de modo que según (117) el signo de $\dot\Psi$ es contrario al de $\dot\varphi$ (precesión libre RETRÓGRADA). Para un cuerpo con elipsoide central alargado (como el caso de un proyectil) es $I_3 < I$ y el signo de $\dot\Psi$ es el mismo que el de $\dot\varphi$ (precesión libre DIRECTA). Enseguida visualizaremos los movimientos, en ambos casos, por medio de los conos del cuerpo y espacial  vistos en el movimiento polar.

En la figura 135 mostramos al plano (z, Z, y) de frente. Como $\vec\omega = \dot\varphi\,\vec{k} + \dot\Psi\,\vec{K}$ es claro que se encuentra $\vec\omega$ en dicho plano.

Denominamos con $\alpha$ al ángulo entre  $\vec\omega$ y z (eje de simetría).

Por inspección de la figura 135 obtenemos:

$$\omega_1 = 0, \qquad \omega_2 = \omega \, sen\, \alpha, \qquad \omega_3 = \omega \cos\alpha.$$

Además sabemos que:

$$L_2 = I\,\omega_2 = L\,sen\,\theta = I\,\omega\,sen\,\alpha$$

$$L_3 = I_3\,\omega_3 = L\,cos\,\theta = I_3\,\omega\,cos\,\alpha$$

Dividiendo m.a.m.:

$$tg\,\theta = \frac{I}{I_3}\,tg\,\alpha; \text{ o bien:}$$

$$(118) \qquad \boxed{tg\,\alpha = \frac{I_3}{I}\,tg\,\theta}$$

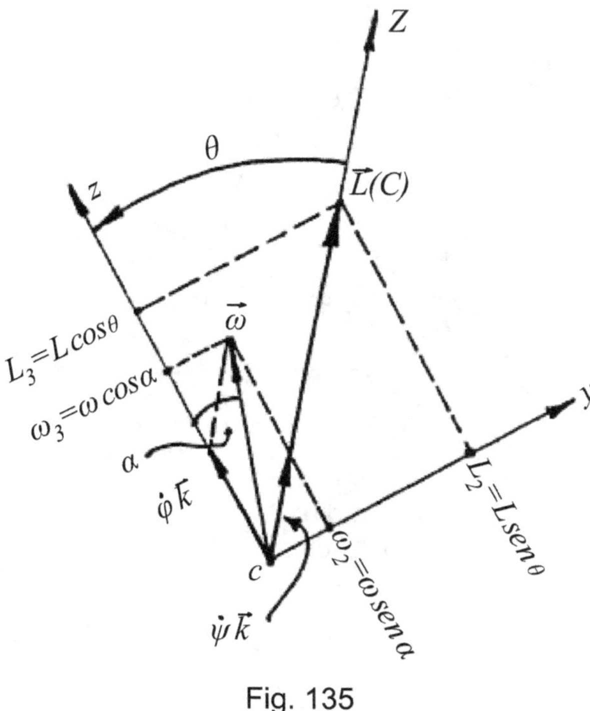


Fig. 135

Si el elipsoide es alargado entonces $\alpha < \theta$, el vector $\vec{\omega}$ está entre los ejes z y Z (figura 136). El cono espacial, de eje Z (contiene a $\vec{L}$) y el cono del cuerpo (de eje z) son exteriores entre sí.

Si el elipsoide es achatado es $\alpha > \theta$, el cono espacial está dentro del cono del cuerpo. (Figura 137). Siempre $\vec{\omega}$ esta, en la generatriz de contacto de ambos conos.

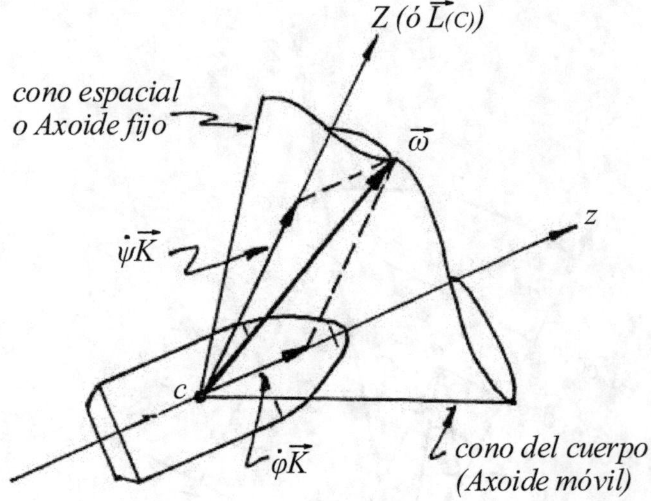



Precesión directa
Fig. 136

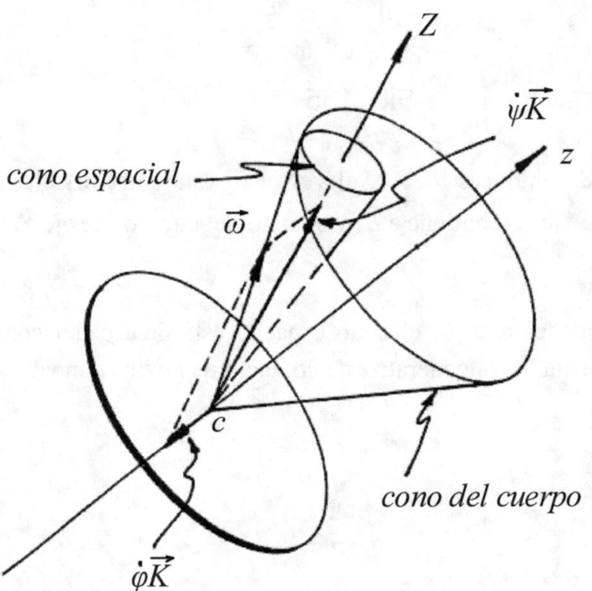



Precesión retrógrada
Fig. 137

**Comentarios:** De la figura 135 se desprende que no hay que confundir $\omega_3$ (componente cartesiana ortogonal de $\omega$ según z) con $\dot{\varphi}$ (velocidad angular "propia", es decir, la velocidad angular respecto de un S.R. $\mathscr{S}$`animado respecto de S con la velocidad de precesión $\dot{\Psi}$ y con la velocidad de nutación $\dot{\theta}$ (si hubiese).

2 4 4  - Universitas

La vinculación entre $\dot{\varphi}$ y $\omega_3$ se obtiene fácilmente de la tercera de las (114), reemplazando $\dot{\Psi}$ por la (117).

$$\omega_3 = \dot{\varphi}\left[\frac{I}{I-I_3}\right], \text{ o bien } \dot{\varphi} = \left[\frac{I-I_3}{I}\right]\omega_3$$

El vector $\vec{\omega}$ "barre" la superficie del cono del cuerpo en un tiempo T que se deduce de $\dot{\varphi} = \frac{2\pi}{T}$, luego:

$$T = \left|2\pi\left[\frac{I-I_3}{I}\right]\omega_3\right|$$

Todo esto debe ser interpretado intuitivamente así:

Un observador fijo en el cuerpo "vería" al vector $\vec{\omega}$ efectuar un giro completo, en el tiempo T, en derredor del eje Z de simetría.

¿Qué ocurre en el caso de nuestro planeta? Para la Tierra:

$\left[\frac{I-I_3}{I}\right]\omega_3 \cong -3,28 \times 10^{-23}$, y tomando $\omega_3 \cong \frac{2\pi}{24\,hs}$ resulta T $\cong$ 305 días.

El período observado es en realidad de 430 días, la diferencia se debe a que la Tierra no se comporta del todo como cuerpo rígido. Además $\vec{\omega}$ tiene otras "fluctuaciones" más complicadas por el mismo hecho.

Lo dicho implica que el eje de simetría no coincide rigurosamente con el de rotación, aunque la diferencia es pequeña pues, se cree que el cono del cuerpo intersecciona a la superficie, en un circulo de sólo 5 metros de radio aproximadamente.

La precesión libre mencionada no debe confundirse con la precesión forzada (por la atracción del sol y la luna), de aproximadamente 26.000 años (precesión de los EQUINOCCIOS).

Otro concepto que queremos resaltar, implícito en todo lo dicho, es que $\vec{\omega}$ varía sin necesidad de momento de fuerzas externas, dicho en otra forma: tenemos aceleraciones angulares $\dot{\vec{\omega}}$ sin necesidad de momento. Resaltamos esta idea porque se ha notado que en general el alumno asocia siempre una aceleración angular a un momento de fuerzas, asociación quizás extrapolada indebidamente de relaciones particulares más sencillas, estudiadas en mecánica elemental (por ejemplo: rotación con eje fijo).

### Ejes "permanentes" de rotación.

Para que la velocidad de rotación $\vec{\omega}$ de un cuerpo rígido libre, sea constante en el tiempo y respecto de un S.R.I. (S), debe efectuarse según un eje principal de inercia, de origen en un punto cualquiera P del cuerpo. En efecto, si por ejemplo se efectúa según, el eje principal $x_{3p}$, de origen en P, se tiene:

$$\vec{\omega} = \omega_3 \, \vec{i_3} \text{ , luego}$$

$$\vec{L}(P) = I_1\omega_1 \, \vec{i_1} + I_2\omega_2 \, \vec{i_2} + I_3\omega_3 \, \vec{i_3} = I_3\omega_3 \, \vec{i_3} \quad , \quad \text{por ser} \quad \text{un}$$

cuerpo libre $\dfrac{d\vec{L}(P)}{dt}\bigg]_S = 0$, o sea:

$$\frac{d\vec{L}(P)}{dt}\bigg]_S = \frac{d}{dt}(I_3\omega_3\vec{i_3})]_S = \frac{d\,(I_3\omega_3\vec{i_3})}{dt}\bigg]_s = 0 \;\; (\text{Ya que } \vec{\omega} \times I_3 \, \vec{\omega} \equiv 0)$$

Luego $I_3 \, \omega_3 \, \vec{i_3}$ = cte. o bien $\vec{\omega}$ = cte., tanto respecto de (S) como de ($s$).

Si el cuerpo tiene elipsoide esférico cualquier diámetro es eje permanente de rotación.

### Estabilidad de la rotación de un cuerpo libre.

Es posible demostrar que si bien los ejes principales de inercia son ejes permanentes, sólo los dos ejes que le corresponden mayor y menor momento de inercia son estables. El eje de momento de inercia intermedio es inestable. Esto significa que si un cuerpo está girando según un eje inestable, cualquier perturbación puede apartar la rotación de ese eje, pasando a girar según alguno de los otros dos ejes o bien precesionando alrededor de alguno de éstos.

Si el cuerpo posee elipsoide de revolución, cualquier eje ecuatorial es inestable, o sea sólo es estable el eje de revolución del elipsoide.

En la figura 138 (a) se muestra un disco D que se hace girar según un eje diametral inestable. Cuando se alcanza cierta velocidad el disco tiende a girar según el eje estable perpendicular a su plano. (Figura 138 b).

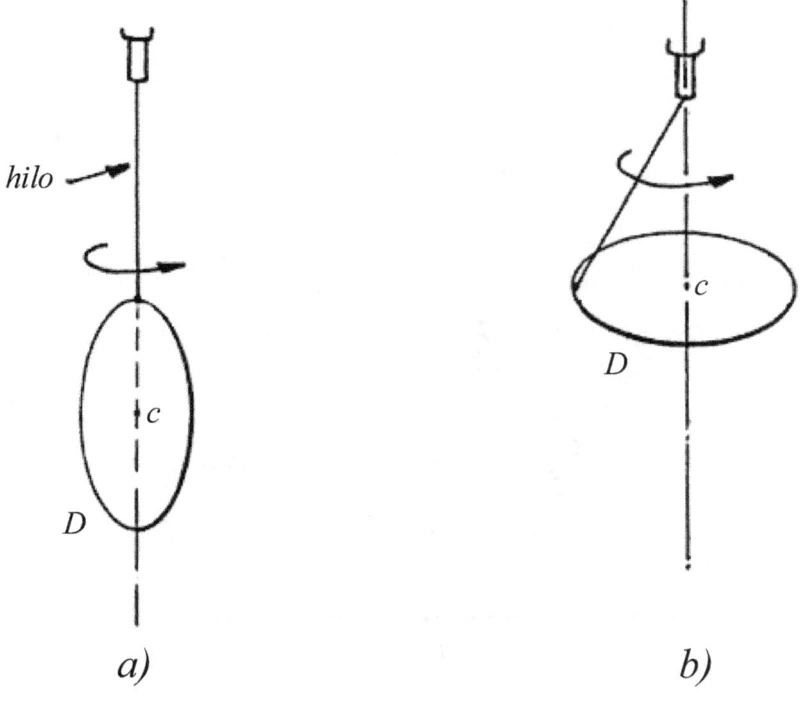


Figs. 138

Poinsot resuelve el problema del cuerpo rígido con un punto fijo P (o bien de movimiento respecto de un S.R. ($\mathscr{s}_c$). Si $\vec{M}(P) \equiv 0$ es $\vec{L}(P) = cte$.

Además como no hay trabajo de fuerzas externas (ni internas) la energía cinética también es constante:

$$\frac{1}{2}\,\vec{L}(P)\,.\,\vec{\omega} = \text{cte.}$$

De modo que durante el movimiento $\vec{\omega}$ siempre tiene igual proyección sobre la dirección de $\vec{L}(P)$, así la "punta" del vector $\vec{\omega}$ siempre se encuentra en un plano perpendicular a $\vec{L}$, denominado plano invariante (figura 139).

La trayectoria del extremo de $\vec{\omega}$ en el plano invariante se denomina Herpolodia.

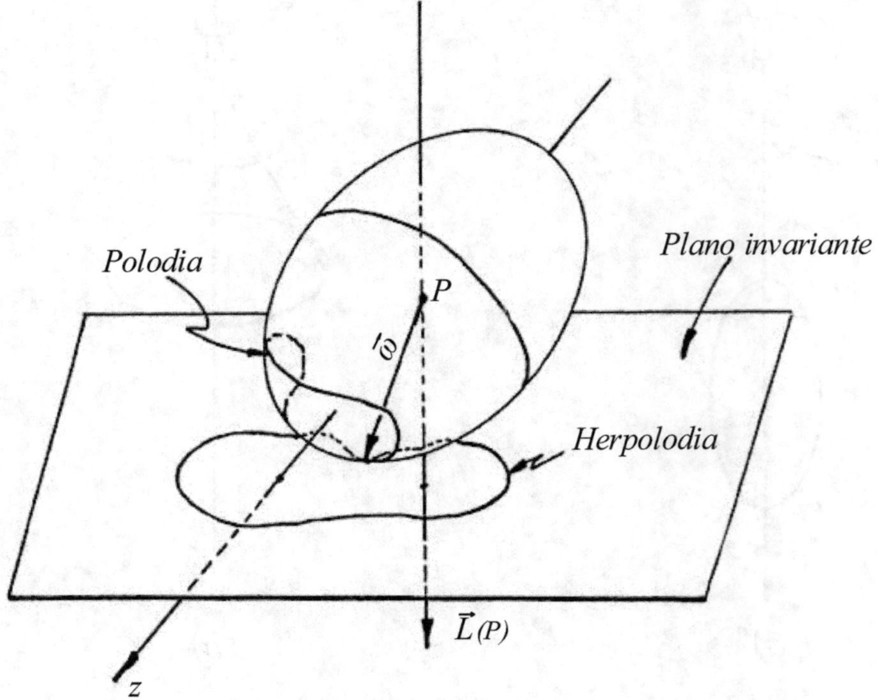


Fig. 139

Si se piensa en el elipsoide de inercia asociado al punto fijo P (o bien en un elipsoide semejante denominado de POINSOT) se comprende que el extremo de $\vec{\omega}$ describirá otra curva, denominada POLODIA.

Así tenemos otra forma de visualizar el movimiento del cuerpo rígido: la rodadura sin resbalamientos del elipsoide sobre el plano invariante (o de las curvas correspondientes). El punto de tangencia coincide siempre con el extremo de $\vec{\omega}$.

Un cálculo algo laborioso muestra que para el cuerpo rígido libre, las curvas polodias son como se muestra en la figura 140. Se ha supuesto que el momento de inercia principal $I_2$, correspondiente a $x_{2p}$ es de valor intermedio.

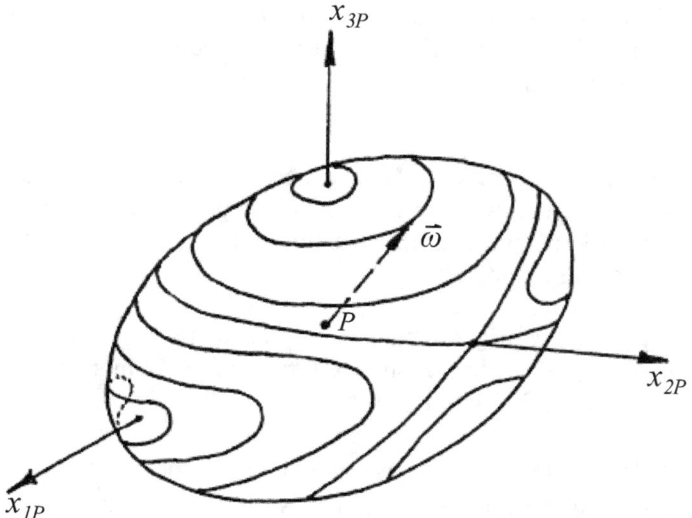


Fig. 140

Se observa que $\vec{\omega}$ puede describir polodias cerradas (precesionar) alrededor de los ejes principales de mayor y menor momento de inercia, pero no lo hace alrededor de $x_{2p}$ de valor intermedio, las polodias muestran que el polo 2 es "evitado" (figura 141), en 2 se tiene un punto "silla". Todo esto permite visualizar la inestabilidad del eje principal de momento intermedio.

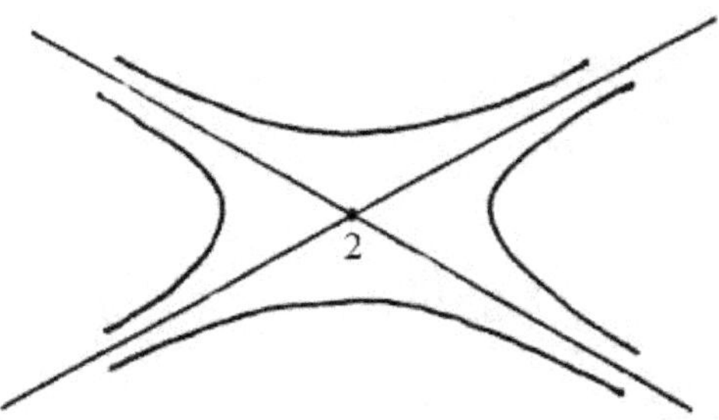


Fig. 141

**<u>Comentarios</u>**: las ecuaciones dinámicas de Euler (112) pueden integrarse en tres casos típicos:

1) _De Poinsot_: el punto fijo P coincide con el centro de gravedad G, los momentos principales de inercia asociados a P en general son todos distintos y el cuerpo está libre de momentos respecto de P ≡ G (figura 142 a). Lo hemos analizado someramente.

2) _De Lagrange_: el centro de gravedad G está sobre el eje principal $x_{3p}$ de simetría de revolución, es decir que $I_1 = I_2 \neq I_3$. El único momento externo respecto del punto fijo P es gravitatorio (figura 142 b). Ejemplo: un trompo con la punta P de apoyo fija. Los analizaremos luego.

3) _De la Sra. Sofía Kowalevskaia_: el punto fijo P y el centro de gravedad G están en el plano principal ($x_{1p}$, $x_{2p}$). Además supone $I_1 = I_2 = 2\,I_3$. El momento externo ídem al caso 2 (figura 142 c). No lo tratamos aquí.

Un estudio algo más detallado de estos casos requiere un mayor tiempo, el conocimiento de las integrales elípticas y de las funciones elípticas (seno y coseno elípticos, sn, cn).

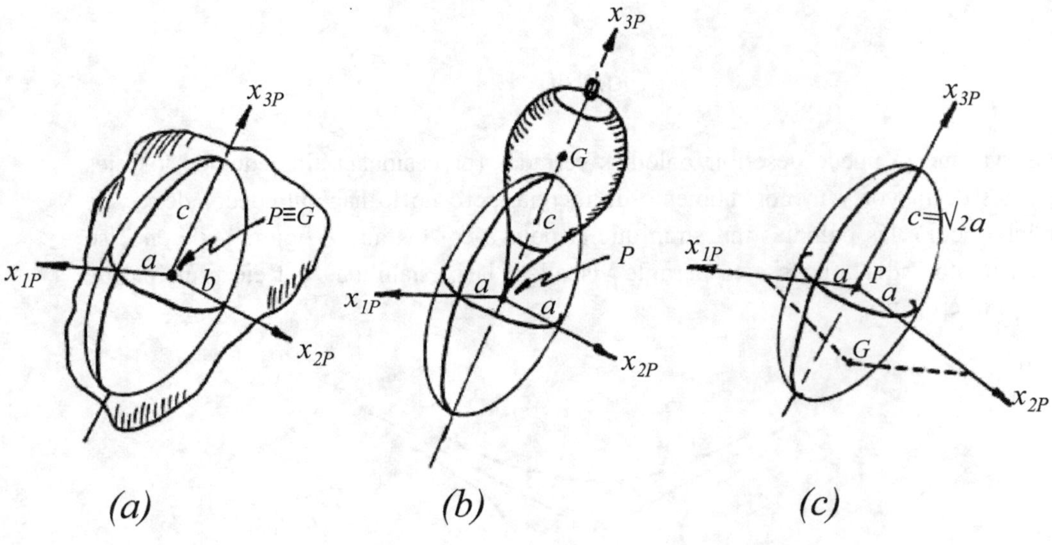


Fig. 142

**_Giroscopio libre y giroscopio pesado (trompo)._**

Precesión regular forzada. Hemos estudiado la precesión libre, cuya velocidad está dada por la ecuación 117. Cuando la velocidad de nutación $\dot\theta$ es nula, la precesión se denomina REGULAR (también uniforme o estable). La precesión libre es regular. Ahora estudiaremos otro tipo de precesión: la FORZADA, es decir, provocada por la aplicación de un momento de fuerzas externas. Esta precesión forzada en general es NO REGULAR, es decir se superpone a un movimiento de nutación $(\dot\theta \neq 0)$. Sin embargo, si el momento de fuerzas cumple unas condiciones que enseguida veremos podemos tener PRECESIÓN FORZADA REGULAR.

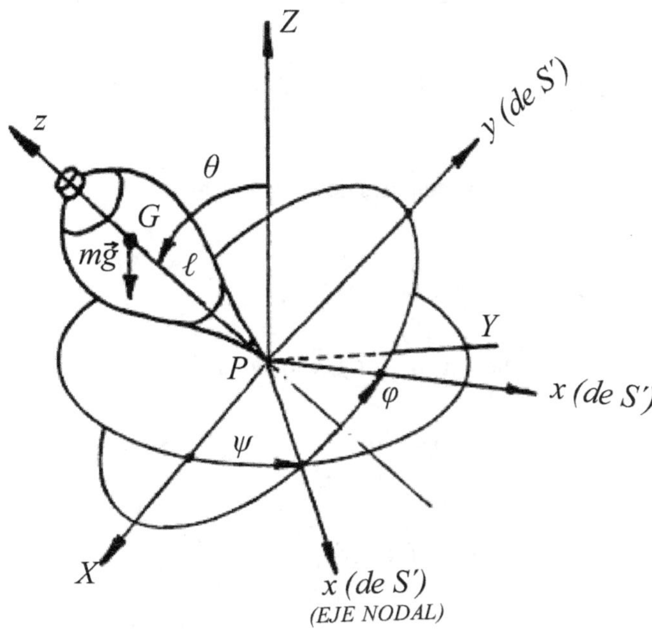


Fig. 143

Pensemos concretamente en el caso de LAGRANGE, es decir, en un trompo (figura 143), con el punto P fijo respecto a un S.R.I. y sin rozamientos. El único momento de fuerzas presente es el del peso. Para simplificar las ecuaciones (y como es usual), elegimos un S.C. ($\delta$`), de origen en P y ejes (x, y, z), pero tal que x coincida SIEMPRE con el eje nodal (figura 143), que z sea el eje de simetría del trompo (como siempre) y así el plano (y, z) contiene constantemente al baricentro G. Esta terna ($\delta$`) no debe confundirse con la ($\delta$) ligada al cuerpo (cuyos ejes están marcados con líneas de trazos sobre el círculo inclinado). La velocidad de ($\delta$`) respecto del S.R.I. (S) es:

$$\vec{\Omega} = \dot{\Psi}\,\vec{k} + \dot{\theta}\,\vec{N}$$

Careciendo de la velocidad propia del trompo $\dot{\varphi}\vec{k}$, en cambio la velocidad de ($\delta$), la misma del cuerpo, es:

$$\vec{\omega} = \dot{\Psi}\vec{k} + \dot{\theta}\vec{N} + \dot{\varphi}\vec{k}$$

Deberíamos diferenciar con algunos índices a los ejes (x, y, z) de ($s$`) pero no lo haremos para no complicar la escritura que sigue.

La segunda ecuación cardinal se escribe, utilizando el operador derivada relativa:

$$(119) \qquad \left. \frac{d\vec{L}(P)}{dt} \right]_S = \left. \frac{d\vec{L}(P)}{dt} \right]_{s`} + \vec{\Omega} \; x \; \vec{L}(P) = \vec{M}_{ext}(P)$$

Como los ejes (x, y, z) son también principales de inercia resulta:

$$\vec{L}(P) = I_1\omega_1\vec{\imath} + I_2\omega_2\vec{\jmath} + I_3\omega_3\vec{k}$$

Donde $\omega_j$ son los componentes de $\vec{\omega}$ en ($s$`) e $\vec{\imath}, \vec{\jmath}, \vec{k}$ los versores correspondientes.

Desarrollando la (119) por componentes en ($s$`):

$$\left. \frac{d\vec{L}(P)}{dt} \right]_{s`} = I_1\dot{\omega}_1\vec{\imath} + I_2\dot{\omega}_2\vec{\jmath} + I_3\dot{\omega}_3\vec{k}$$

$$\vec{\Omega} \; x \; \vec{L}(P) = \begin{vmatrix} \vec{\imath} & \vec{\jmath} & \vec{k} \\ \Omega_1 & \Omega_2 & \Omega_3 \\ I_1\omega_1 & I_2\omega_2 & I_3\omega_3 \end{vmatrix} = etc. \text{ Se llega a:}$$

$$(120) \qquad \begin{cases} I_1\dot{\omega}_1 + I_3\omega_3\Omega_2 - I_2\omega_2\Omega_3 = M_1 \\ I_2\dot{\omega}_2 + I_1\omega_1\Omega_3 - I_3\omega_3\Omega_1 = M_2 \\ I_3\dot{\omega}_3 + I_2\omega_2\Omega_1 - I_1\omega_1\Omega_2 = M_3 \end{cases}$$

Las (120) se denominan ecuaciones de Euler "modificadas".

Si $s$` $\equiv$ $s$, o sea $\vec{\Omega} = \vec{\omega}$, se tienen las (112).

Por otro lado las ecuaciones (99) pueden servir para expresar las componentes $\omega_j, \Omega_k$ según los ángulos de Euler, haciendo: $\varphi = 0$ pues x, como hemos dicho, coincide siempre con el eje nodal.

De este modo tenemos para $\vec{\omega}$:

$$\begin{cases} \omega_1 = \dot{\theta} \\ \omega_2 = \dot{\Psi} \, sen\, \theta \\ \omega_3 = \dot{\varphi} + \dot{\Psi} \cos \theta \end{cases}$$

Y para $\vec{\Omega}$, recordando que para $(s`)$ es $\dot{\varphi} = 0$:

$$\begin{cases} \Omega_1 = \dot{\theta} \\ \Omega_2 = \dot{\Psi} \, sen\, \theta \\ \Omega_3 = \dot{\Psi} \cos \theta \end{cases}$$

Para tener las ecuaciones de Euler en general tendríamos que reemplazar estos dos grupos en las (120), pero para no trabajar demasiado recordemos que estamos buscando las condiciones que debe cumplir $\vec{M}_{ext}(P)$ para tener precesión regular, o sea:

$$\dot{\theta} \equiv 0 \rightarrow \ddot{\theta} = 0 \; ; \; \dot{\Psi} = cte. \rightarrow \ddot{\Psi} = 0$$

De forma que:

$$\begin{cases} \dot{\omega}_1 = \ddot{\theta} = 0 \\ \dot{\omega}_2 = \ddot{\Psi}\, sen\, \theta + \dot{\Psi}\dot{\theta} \cos \theta \\ \dot{\omega}_3 = \ddot{\Psi} \cos \theta - \dot{\Psi}\dot{\theta}\, sen\, \theta + \ddot{\varphi} = \ddot{\varphi} \end{cases}$$

Ahora si reemplazamos en las (120):

$$(121) \qquad \begin{cases} I_3\left(\dot{\Psi}\, sen\, \theta + \dot{\varphi}\right)\dot{\Psi}\, sen\, \theta - I_2\dot{\Psi}\, sen\, \theta\, \dot{\Psi} \cos \theta = M_1 \\ 0 = M_2 \\ I_3\ddot{\varphi} = M_3 \end{cases}$$

También podríamos imponer que la rotación propia sea constante, o sea $\ddot{\varphi} = 0$, lo que nos llevaría a comprender, según las (121), que en el momento $\vec{M}_{ext}(P)$ sería un vector sobre el eje nodal x. Esto se cumple en el trompo, pues:

$$\vec{M}_{ext}(P) = \overrightarrow{GP} \; x \; m \, \vec{g} = m \, g \, \ell \, sen\, \theta \, \vec{\imath}$$

Donde $I = \left|\overrightarrow{GP}\right|$. Para este caso las (121) quedan:

$$(122) \quad \begin{cases} I_3\dot{\Psi}^2\, sen\,\theta\, \cos\theta + I_3\dot{\varphi}\dot{\Psi}\, sen\,\theta - I_2\,\dot{\Psi}^2\, sen\,\theta\, \cos\theta = m\,g\,\ell\, sen\,\theta \\ 0 = M_2 \\ I_3\ddot{\varphi} = 0 \end{cases}$$

De la tercera tenemos $\dot{\varphi}$ = cte., es decir, la velocidad angular "propia" no varía (consecuencia de haber despreciado rozamientos).

Si sen $\theta \neq 0$ la primera puede ser dividida m.a.m. por sen $\theta$ y agrupando resulta:

$$(I_3 - I_2)\,\dot{\Psi}^2 \cos\theta + I_3\,\dot{\varphi}\,\dot{\Psi} - m\,g\,\ell = 0$$

Para el trompo es $I_1 = I_2 > I_3$, luego conviene multiplicar m.a.m. por (-1):

$$\boxed{(I_2 - I_3)\,\dot{\Psi}^2 \cos\theta + I_3\,\dot{\varphi}\,\dot{\Psi} - m\,g\,\ell = 0}$$

Esta es una ecuación de segundo grado en $\dot{\Psi}$, resolviendo tendremos en general dos soluciones $\dot{\Psi}_{1,2}$:

$$(123) \quad \boxed{\dot{\Psi}_{1,2} = \frac{I_3\dot{\varphi}}{2(I_2 - I_3)\cos\theta}\left[1 \pm \sqrt{1 - \frac{4\,(I_2 - I_3)\,m\,g\,\ell\cos\theta}{I_3^2\,\dot{\varphi}^2}}\right]}$$

De modo que concluimos que es posible tener dos velocidades de precesión regular en un trompo, claro está si la cantidad sub-radical es mayor que cero, o sea:

$$\frac{4\,(I_2 - I_3)\,m\,g\,\ell\cos\theta}{I_3^2\,\dot{\varphi}^2} < 1$$

Cosa que se puede cumplir con un $\dot{\varphi}$ suficientemente elevado.

Es interesante notar que si despreciamos la gravedad (mg = 0), tendremos, con el signo más, $\dot{\Psi}_1$ = a la precesión libre (117) y con signo menos $\dot{\Psi}_2 = 0$, es decir ausencia de precesión (el eje del trompo fijo respecto al S.R.I.).

***Trompo rápido: fórmula aproximada de la velocidad de precesión forzada.***

Si en la (123) desarrollamos la raíz cuadrada por la conocida serie

$$\sqrt{1-x} = 1 - \frac{x}{2} + \frac{x^2}{8} \text{ , etc; con x igual a:}$$

$$\frac{4\,(I_2 - I_3)\,m\,g\,\ell\cos\theta}{I_3^2\,\dot\varphi^2}$$

Y suponemos que $\dot\varphi$ es suficientemente elevada como para despreciar los términos de la serie que sigue a $\frac{x}{2}$ , utilizando el signo menos se llega a:

$$\boxed{\dot\Psi \cong \frac{m\,g\,\ell}{I_3\dot\varphi}}$$

(Velocidad aproximada para la precesión forzada).

Como vemos no depende de la inclinación $\theta$, y depende del signo de $\dot\varphi$. Esta expresión se puede deducir en forma directa y rápida si se supone que $\vec{L}(P)$ coincide con el eje de simetría Z, junto con $\vec\omega$ y así $L(P) = I_3\,\omega = I_3\dot\varphi$ (así se hace en los libres elementales).

### *Movimiento general del trompo. Nutación.*

Para un estudio algo más general del trompo pensemos que:

a). de la tercera de las (122), al ser $I_1 = I_2$ y además $M_3 = 0$ resulta $\dot\omega_3 = 0$, luego:

$$\boxed{\omega_3 = cte.}$$

b). por ser la gravedad un campo conservativo y además por haber despreciado los rozamientos se conserva la energía mecánica E:

$$E = E_{cin} + E_{pot} = \tfrac{1}{2}\,(I_1\omega_1^2 + I_1\omega_2^2 + I_3\omega_3^2) + m\,g\,\ell\cos\theta \quad , \quad \text{donde hemos tomado}$$

como nivel cero de energía potencial al plano inercial (X, Y).

Escribiendo las componentes $\omega_1, \omega_2$ en función de los ángulos de Euler:

$\omega_1 = \dot\theta, \qquad \omega_2 = \dot\Psi\,sen\,\theta$ (a $\omega_3$ lo dejamos como está dado que es constante) resulta:

$$\boxed{E = \frac{1}{2}\,I_1\big(\dot\theta^2 + \dot\Psi^2\,sen^2\theta\big) + \frac{1}{2}\,I_3\omega_3^2 + m\,g\,\ell\cos\theta}$$

c). como la fuerza externa m g es siempre paralela a Z se conserva la respectiva componente del momento cinético $\vec{L}(P)$, es decir:

$$\vec{L}(P).\vec{K} = L_z = cte.\ \text{Además sabemos que:}$$

$$\vec{L}(P) = I_1\omega_1\vec{\imath} + I_1\omega_2\vec{\jmath} + I_3\omega_3\vec{k} = I_1\dot{\theta}\vec{\imath} + I_1\dot{\Psi}\ sen\ \theta\ \vec{\jmath} + I_3\omega_3\vec{k}$$

Y como $\vec{K} = sen\ \theta\ sen\ \varphi\ \vec{\imath} + sen\ \theta\ \cos\varphi\ \vec{\jmath} + \cos\theta\ \vec{k}$, pero como $\varphi = 0$ es:

$\vec{K} = sen\ \theta\ \vec{\jmath} + \cos\theta\ \vec{k}$ , de modo que:

$$\boxed{L_z = I_1\ \dot{\Psi}\ sen^2\ \theta + I_3\omega_3\ cos\theta}$$

Entre E y L$_z$ despejamos $\dot{\Psi}$:

$$(124)\qquad \boxed{\dot{\Psi} = \frac{L_z - I_3\omega_3\cos\theta}{I_1 sen^2\ \theta}}$$

Sustituyendo (124) en la expresión de E:

$$E = \frac{1}{2}\ I_1\ \dot{\theta}^2 + \frac{(L_z - I_3\omega_3\cos\theta)^2}{2\ I_1\ sen^2\theta} + \frac{1}{2}\ I_3\ \omega_3^2 + m\ g\ \ell\ \cos\theta$$

A los fines  de encuadrar esta expresión dentro de una típica forma de ecuaciones diferenciales hacemos el cambio de variable:

$u = \cos\theta$ Luego: $\dot{u} = -\ \dot{\theta}\ sen\ \theta = -\ \dot{\theta}\ \sqrt{1 - u^2}$

Y así $\dot{\theta} = -\ \dfrac{\dot{u}}{\sqrt{1 - u^2}}$ reemplazando en E y operando se llega a:

$$(125)\qquad \dot{u}^2 + \frac{(L_z - I_3\omega_3\ u)^2}{I_1^2} + \frac{2\ m\ g\ \ell\ u\ (1 - u^2)}{I_1}$$

$$-\frac{2\ (1 - u^2)}{I_1}\left[E - \frac{I_3\omega_3^2}{2}\right] = 0$$

En esta expresión hay constantes constructivas del trompo: (m, I, $I_1$, $I_3$) y otras definidas por el estado inicial de posición y velocidad ($L_z$, $\omega_3$, E). Haremos el siguiente cambio de constantes, como es usual:

$$\alpha = \frac{(2\,E - I_3\,\omega_3^2)}{I_1} \; ; \qquad\qquad \beta = \frac{2\,m\,g\,\ell}{I_1}$$

$$\gamma = \frac{L_z}{I_1} \qquad\qquad ; \qquad\qquad \delta = \frac{I_3\,\omega_3}{I_1}$$

De modo que la (125) queda:

$$(126) \qquad \boxed{\dot{u}^2 = (\alpha - \beta\,u)\,(1 - u^2) - (\gamma - u\,\delta)^2}$$

El segundo miembro de la (126) es un polinomio f (u) de tercer grado en u, cuya representación en función de u = cos $\theta$ se muestra en la figura 144 para el caso en que ($0 \leq \theta \leq \pi/2$). (El análisis no cambia mucho para $0 \leq \theta \leq \pi$, salvo que $u_1$ puede ser negativo).

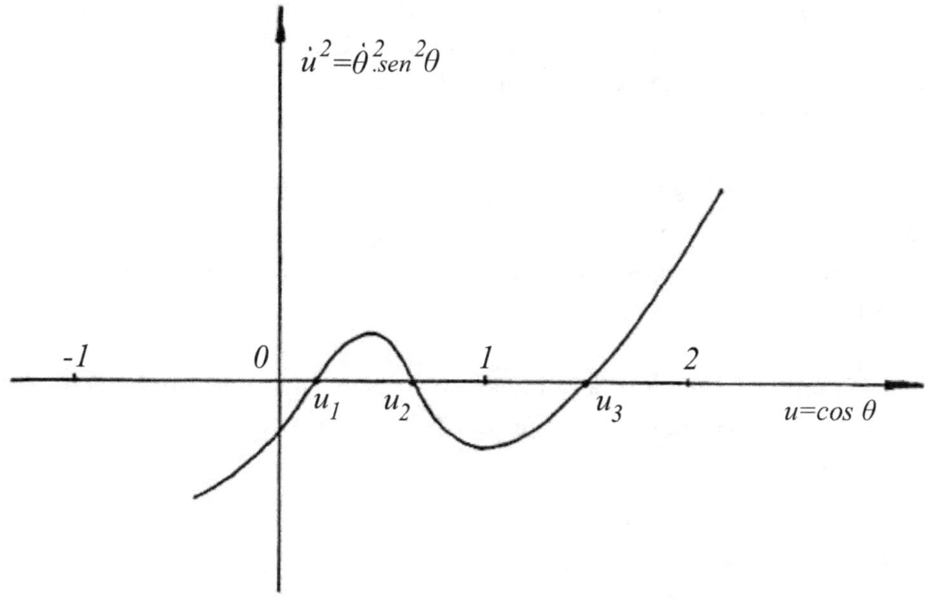


Fig. 144

$u_1$, $u_2$, $u_3$ son las raíces de f (u). Para $u_1$ y $u_2$ (entre 0 y 1) corresponden los ángulos de nutación $\theta_1$ y $\theta_2$, pero para $u_3 > 1$ no corresponde un $\theta_3$ real, dado que la ecuación cos $\theta >$

1 no es satisfecha por ningún valor real. Utilizando estas raíces la (126) puede ser escrita así:

$$\dot{u}^2 = \beta\,(u - u_1)(u - u_2)(u - u_3)$$

La solución de ésta ecuación diferencial está dada en base a las funciones jacobianas: seno y coseno elípticos (sn, cn), de parámetro k y frecuencia $\omega$:

$$u = u_1\,cn^2\,(\omega\,(t - t_0), k) + u_2\,sn^2\,(\omega\,(t - t_0), k),\ \text{con}$$

$$\omega = \beta\left[\frac{u_3 - u_1}{4}\right];\ k^2 = \frac{u_2 - u_1}{u_3 - u_1}$$

(Para mayores detalles sobre funciones elípticas ver "Principios de Mecánica" de Synge y Griffith, capítulo 13 y "Curso de Mecánica General" de Henri Cabannes, pagina 254).

Estas funciones elípticas son periódicas, de modo que se varía entre $u_1$ y $u_2$, que se traduce en que $\theta$ varía entre $\theta_1$ y $\theta_2$ durante el movimiento de precesión del trompo. En las figuras 145 se muestran las trayectorias de la intersección del eje z del trompo con una superficie esférica imaginaria de centro en el punto de apoyo P. Esto constituye el llamado movimiento de NUTACIÓN, que se superpone a la Precesión, constituyendo así una precesión no regular forzada.

Si en los instantes $t_1$ y $t_2$, u = cos $\theta$  toma los valores $u_1$ t $u_2$ (o sea $\theta$ toma los valores $\theta_1$ y $\theta_2$) se anula $\dot{u}$ = - $\dot{\theta}$ sen $\theta$, de modo que para sen $\theta \neq 0$ implica que se anula es esos instantes la velocidad de nutación $\dot{\theta}$. Esto ocurre en los puntos de los paralelos que se muestran en las figuras 145.

Hay una situación especial en que para el instante $t_2$, ($\theta = \theta_2$) se anula no sólo $\dot{\theta}$ sino también $\dot{\Psi}$, figura (145 b). Veamos cuando la expresión (124) se puede escribir en función de las constantes así:

$$(127)\qquad \dot{\Psi} = \frac{\gamma - u\,\delta}{1 - u^2}$$

Pongamos u = $u_2$ = cos $\theta_2$ y hagamos:

$$\dot{\Psi} = 0 : \frac{\gamma - u_2\,\delta}{1 - u_2^2} = 0 \rightarrow \frac{\gamma}{\delta} = u_2\ (\text{si } u_2 \neq 1),\ \text{de modo que si}$$

$$\boxed{\dfrac{L_2}{I_3\omega_3} = u_2}$$

Se tiene que el eje z efectúa un movimiento periódico como se indica en la figura 145 (b), denominado movimiento Cuspidal.

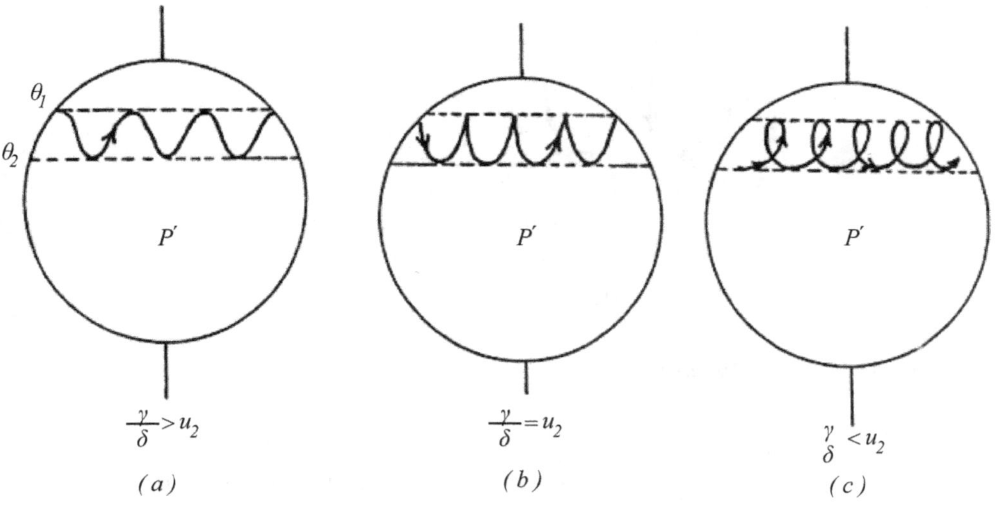



Figs. 145

Este movimiento se observa en la práctica cuando un volante de giro no muy rápido, suspendido de un extremo P del eje (figura 146) y sostenido en M, es soltado bruscamente, sin velocidad inicial de precesión ni nutación ($\dot{\theta}_0 = 0$, $\dot{\Psi}_0 = 0$). El extremo M cae un poco pero se recupera y así sucesivamente.

Para $\dfrac{\gamma}{\delta} > u_2$, $\dot{\Psi}$ siempre es positiva (figura 145 a)

Para $\dfrac{\gamma}{\delta} < u_2$, $\dot{\Psi}$ fluctúa inclusive en signo (figura 145 c)

Sin embargo la amplitud ($\theta_1 - \theta_2$) de la nutación es normalmente pequeña, a tal punto que puede pasar inadvertida a simple vista.

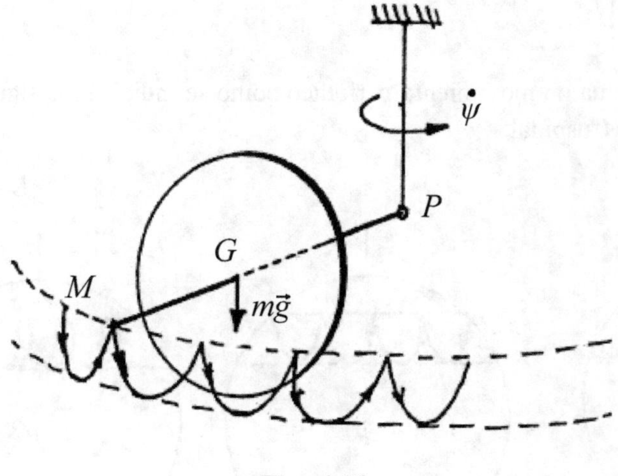

Fig. 146

***Estabilidad del trompo. Trompo "dormido".***

Cuando un trompo no posee precesión ($\dot{\Psi} = 0$) ni nutación ($\dot{\theta} = 0$), sólo "spin" $\dot{\varphi}$, se dice "dormido". Sea el trompo de la figura 147, en posición vertical, de modo que $\theta = 0$.

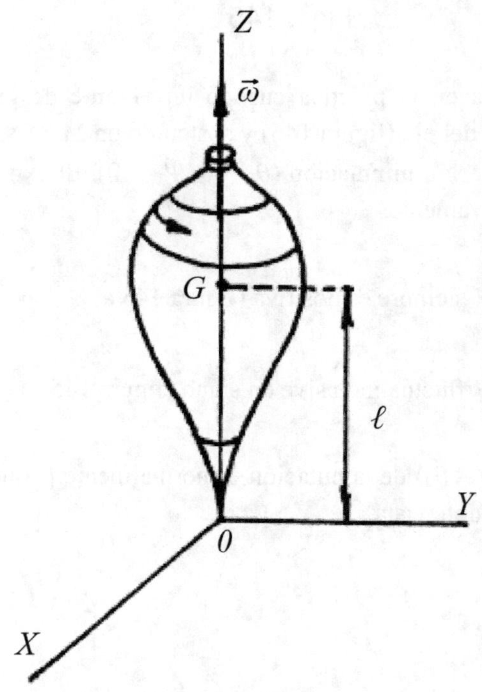

Fig. 147

Según dicha figura es fácil comprender sin consultar las fórmulas anteriores que:

$$L_2 = L = I_3 \omega_3 = I_3 \dot{\varphi}$$

$$E = \frac{1}{2} I_3 \, \dot{\varphi}^2 + m \, g \, \ell$$

Luego los valores de las constantes $\alpha$, $\beta$, $\gamma$, $\delta$ son:

$$\alpha = \left[\frac{I_3 \, \dot{\varphi}^2 - I_3 \, \dot{\varphi}^2 + 2 \, m \, g \, \ell}{I_1}\right] = \frac{2 \, m \, g \, \ell}{I_1} = \beta$$

$$\gamma = \frac{I_3 \, \dot{\varphi}}{I_1} = \delta \ , \text{ luego la (126) queda:}$$

$$\dot{u}^2 = \left(-\dot{\theta} \, sen \, \theta\right)^2 = 0 = \alpha \, (1 - u)(1 - u^2) - \gamma^2 (1 - u)^2$$

O bien: $\alpha \, (1 - u)(1 - u)(1 + u) - \gamma^2 (1 - u)^2 = 0$

Sacando $(1 - u)^2$ factor común:

$$[\alpha \, (1 + u) - \gamma^2] \, (1 - u)^2 = 0 \ ,$$

esta  ecuación admite una raíz doble en 1: $u_1 = u_2 = 1$.

Veamos la tercera raíz:

$$\alpha \, (1 + u) - \gamma^2 = 0 \ , \text{ o sea:}$$

$$u_3 = \frac{\gamma^2}{\alpha} - 1 \ , \text{ reemplazando los valores de } \gamma \text{ y } \alpha:$$

$$u_3 = \frac{I_3^2 \, \dot{\varphi}^2}{2 \, m \, g \, \ell \, I_1} - 1$$

Si esta raíz es mayor que la unidad, durante el movimiento el trompo no puede poseer un ángulo $\theta$ distinto de cero ya que $\theta_3$, correspondiente a $u_3$, no es real: significa que si una pequeña perturbación externa aparta al eje del trompo de la vertical ($\theta = 0$) éste vuelve a dicha vertical (movimiento estable). Veamos la velocidad $\dot{\varphi}$ para que se dé esta situación:

$$\frac{I_3^2\,\dot\varphi^2}{2\,m\,g\,\ell\,I_1} - 1 > 1 \;,\text{ luego despejando } \dot\varphi:$$

$$(128) \qquad \boxed{\;\dot\varphi \;>\; \sqrt{\dfrac{4\,m\,g\,\ell\,I_1}{I_3^2}}\;}$$

En cambio si $u_3$ es menos que la unidad, $\theta_3$ sería real, apartado el trompo de la vertical caería hasta este ángulo $\theta_3$ (movimiento inestable). De modo que el segundo miembro de (128) es la velocidad de "spin" límite, por encima de ella el trompo dormido es estable, por debajo no.

En la práctica el rozamiento va disminuyendo la velocidad $\dot\varphi$ de modo que, de estable puede pasar a inestable.

### *Giroscopio con suspensión cardánica.*

En la figura 148 esquematizamos un giroscopio de suspensión cardánica. Un volante V de gran momento de inercia $I_z$ tiene un eje principal central z apoyado en dos cojinetes A y B montados en el cardán interior $C_1$. A su vez este cardán posee un eje $y$ apoyado en dos cojinetes M y N montados en cardán externo $C_2$ y éste posee un eje x con cojinete en H, montado en una plataforma S.

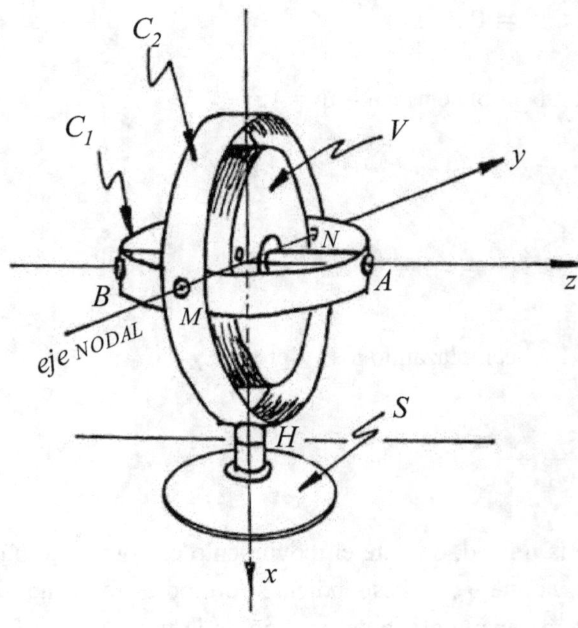


Fig. 148

De estar todo bien construido y equilibrado, los centros de masas del volante V, de los cardanes $C_1$ y $C_2$ deben coincidir en el origen 0 de la terna (x, y, z). En la figura 148 se ha representado al giroscopio en una posición tal que (x, y, z) son perpendiculares entre sí, siendo de este modo ejes principales centrales de inercia del giroscopio. Por otro lado, las partes móviles V, $C_1$, $C_2$ se encuentran en equilibrio indiferente dado que las reacciones de apoyos pasan por 0 que a su vez es el centro de gravedad del conjunto. Por todo lo dicho el volante equivale a un cuerpo rígido de revolución con un punto fijo $0 \equiv C$, y su estudio se hará entonces con las ecuaciones de Euler.

En el movimiento más general del giroscopio se tiene: el volante V posee una rotación "propia o spin" $\dot{\varphi}$ respecto de $C_1$; a su vez $C_1$ una rotación o "nutación" $\dot{\theta}$ respecto de $C_2$; y $C_2$ una rotación o "precesión" $\dot{\Psi}$ respecto de S. Así la velocidad angular $\vec{\omega}$ del volante respecto de S es la superposición vectorial de estas tres velocidades.

En la figura 149 se muestra el giroscopio en corte y en una posición cualquiera. Supongamos que S sea un S.R.I. de ejes (X, Y, Z), origen $0 \equiv C$ y eje Z pasante por H. Utilizaremos otro S.R. ($s$) ligado al cardán interno $C_1$, de ejes (x, y, z), origen común con S y tal que Z coincida con el eje AB del volante, (y) coincida con MN (figura 148). En la figura 149 (y) es entrante y se indica $\otimes$ se completa la terna ortogonal directa.

En la misma figura se muestran las velocidades angulares $\dot{\varphi}\,\vec{k}, \dot{\Psi}\,\vec{k}$ y $\dot{\theta}\,\vec{j}$ (entrante). Luego la velocidad angular del volante respecto de S es:

$$\vec{\omega} = \dot{\Psi}\,\vec{k} + \dot{\theta}\,\vec{j} + \dot{\varphi}\,\vec{k} \quad \text{Según la figura vemos que:}$$

$$\vec{k} = -sen\,\theta\,\vec{\imath} + \cos\theta\,\vec{k} \quad \text{Luego reemplazando:}$$

$$(129) \qquad \vec{\omega} = -\dot{\Psi}\,sen\,\theta\,\vec{\imath} + \dot{\theta}\,\vec{j} + \left(\dot{\varphi} + \dot{\Psi}\cos\theta\right)\vec{k}$$

Despreciando los momentos de inercia de los cardanes y como para el volante es $I_x = I_y$, se tiene que el momento cinético respecto de S y $0 \equiv C$ es:

$$\vec{L}(C) = I_x\left(\omega_x\,\vec{\imath} + \omega_y\,\vec{j}\right) + I_z\,\omega_z\,\vec{k} \quad \text{, o bien en base a (129)}$$

$$\vec{L}(C) = I_x\left(-\dot{\Psi}\,sen\,\theta\,\vec{\imath} + \dot{\theta}\,\vec{j}\right) + I_z\left(\dot{\varphi} + \dot{\Psi}\cos\theta\right)\vec{k}$$

La velocidad angular $\vec{\Omega}$ del cardán interno $C_1$, respecto a S es:

$$\vec{\Omega} = \dot{\theta}\,\vec{j} + \dot{\Psi}\,\vec{k} = \dot{\theta}\,\vec{j} - \dot{\Psi}\,sen\,\theta\,\vec{\imath} + \dot{\Psi}\cos\theta\,\vec{k} \quad \text{(No posee } \dot{\varphi}).$$

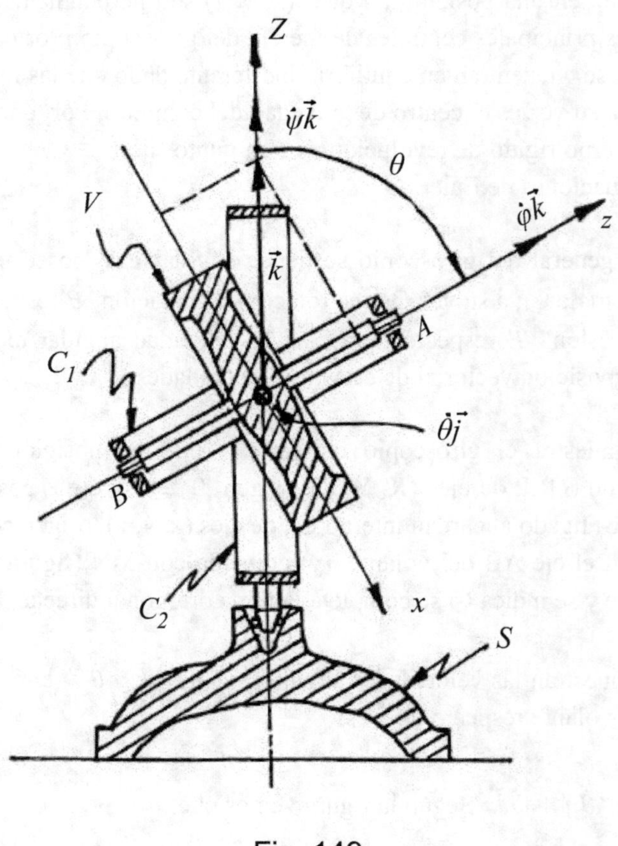


Fig. 149

Si aplicamos al giroscopio un momento de fuerzas externas $\vec{M}(C)_{ext}$ debe cumplirse la segunda ecuación cardinal:

$$\left.\frac{d\vec{L}(C)}{dt}\right]_S = \vec{M}_{ext}(C)$$ Aplicando ahora el operador derivada relativa:

$$\left.\frac{d\vec{L}(C)}{dt}\right]_s + \vec{\Omega}\times\vec{L}(C) = \vec{M}_{ext}(C)$$ Desarrollando por componentes en $(s)$ se llega a:

$$(130)\quad \begin{cases} -I_x\left(\ddot{\Psi}\,sen\,\theta + 2\,\dot{\theta}\,\dot{\Psi}\cos\theta\right) + I_z\,\dot{\theta}\left(\dot{\varphi} + \dot{\Psi}\cos\theta\right) = M_x \\ I_x\left(\ddot{\theta} - \dot{\Psi}^2\,sen\,\theta\cos\theta\right) + I_z\,\dot{\Psi}\,sen\,\theta\left(\dot{\varphi} + \dot{\Psi}\cos\theta\right) = M_y \\ I_z\left(\ddot{\varphi} + \ddot{\Psi}\cos\theta - \dot{\theta}\,\dot{\Psi}\,sen\,\theta\right) = M_z \end{cases}$$

Las (130) no son otra cosa que las ecuaciones de Euler "modificadas" aplicadas al giroscopio, suponiendo que los cardanes son de momentos de inercia despreciables frente a los del volante. En la mayoría de los casos este sistema de ecuaciones diferenciales se segundo orden en los ángulos de Euler, no lineal, sólo se puede resolver por métodos de aproximación numérica (facilitado hoy gracias a las computadoras).

Empero es posible analizar una situación sencilla: así como en el trompo, es factible aplicar un momento $\vec{M}(C)_{ext}$ tal que el giroscopio efectúe una Precesión Regular Forzada (sin nutación), sea entonces:

$$\dot{\varphi} = cte. \rightarrow \ddot{\varphi} = 0; \quad \dot{\Psi} = cte. \rightarrow \ddot{\Psi} = 0; \quad \dot{\theta} = 0 \rightarrow \ddot{\theta} = 0$$

En la hipótesis las (130) quedan:

$$\left\{ \begin{array}{r} 0 = M_x \\ -\dot{\Psi}^2 I_x \operatorname{sen}\theta \cos\theta + I_z \dot{\Psi} \operatorname{sen}\theta \left(\dot{\varphi} + \dot{\Psi}\cos\theta\right) = M_y \\ 0 = M_z \end{array} \right\}$$

La primera y la tercera implican que el momento de fuerzas debe ser aplicado al eje $y$ (o MN);

Para mayor sencillez sea $\theta = \frac{\pi}{2}$ (figura 150), entonces

$M_y = M = I_z \dot{\Psi} \dot{\varphi}$ , despejando $\dot{\Psi}$:

$$\boxed{\dot{\Psi} = \frac{M_y}{I_z \dot{\varphi}}}$$

Fórmula que da la velocidad de precesión regular forzada en función del momento de fuerzas y la velocidad propia $\dot{\varphi}$ del volante.

Observe el alumno los sentidos relativos de las velocidades:

$\dot{\varphi}\vec{k}$ y $\dot{\Psi}\vec{k}$ y el momento $\vec{M}$: una regla práctica, fácil de recordar se extrae de la figura 150, si el vector $\dot{\varphi}\vec{k}$ gira hacia el vector momento $\vec{M}$ en el menor ángulo posible, $\dot{\Psi}\vec{k}$ debe respetar la regla de la mano derecha, o dicho en otra forma la terna $\dot{\varphi}\vec{k}$, $\vec{M}$ y $\dot{\Psi}\vec{k}$ debe ser directa.

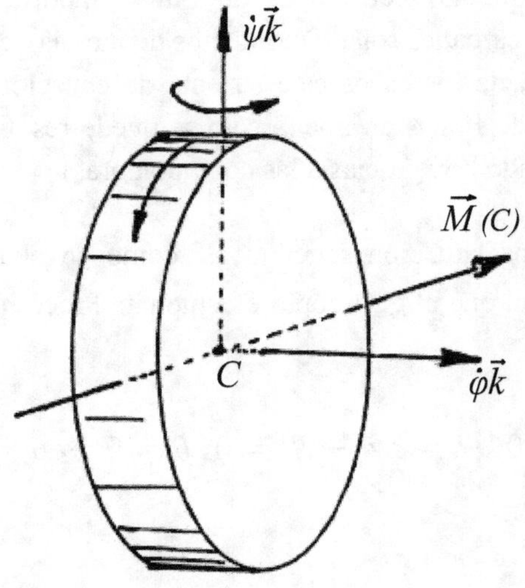


Fig. 150

También como en el trompo un estudio de la nutación $\dot{\theta}$ conduciría al uso de las funciones elípticas de Jacobi (ver el libro de CABANNE ya citado).


<u>Aplicaciones:</u>

Los giroscopios en sus distintas variantes constructivas son instrumentos de múltiples aplicaciones. Ponen en evidencia la rotación  de la Tierra respecto de las estrellas, en efecto, si el giroscopio está libre de momentos externos y su velocidad angular $\vec{\omega}$ coincide con el eje Z entonces sabemos que:


$$\vec{L}(C) = I_z\,\vec{\omega} = cte.\text{ Respecto de las estrellas.}$$


De modo que el eje Z poseerá un giro relativo a Tierra. La traslación del planeta en derredor del sol no es detectable porque  es tan amplia que "casi" es un movimiento uniforme y por ende "casi" inercial.

Los giroscopios también son útiles como controladores del rumbo de un vehículo, actuando por medio de servomecanismos. Sirven además como estabilizadores en barcos, etc. Muy interesante es su utilidad como brújula giroscópica, ya que puede señalar el Norte geográfico o "verdadero".

***Brújula giroscópica de Foucault:***

Sin cálculo mostraremos cómo un giroscopio debidamente montado en tierra firme puede servir para indicar el Norte. En la figura 151 se muestra esquemáticamente un giroscopio que cuenta con una horquilla C que puede a su vez girar según un eje vertical Z fijo a tierra.

Inicialmente suponemos que el volante gira rápidamente con su eje Z apuntando al este. Como Z es arrastrado por la tierra, en su giro diurno $\vec{\Omega}$ la horquilla C aplica al eje z un par de fuerzas $\vec{F}$ y $-\vec{F}$ como se indica en la figura, de modo que el momento $\vec{M}$ de este par apunta al NORTE y así genera una precesión $\dot{\psi}\,\vec{k}$ acorde a la regla práctica mencionada.

Comprendemos así que $\dot{\varphi}\vec{k}$ gira hacia el NORTE. Alcanzada la posición N-S se anula el par, el eje oscilará alrededor de dicha posición unas cuantas veces hasta que el rozamiento lo detenga.

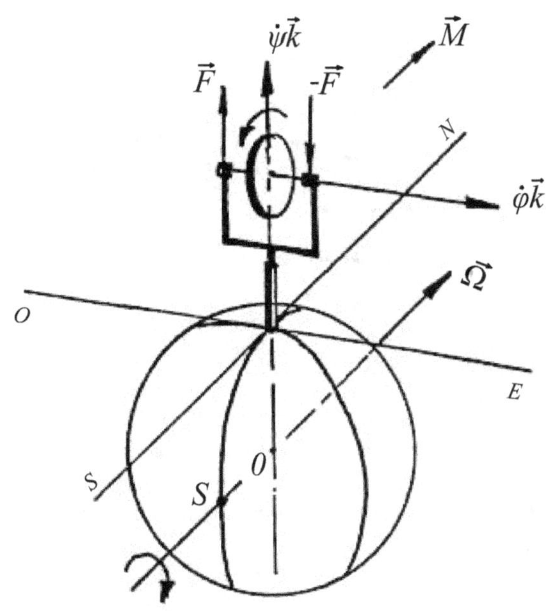


Fig. 151

Si la horquilla está montada en un vehículo es claro que no se mantendrá el eje Z vertical y el giroscopio no funciona correctamente como brújula. En la brújula SPERRY se soluciona este inconveniente (el alumno puede consultar libros especiales sobre instrumental de aviones y barcos). El giro $\dot{\varphi}$ se mantiene en un alto valor con motores eléctricos o bien con un chorro de aire que incide sobre el volante con álabes.

### *Reacciones Giroscópicas.*

En la figura 152 se muestra esquemáticamente un barco visto en planta, y un elemento de máquina en rotación $\dot{\varphi}\vec{k}$ (por ejemplo la turbina de la planta motriz). Supongamos que el barco vira a la izquierda con velocidad angular $\Psi\vec{K}$, esta velocidad constituye una precesión para el rotor, de modo que los cojinetes ligados al barco deberán aplicar al eje de dicho elemento un par de fuerzas $\vec{F}$ (hacia arriba en la proa) y $-\vec{F}$ (hacia abajo en la popa), de momento $\vec{M}$ como se indica en la figura 152.

En consecuencia aparecen <u>reacciones opuestas sobre los cojinetes</u> (no dibujadas) que sobrecargan a los mismos durante el viraje (tienden a hundir la proa y levantar la popa). Es claro que ocurre lo opuesto si vira a la derecha o el rotor gira en sentido contrario.

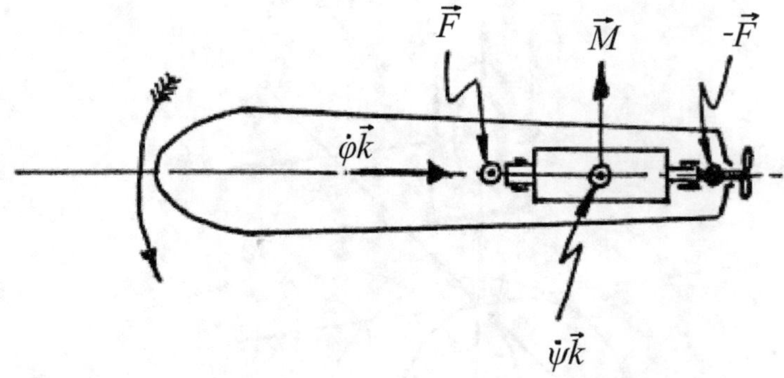


Fig. 152

Algo similar ocurre en los aviones. El alumno puede analizar el efecto giroscópico en el viraje y picada de aviones a hélice.

### *Movimiento impulsivo del cuerpo rígido.*

Sea un cuerpo A (figura 153) que recibe un impulso de percusión $\vec{I}$ en el punto Q. Con las tres ecuaciones cardinales modificadas o adaptadas a la percusión (ecuaciones 89 y siguiente) podemos encontrar el movimiento al final del choque (instante $t_2$) conocido el inicial (instante $t_1$). Aquí daremos algunos detalles más a fin de poder resolver problemas de percusión.

Al momento cinético $\vec{L}(C)$ en el instante $t_1$, respecto del centro de masas C y de un S.R.I. o un $S_c$ es expresado por componentes de una terna principal central:

$$\vec{L}(C) = I_1\,\omega_1\,\vec{\imath} + I_2\,\omega_2\,\vec{\jmath} + I_3\,\omega_3\,\vec{k}$$

Y si

$$\vec{H}(C) = \int_{t_1}^{t_2} \vec{r} \times \vec{F}\, dt$$

Es el impulso angular de percusión, se tiene según la segunda ecuación cardinal, acentuando al momento cinético en el instante $t_2$.

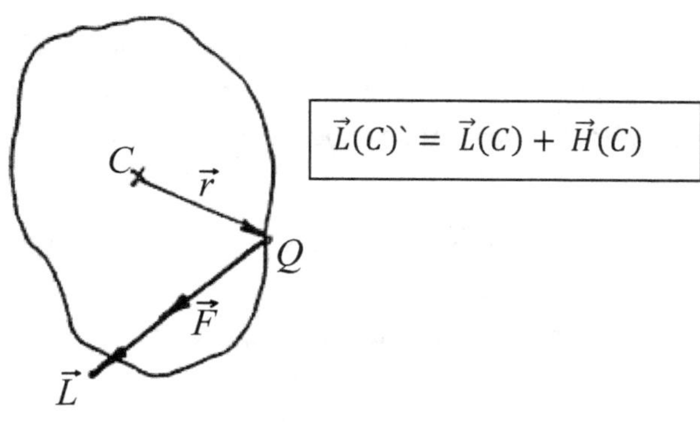



Fig. 153

Si se supone que la deformación permanente producida por la percusión no es tan grande como para modificar los momentos de inercia, $\vec{L}(C)`$ se calcula con los mismos $I_j$, pero claro está, con la nueva velocidad angular $\vec{\omega}`$.

Si el impulso de percusión o choque es producido por otro cuerpo B (aclaramos esto pues podría ser producido por una partícula), se tiene la situación de la figura 154. Si Q es el punto de contacto y $\pi$ es el plano tangente común, la recta (m) perpendicular a $\pi$ en Q se denomina <u>línea de choque</u>. Los casos en que la línea de choque no pasa por los centros de masas se denominan de choque NO CENTRAL (los choques centrales ya los hemos analizado).

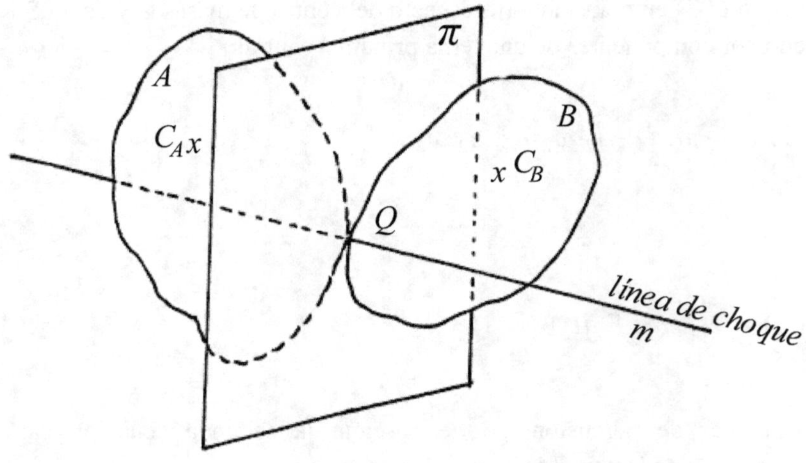


Fig. 154

Sean M y N los puntos de A y B que coincidirán en el choque, $\vec{V}_M,\ \vec{V}_N, \vec{V'_M}, \vec{V'_N}$  sus velocidades en $t_1$ y $t_2$ respectivamente. Es fácil demostrar que las proyecciones de estas velocidades sobre la línea (m) de choque, cumple con:

$$(132) \qquad \left(V'_{Mm} - V'_{Nm}\right) = -e\left(V_{Mm} - V_{Nm}\right)$$

Donde e es el conocido coeficiente de restitución de la pareja que choca.


<u>Ejemplo de aplicación. Centro de percusión.</u>

Un martillo giratorio A (figura 155), en el instante $t_1$ de choque contra el percutor B tiene una velocidad angular $\omega$ según el eje que pasa por 0.

Calcular:

a). la velocidad de B en el instante final $t_2$.

b). la reacción impulsiva $\vec{I}_0$ en 0.

c). la distancia b que hace nula dicha reacción.

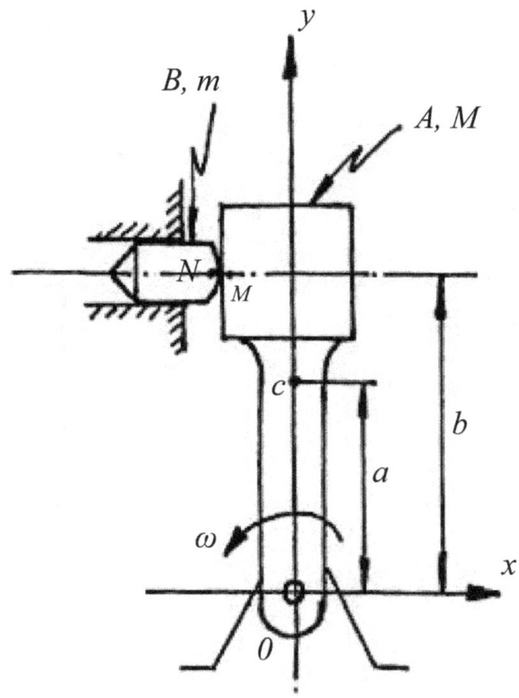



Fig. 155

Se suponen conocidas las masas de B (m), de A (M), el momento de inercia de A respecto del eje 0, $J_0$ (lo anotamos así para no confundir con $\vec{I}_0$), las distancias a y b y el coeficiente de restitución e.

<u>Solución:</u>

En las figuras 156 se muestra la situación en el instante $t_1$ y en el instante $t_2$ tanto para A como para B.

instante t<sub>1</sub>            instante t<sub>2</sub>

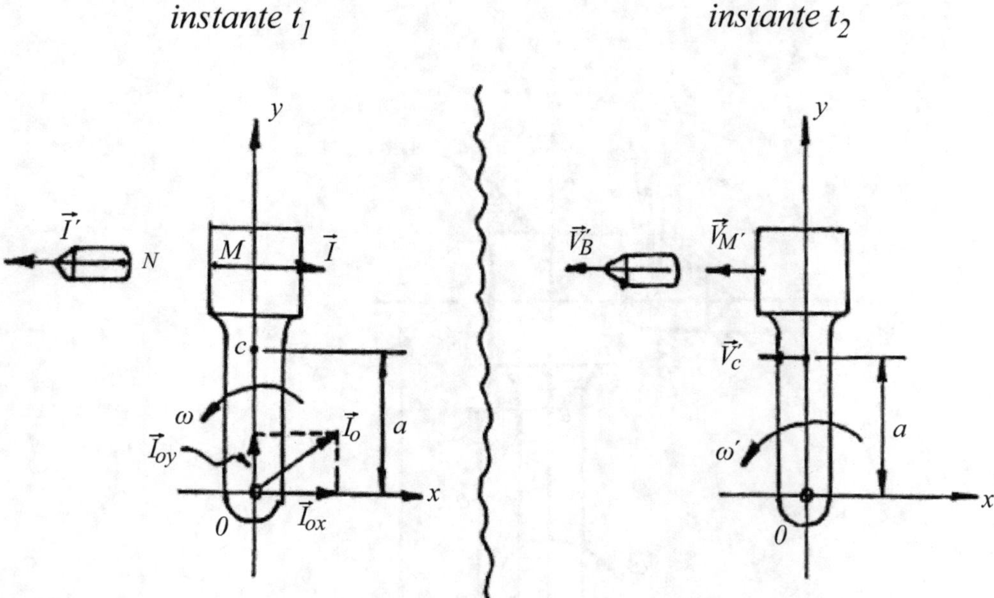

Figs. 156

Cuerpo B:

*Primera ecuación cardinal.*

$$\dot{\vec{P}}_B = \vec{I}\,\grave{}$$

$$m\,\dot{\vec{V}}_B = -I\,\vec{\imath}, \text{ o bien} \qquad (133) \qquad \boxed{m\,\dot{V}_B = -I}$$

Cuerpo A:

*Primera ecuación cardinal.*

$$-\omega\grave{}\,a\,\vec{\imath} = -\omega\,a\,\vec{\imath} + \frac{\vec{I}}{M} + \frac{\vec{I}_0}{M}\ , \text{ o bien por componentes:}$$

$$(134) \qquad \left\{ \begin{array}{l} -\omega\grave{}\,a = \omega\,a + \dfrac{I}{M} + \dfrac{I_{0x}}{M} \\[2mm] 0 = 0 \qquad + 0 + \dfrac{I_{0y}}{M} \end{array} \right\}$$

De aquí sacamos $I_{0y} = 0$ como podía intuirse.

### *Segunda ecuación cardinal.*

$$J_0 \, \omega` \, \vec{k} = J_0 \, \omega \, \vec{k} - I \, b \, \vec{k} \quad \text{, o bien}$$

$$(135) \qquad \boxed{J_0 \, \omega` = J_0 \, \omega - I \, b}$$

Además según la (132):

$$\left(-\omega`_b - V`_B\right) = -e \left(- \omega \, b\right) \text{ , despejando } \omega` \text{ de (135) y reemplazando I de}$$

(133) resulta:

$$(136) \qquad \boxed{V`_B = - \frac{J_0 \, \omega \, b \, (1+e)}{J_0 + m \, b^2}} \quad \text{(solución del punto a).}$$

Para hallar $I_{ox}$ debemos trabajar con la primera de las (134), despejamos, $I_{ox} = a \, (\omega - \omega`)$ M $-$ I, reemplazando I por la (133), reemplazamos $\omega`$ de la (135) y $V`_B$ por (136), operando resulta:

$$(137) \qquad \boxed{I_{0x} = m \, \omega \, b \, (i + e) \, \frac{a \, b \, M - J_0}{J_0 + m \, b^2}} \qquad \text{(solución del punto b).}$$

### *Punto c:*

$I_{ox}$ , es nula si a b M $-$ $J_0$ = 0, o sea:

$$\boxed{b = \frac{J_0}{a \, M}}$$

Esta distancia define  un punto denominado CENTRO DE PERCUSIÓN, punto que es relativo al eje de rotación 0

# Capítulo VII: Dinámica De Lagranje

## I).conceptos previos.

### a). *parámetros de configuración o coordenadas generalizadas.*

Son un conjunto  de p parámetros o coordenadas $q_j$ (j = 1,......,p) que definen unívocamente la configuración del sistema mecánico en estudio, es decir, que definen la posición instantánea de las partículas y/o cuerpos que integran al sistema, siempre claro está, respecto a un S.R. Por ejemplo: si se tienen N partículas $P_k$ sabemos que en el espacio $E_3$ hay que dar 3 N coordenadas. Si las partículas están involucradas entre sí (al menos algunas de ellas) bastará dar un número p < 3 N. Por ejemplo: si la distancia entre ellas es invariable durante el movimiento (cuerpo rígido) se necesitarán sólo p = 6 parámetros (los 3 ángulos de Euler y 3 coordenadas de un punto cualquiera del cuerpo tomado como polo de reducción).

### b). *vínculos o ligaduras.*

Los vínculos mecánicos que ya conocemos (hilos inextensibles, superficies rígidas, ejes, barras, guías, articulaciones, etc.) implican una restricción a las configuraciones posibles que puede adoptar el sistema mecánico. También se consideran vínculos a las condiciones que implican una restricción  a los valores posibles de velocidades que puedan adquirir los puntos del sistema: por ejemplo la condición de rodadura sin deslizamiento es un vínculo.

Los vínculos siempre implican unas relaciones funcionales entre los parámetros de configuración o las velocidades. Estas relaciones funcionales  se escriben como ecuaciones llamadas ecuaciones de vínculos. De modo que entre los p parámetros y/o sus derivadas en el tiempo en general se plantearan v ecuaciones de vínculos.

*Parámetros o coordenadas independientes*: son aquellos que en número mínimo hay que especificar para que la posición del sistema quede determinada.

Sus valores iniciales pueden ser arbitrarios (dentro de ciertos intervalos).

Llamaremos *vínculos bilaterales* a los que permitiendo un desplazamiento cualquiera d$\vec{r}$, entonces permiten el desplazamiento opuesto -d$\vec{r}$. Dicho de otro modo: permiten que los desplazamientos sean reversibles.

Los vínculos que no permiten que algunos, al menos, de los desplazamientos sean reversibles los denominaremos *unilaterales*. Ejemplo de vínculo unilateral lo constituye el hilo inextensible, pues permite un desplazamiento  que lo arruga pero no el opuesto. También es unilateral una caja rígida para un conjunto de partículas contenidas en ella. Es claro que los vínculos unilaterales pueden permitir que ciertos desplazamientos sean reversibles.

<u>Ejemplos sencillos de ecuaciones vinculares.</u>

1)  Péndulo puntual plano: en la figura 157 se representa una partícula P, de masa m, vinculada a un cuerpo de masa muy grande respecto a m (por ejemplo la tierra) por medio de un barra rígida OP articulada en 0, de masa despreciable, de longitud $\ell$. Suponemos que el movimiento se realiza en el plano (x, y). Podemos definir la posición de P en el espacio $E_3$ por las 3 coordenadas (x, y, z) (o sea que p = 3), pero claro está que debido a la barro OP y al hecho de suponer que el movimiento ocurre en el plano (x, y) deben cumplirse las dos ecuaciones vinculares siguientes.

$$\begin{cases} (1)\ x^2 + y^2 - 1^2 = 0 \\ (2)\ z = 0 \end{cases}$$

De modo que tenemos v = 2 ecuaciones vinculares.

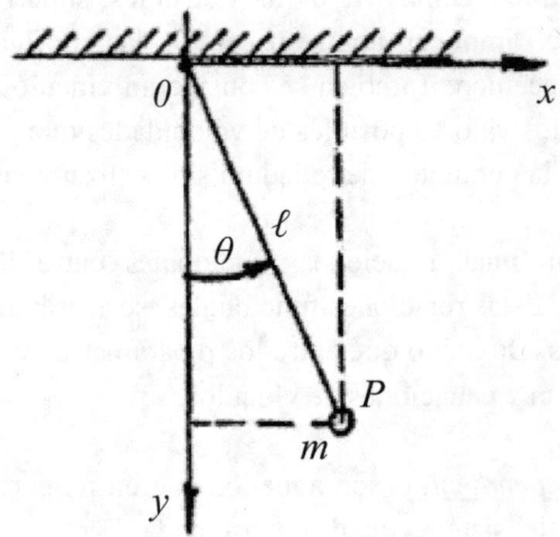


Fig. 157

Así sólo hay (p-v) = (3-2) = 1 parámetro independiente. Este puede ser x, y, ó $\theta$ (normalmente se utiliza $\theta$).

2) Péndulo doble plano (figura 158): damos seis coordenadas, $(x_1, y_1, z_1)$ para definir la posición de $P_1$ y $(x_2, y_2, z_2)$ para definir la posición de $P_2$, pero entre esas seis cumplen v = 4 ecuaciones vinculares;

$$\left.\begin{cases} 1)\ x_1^2 + y_1^2 - l_1^2 = 0 \\ 2)\ (x_2 - x_1)^2 + (y_2 - y_1)^2 - l_2^2 = 0 \\ 3)\ z_1 = 0 \\ 4)\ z_2 = 0 \end{cases}\right\}$$

Luego sólo tenemos $(6 - 4) = 2$ parámetros independientes. Estos pueden ser $(x_1, x_2)$, $(y_1, y_2)$ o $(\theta_1, \theta_2)$. Evidentemente el par de coordenadas no puede ser cualquiera de las seis, en efecto, el par $(x_1, y_1)$ o $(x_2, y_2)$ no definen la configuración del sistema pues son coordenadas dependientes entre sí.

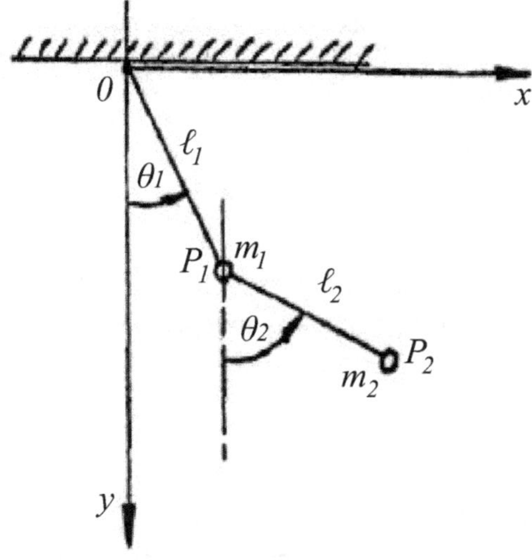


Fig. 158

### c). *vínculos holónomos (V.H.) y sistemas holónomos (S.H.).*

Se denominan V.H. aquellos que son dados matemáticamente por ecuaciones del tipo:

$$f_h\left(q_j, t\right) = 0 \text{ , o bien}$$

$$f_h\left(q_j\right) = 0 \text{ , con h = 1,......,v }\ (v < p)$$

También son V.H. los dados por formas diferenciales que pueden ser integradas y así llevadas a las formas "finitas" 1) ó 2). Claro está que para ello ocurra deben ser formas diferenciales llamadas totales o "exactas", obtenidas al diferenciar 1) ó 2).

$$1')\frac{\partial f_h}{\partial q_j}\, dq_j + \frac{\partial f_h}{\partial t}\, dt = 0\,, \qquad \text{o bien}$$

$$2')\frac{\partial f_h}{\partial q_j}\, dq_j = 0 \qquad\qquad (j= i,\ldots\ldots, p)$$

Recuerde el alumno como se prueba si una forma diferencial dada es o no total.

Cuando un sistema mecánico posee todos sus vínculos holónomos diremos que es un sistema holónomo. Los péndulos anteriores son ejemplos sencillos de S.H. pues todos sus vínculos responden a ecuaciones del tipo 2). Un ejemplo de S.H. del tipo 1), es decir que en la ecuación vincular figura explícitamente el tiempo, lo constituye un péndulo con el punto de oscilación 0` (figura 159) realizando un movimiento conocido, no modificable por variación de $\theta$. Por ejemplo sea que 0` oscilara a su vez según el eje x con la ley:

$$x`(t) = x`_m \cos \omega\, t$$

La ecuación vincular es ahora:

$\left(x - x`_m \cos \omega\, t\right)^2 + y^2 - l^2 = 0$ , que en efecto es del tipo 1). Puede parecer que en este caso se necesitan como mínimo 2 parámetros independientes (x`, $\theta$) pero no es así pues x` está determinado en todo instante por: $x`_m \cos \omega\, t$. Digamos mejor: dicha ley es otra ecuación vincular.

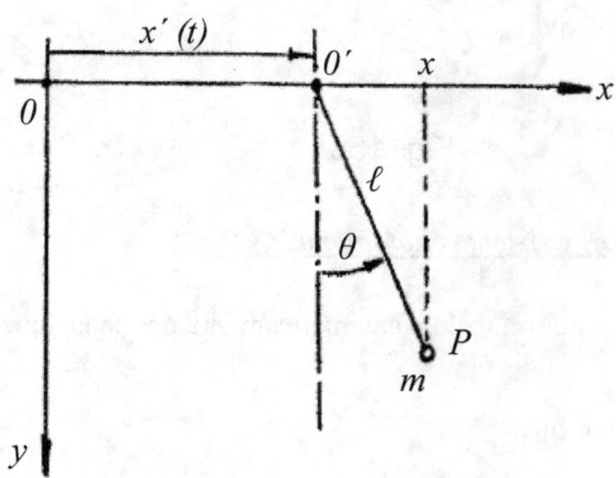


Fig. 159

Otro ejemplo es el indicado en la figura 160; la barra rígida OA gira con movimiento $\alpha$ (t) conocido (por ejemplo $\alpha = \omega$ t), al tiempo que la partícula P se desliza a lo largo de ella con una ley r (t) a calcular.

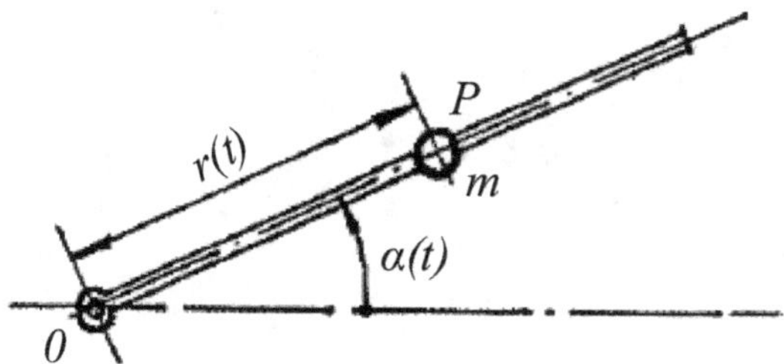


Fig. 160

El sistema posee en el plano ($E_2$) el único parámetro independiente r (t), pues $\alpha$ está dado instante por instante.

Los vínculos dados por ecuaciones del tipo 1) se denominan *REONOMOS*, los del tipo 2) *ESCLERONOMOS*. Algunos autores les denominan móviles y fijos respectivamente, pero tal denominación puede inducir a error de interpretación pues, por ejemplo, la barra OP del péndulo de la figura 159 es móvil (oscila), sin embargo es vínculo esclerónomo.

Otro ejemplo de S.H. lo constituye una rueda que rueda sin deslizar sobre un riel (figura 161). La condición de no deslizamiento se expresa estableciendo la nulidad de la velocidad instantánea V (E) del punto de contacto E:

$$V \ (E) = V \ (C) - R \ \dot{\theta} = 0 \ . \ \text{Esta expresión también se puede escribir así:}$$

$$dS = R \ d\theta \ \ (\text{Pues V (C)} = \dot{S}), \text{ integrando resulta:}$$

$$S - R\theta = 0 \ , \ \text{que es de la forma 2).}$$

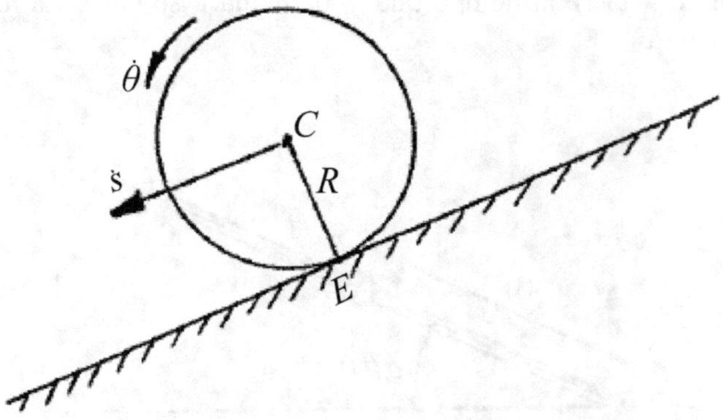

Fig. 161

¿En qué consiste al fin la importancia de reconocer que un sistema es holónomo?

En los S.H. puede que sea factible explicitar del sistema de v ecuaciones de vínculo v parámetros dependientes en función de los (p - v) independientes. Recuerde el alumno que un sistema de ecuaciones $f_h\left(q_j, t\right) = 0$, cumpliendo ciertos requisitos, puede definir v funciones en forma implícita. Si efectivamente se pueden explicitar, se pueden eliminar los v parámetros dependientes quedando sólo (p - v) funciones incógnitas $q_j$ (t) independientes entre sí.

Para resolver el problema se plantearán entonces (p - v) ecuaciones diferenciales del movimiento (por ejemplo: utilizando las ecuaciones de Lagrange que luego trataremos). Para constituir dicho sistema de ecuaciones diferenciales no hará falta utilizar las ecuaciones de vínculos y el sistema mecánico puede ser considerado como "libre de vínculos".

Hay casos de S.H. de cuyas ecuaciones vinculares no es fácil o es imposible explicitar las v funciones $q_j$, en estos casos se deberán utilizar además de las ecuaciones del movimiento las ecuaciones vinculares, formando un sistema de tantas ecuaciones diferenciales como parámetros incógnitas. Para esto veremos que puede emplearse el método de los multiplicadores $\lambda_h$ de Lagrange. Se dice que estamos trabajando con parámetros súper abundantes pues, son más que los necesarios para definir la configuración  del sistema mecánico.

Si se está interesado en las fuerzas que hacen los vínculos será posible hallarlas una vez resuelto el problema, es decir, una vez que se posean las q (t),  que cumplen con las condiciones iniciales. Por ejemplo en el péndulo puntual si se ha calculado $\theta$ (t) (para pequeñas amplitudes sabemos que es $\theta$ (t) = $\theta_m \cos \omega$ t, la fuerza $\vec{T}$ que hace la barra OP se obtiene fácilmente con la segunda ley de Newton:

$$T = m \, \dot{\theta}^2 \, I + m \, g \cos\theta$$

Se comprenderá mejor quizás las características de los S.H. al compararlos con los S.N.H. que enseguida trataremos.

### d). *vínculos no holónomos (V.N.H.). Sistemas no holónomos (S.N.H.).*

Se denominan vínculos N.H. aquellos que son especificados por ecuaciones del tipo:

$$f_h \left( q_j, \ \dot{q}_j, t \right) = 0, \text{ o bien}$$

1) $\ f_h \left( q_j, \ \dot{q}_j \right) = 0$ , con h = 1, ........, v, no integrables, es decir, no posibles

de llevar por integración a las formas holónomas 1) ó 2).

Si se dan los vínculos en formas diferenciales éstas no deberán ser totales o exactas, o sea que si son formas del tipo:

2) $\ A_{h1} \, dq_1 + A_{h2} \, dq_2 + \cdots + A_{hp} \, dq_p + B_h \, dt = 0$ ó bien recordando la

regla de sumación de índices repetidos:

$A_{hj} \, dq_j + B_h \, dt = 0$ , entonces,  las $A_{hj}$ no deben ser iguales a las $\dfrac{\partial f_h}{\partial q_j}$ ni $B_h$

igual a $\dfrac{\partial f_h}{\partial t}$ pues de lo contrario, claro está sería 5) una diferencial total o exacta como 1`) ó 2`).

También son V.N.H. los dados por inecuaciones del tipo:

3) $\ f_h(g_j) \gtrless 0$. Estas aparecen cuando los vínculos son unilaterales.

Cuando un sistema mecánico posee algún vínculo N.H. diremos que es un S.N.H. Luego daremos ejemplos sencillos.

¿Qué ocurre en los S.H.N.? En la resolución de problemas sobre S.N.H. no es posible prescindir de las ecuaciones vinculares, que, de algún modo, deberán formar al sistema de ecuaciones junto con las  ecuaciones de movimiento. Esto hace a tales problemas más laboriosos desde el punto de vista matemático.

Si las ecuaciones vinculares son del tipo 5) es posible aplicar el método de los multiplicadores $\lambda_h$ de Lagrange como en los S.H. con parámetros superabundantes. En el punto (e) que sigue se aclara otra diferencia importante entre S.H. y S.N.H.

<u>Ejemplo de S.N.H.:</u>

Se tiene una rueda de radio R (figura 162), que mantiene, durante el movimiento, su plano vertical. Rueda sin desplazamientos sobre el plano (x, y). Para determinar la posición de dicha rueda por lo menos hay que dar los siguientes 4 parámetros: las coordenadas (x, y) del punto C, el ángulo $\Psi$ formado por el plano de la rueda con el eje x y el ángulo $\theta$ de rodadura medio respecto a cualquier origen. Estos 4 parámetros son independientes entre sí. Sus valores iniciales pueden ser elegidos a voluntad.

Al igual que la rueda anterior la velocidad de E debe ser nula:

$$V(E) = V(C) - R\,\dot{\theta} = 0$$

Pero aquí la orientación $\Psi$ del plano no está predeterminada por un riel, de modo que puede variar durante el movimiento con una ley que habrá que calcular, dicho en otra forma: $\Psi$ también es función incógnita. El vector $\vec{V}(C)$ (velocidad del centro C de la rueda) es horizontal y está en el plano de la rueda forma un ángulo $\Psi$ con el eje x.

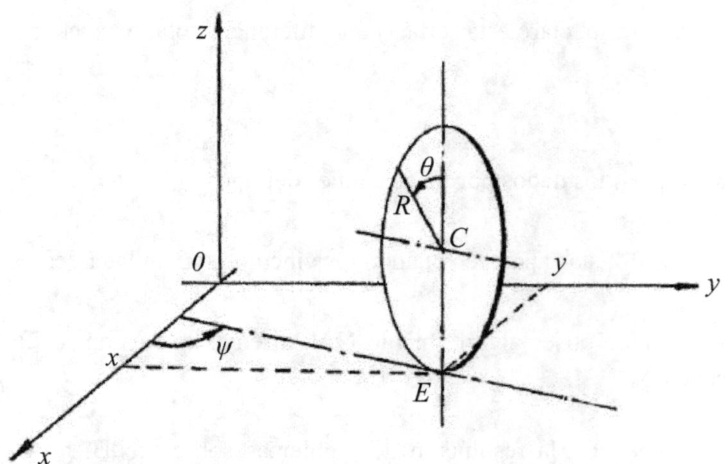


Fig. 162

De modo que la condición de no deslizamiento según componentes x, y se escribe:

$$\begin{cases} \dot{x} + R\,\dot{\theta}\cos\Psi = 0 \\ \dot{y} + R\,\dot{\theta}\,sen\,\Psi = 0 \end{cases}$$

Este sistema de ecuaciones diferenciales no es integrable, pues a priori no conocemos cómo varían $\Psi$ y $\theta$ en el tiempo. Esto sólo se sabrá una vez resuelto el problema.

Concluimos este punto aclarando que cabe imaginar, sistemas mecánicos que poseen mezcla de V.H. con V.N.H., un sistema así es de todos modos un S.N.H.

### *e). grados de libertad (GL).*

*Es el número de variaciones $\delta q$ independientes entre sí.* En general este número no tiene porque coincidir con el de parámetros q independientes. Si un sistema mecánico está configurado por p parámetros $q_j$ pero existen v ecuaciones de vínculos holónomos entonces se tienen (p - v) parámetros independientes (o libres).

En los S.H. se tiene que el número mínimo de parámetros q que determinan la configuración del sistema es igual al número $G\ell$ de grados de libertad: $P_{min}$ = GL. No ocurre así en los S.N.H., en éstos el número mínimo de parámetros $q_j$ siempre es superior al de grados de libertad: $P_{min} >$ GL, tal que la diferencia ($P_{min}$ - GL) en el número de ecuaciones vinculares N.H.

En general:

> GL = N° de parámetros no todos independientes - N° de ecuaciones de vínculo holónomas - N° de ecuaciones de vínculo no holónomas.

El (Nro.de parámetros no todos independientes – Nro.de ecuaciones V.H.) es el número de *parámetros independientes*.

En el ejemplo de la rueda de la figura 162 se tiene:

$P_{min}$ = 4 y GL = 2 (pueden variar arbitrariamente $\theta$ y $\Psi$ pero no x e y), luego 4 - 2 = 2 son las ecuaciones vinculares N.H., como efectivamente son las 7). No hay ecuaciones de vínculo holónomas pues los parámetros son independientes.

Se puede comprobar que en el caso de una esfera que rueda sin deslizar sobre el plano (x, y) se tienen $P_{min}$ = 5 parámetros independientes de configuración ($x_E$, $y_E$ y 3 ángulos de Euler), pero al igual que la rueda se tienen 2 ecuaciones de vínculos, luego posee sólo 5 – 2 = 3 grados de libertad.

Note el alumno que en los S.N.H. no sólo es imposible eliminar v parámetros dependientes sino que además un número de parámetros igual a los grados de libertad $\ell$ no es suficiente para determinar la configuración del sistema. En los sistemas holónomos coincide el número de parámetros mínimos independientes con los grados de libertad G.L.

### f). *energía cinética (T) del sistema mecánico en coordenadas generalizadas.*

Sea un sistema mecánico de N partículas $P_k$, de masas $m_k$, (los cuerpos rígidos ya sabemos que son casos particulares). Los vectores posición $\vec{r}_k$ son en general funciones $\vec{r}_k\left(q_j\right)$ para los sistemas esclerónomos o $\vec{r}_k\left(q_j,t\right)$ para los reónomos. Por ejemplo para el péndulo puntual de la figura 157 es obviamente:

$\vec{r}\left(\theta\right) = 1\ \cos\theta\ \vec{\imath} + 1\ sen\ \theta\ \vec{\jmath}$, es decir función del único parámetro independiente $\theta$. Demuestre el alumno las expresiones de $\vec{r}_k$ para los demás casos.

La energía cinética T del sistema es:

$$T = \frac{1}{2}\sum_{k=1}^{N} m_k\ \dot{\vec{r}}_k^{\,2}$$, donde las velocidades $\dot{\vec{r}}_k^{\,2}$ se expresan en función de las $q_j$ así:

$$\dot{\vec{r}}_k^{\,2} = \frac{\partial\,\vec{r}_k}{\partial\,q_j}\ \dot{q}_j + \frac{\partial\,\vec{r}_k}{\partial\,t}\ \text{(Se suma según j = 1,.....,p)}$$

Reemplazando en T:

$$T = \frac{1}{2}\sum_{k=1}^{N} m_k\left[\frac{\partial\,\vec{r}_k}{\partial\,q_j}\ \dot{q}_j + \frac{\partial\,\vec{r}_k}{\partial\,t}\right]^2$$, sin necesidad de desarrollar el binomio al cuadrado ya se comprende que la energía cinética en general es una función del tipo:

$$T\left(q_j, \dot{q}_j, t\right)$$

Este conocimiento será utilizado luego.

### g). *trayectorias y desplazamientos virtuales.*

Llamaremos trayectoria virtual, de una partícula $P_k$, a cualquier trayectoria supuesta, con tal que sea permitida por los vínculos. No necesariamente es la trayectoria que realmente recorre $P_k$ (a ésta la llamaremos por oposición trayectoria real). En la figura 163 se ilustra el concepto. Utilizamos nuevamente el sencillo ejemplo de la figura 160: la barra OA gira al tiempo que la partícula P se desliza a lo largo de ella. Se dibujaron varias posiciones correspondientes a distintos instantes de tiempo, resaltando la posición correspondiente a un instante cualquiera t. En dicha figura se observa una supuesta trayectoria virtual y otra real. P es la posición real y P` la virtual, ambas correspondientes <u>a un mismo instante t.</u>

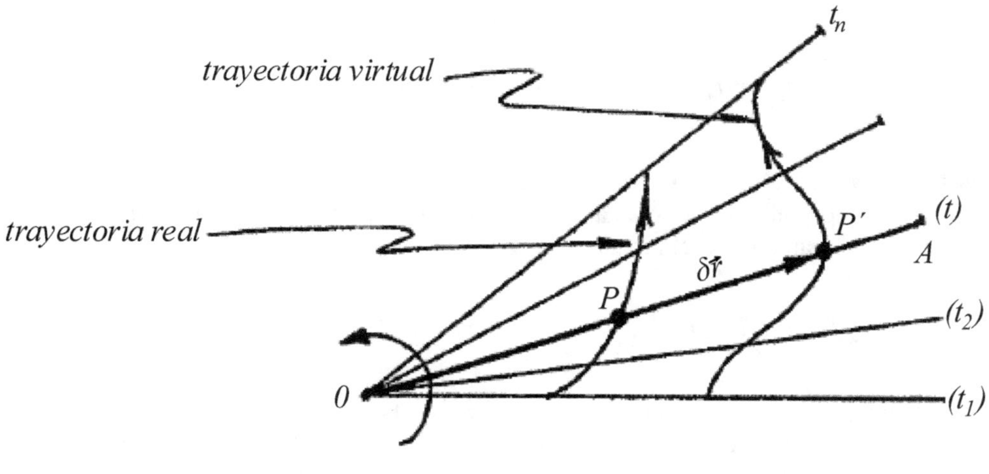


Fig. 163

Llamaremos desplazamiento virtual $\delta\,\vec{r}$ (con $\delta$ en lugar de d) al vector P`P formado por la diferencia entre las dos posiciones (virtual y real) correspondientes al mismo instante de tiempo t. Como se desprende de esta definición, el desplazamiento virtual no ocurre en un intervalo de tiempo como el real, sino que es simplemente una diferencia vectorial entre posición real y virtual en UN MISMO INSTANTE.

En la figura 163 se observa que el desplazamiento virtual $\delta\,\vec{r}$ podría ser confundido con uno real si la barra OA no se moviese, es decir si en lugar de ser vínculo reónomo fuese esclerónomo. Pero en verdad los desplazamientos virtuales no son comparables a los reales pues éstos últimos siempre ocurren en un intervalo de tiempo dt.

### h). *trabajo real y virtual. Fuerzas generalizadas.*

Si sobre cada partícula $P_k$ actúa una fuerza resultante $\vec{F}_k$, trabajo total real para desplazamientos reales $d\vec{r}_k$ es:

$$d\tau = \sum_{k=1}^{N} \vec{F}_k \cdot d\vec{r}_k \text{ , como coordenadas generalizadas es:}$$

$$d\vec{r}_k = \frac{\partial \vec{r}_k}{\partial q_j}\, dq_j + \frac{\partial \vec{r}_k}{\partial t}\, dt, \text{ (j = 1,....,p) reemplazando:}$$

$$d\tau = \sum_{k=1}^{N} \vec{F}_k \cdot \frac{\partial \vec{r}_k}{\partial q_j}\, dq_j + \sum_{k=1}^{N} F_k \cdot \frac{\partial \vec{r}_k}{\partial t}\, dt, \text{ llamaremos:}$$

*"fuerzas generalizadas"* $Q_j$ a los coeficientes de los $dq_j$, es decir:

$$Q_j = \sum_{k=1}^{N} \vec{F}_k \cdot \frac{\partial \vec{r}_k}{\partial q_j},$$ luego con estos símbolos se reescribe el trabajo real así:

$$d\tau = \sum_{j=1}^{P} Q_j \; dq_j + \sum_{k=1}^{N} F_k \cdot \frac{\partial \vec{r}_k}{\partial t} \; dt$$

Trabajo virtual $(\delta\tau)$ es el trabajo que efectúan las fuerzas $\vec{F}_k$ para desplazamientos virtuales $(\delta\vec{r}_k)$. Como con estos desplazamientos "no varía el tiempo" se tiene dt = 0, luego la expresión del trabajo virtual resulta:

$$d\tau = \sum_{j=1}^{P} Q_j \; \delta q_j \text{ (Note el alumno el cambio de letras: } d \to \delta)$$

De paso señalaremos, en base al ejemplo de la figura 163, que si la barra es lisa (sin rozamientos) la fuerza de vínculo que actúa sobre P es normal a dicha barra, luego se observa que para el desplazamiento virtual tal fuerza no efectúa trabajo virtual pues $\delta\vec{r}$ y la fuerza son perpendiculares. Esto se generaliza (como es  fácil comprobar) para todo vínculo liso: el trabajo virtual de las fuerzas vinculares es nulo (luego se precisará más esta idea).

### i). ecuación simbólica (o de D`Alembert) de la dinámica.

Sobre una partícula $P_k$, de masa $m_k$, se ejercerán en general las siguientes fuerzas:

1.  *Fuerzas vinculares o reactivas* $\vec{N}_k$, ejercidas por los vínculos.

2.  *Fuerzas activas* $\vec{F}_k$, ejercidas por todos los demás objetos sobre $P_k$, salvo los vínculos ya considerados en $\vec{N}_k$.

Recordamos además que se denominan <u>fuerzas de inercia de D`Alembert</u> (no confundir con las de inercia de arrastre y de Coriolis) $\vec{F}_{ik}$, a los productos masa por aceleración cambiados de sentido, o sea:

$$\vec{F}_{ik} = - m_k \, \vec{a}_k \text{, donde la aceleración } \vec{a}_k \text{ de la partícula se mide respecto a un}$$
dado S.R.I.

Según la segunda ley de Newton se tiene:

$$\vec{F}_k + \vec{N}_k = m_k \, \vec{a}_k \text{, o bien:}$$

$\vec{F}_k + \vec{N}_k + \vec{F}_{ik} = 0$ , recordando así que "un problema dinámico se puede estudiar con los recursos de la estática, en un S.R.I., con tal de agregar $\vec{F}_{ik} = - m_k \, \vec{a}_k$ como una fuerza aplicada más". (D`Alembert).

Es claro que si $\delta \, \vec{r}_k$ es un desplazamiento virtual de la partícula $P_k$ se tiene:

$$\left(\vec{F}_k + \vec{N}_k + \vec{F}_{ik}\right) . \delta\vec{r}_k = 0$$ , es decir que el trabajo virtual de todas las fuerzas sumadas, tanto activas, vinculares y de D`Alembert, es nulo. También es nulo el trabajo total para todo el sistema de N partículas $P_k$.

$$\sum_{k=1}^{N}\left(\vec{F}_k + \vec{N}_k + \vec{F}_{ik}\right) . \delta\vec{r}_k = 0$$

Si los vínculos son bilaterales y lisos se tiene:

$$\sum_{k=1}^{N} \vec{N}_k . \delta\vec{r}_k = 0$$ , en cambio si son vínculos unilaterales:

$$\sum_{k=1}^{N} \vec{N}_k . \delta\vec{r}_k \geq 0$$

(el trabajo mayor que cero corresponde a desplazamientos no reversibles). Volviendo a (8) tenemos:

$$\sum_{k=1}^{N}\left(\vec{F}_k - m_k \, \vec{a}_k\right) . \delta\vec{r}_k = - \sum_{k=1}^{N} \vec{N}_k . \delta\vec{r}_k$$ , o bien en base a (9):

4)
$$\boxed{\sum_{k=1}^{N}\left(\vec{F}_k - m_k \, \vec{a}_k\right) . \delta\vec{r}_k \leq 0}$$

Esta es la llamada ecuación simbólica de la dinámica.

Si los vínculos producen fuerzas de rozamiento deberán ser incluidos en las activas $\vec{F}_k$.

Si las aceleraciones $\vec{a}_k$ son nulas (sistema estático) se tiene la *ecuación simbólica de la estática* (O principio de los trabajos virtuales):

$$\sum_{k=1}^{N} \vec{F}_k . \delta\vec{r}_k \leq 0$$

## II). Ecuaciones de Lagrange.

**A) *Ecuaciones de Lagrange para sistemas holónomos, con parámetros q independientes y desplazamientos reversibles.***

Aceptamos sin demostrar las siguientes reglas matemáticas:

Regla de "supresión de puntos":

$$\frac{\partial \dot{\vec{r}}}{\partial \dot{q}} = \frac{\partial \vec{r}}{\partial q}$$

Regla de "conmutación de operador derivada total respecto al tiempo con operador derivada parcial respecto de q":

$$\frac{d}{dt}\frac{\partial}{\partial q} = \frac{\partial}{\partial q}\frac{d}{dt}$$

La demostración de estas reglas o propiedades no es difícil, pero sólo tiene interés matemático, por eso la evitamos.

Partimos de la ecuación simbólica (10) (con el signo =)

$$\sum_{k=1}^{N}\left(\vec{F}_k - m_k\,\vec{a}_k\right).\,\delta\vec{r}_k = 0 \text{ , sabiendo que:}$$

$$\delta\vec{r}_k = \frac{\partial \vec{r}_k}{\partial q_j}\,\delta q_j \quad (j=1,\ldots,\ell), \text{ reemplazamos:}$$

$$\sum_{k=1}^{N}\left(\vec{F}_k - m_k\,\vec{a}_k\right).\frac{\partial r_k}{\partial q_j}\,\delta q_j = 0 \text{ , o bien distribuyendo:}$$

$$5)\qquad \sum_{k=1}^{N}\vec{F}_k\,.\frac{\partial r_k}{\partial q_j}\,\delta q_j - \sum_{k=1}^{N}m_k\,\vec{a}_k\,.\frac{\partial r_k}{\partial q_j}\,\delta q_j = 0$$

Trabajaremos con el segundo término introduciendo la energía cinética total T del sistema:

$$T = \frac{1}{2}\sum_{k=1}^{N}m_k\,\dot{\vec{r}}_k^{\,2}$$

Derivemos respecto a $\dot{q}_j$ y apliquemos la regla de supresión de puntos:

$$\frac{\partial T}{\partial \dot{q}_j} = \sum_{k=1}^{N} m_k \, \dot{\vec{r}}_k \cdot \frac{\partial \dot{\vec{r}}_k}{\partial \dot{q}_j} = \sum_{k=1}^{N} m_k \, \dot{\vec{r}}_k \cdot \frac{\partial \vec{r}_k}{\partial q_j} \, ,$$

derivemos esta última igualdad respecto al tiempo y apliquemos la regla de conmutación de operadores:

$$\frac{d}{dt}\left[\frac{\partial T}{\partial \dot{q}_j}\right] = \sum_{k=1}^{N} m_k \, \vec{a}_k \cdot \frac{\partial \vec{r}_k}{\partial q_j} + \sum_{k=1}^{N} m_k \, \dot{\vec{r}}_k \cdot \frac{\partial \dot{\vec{r}}_k}{\partial q_j} \, ,$$

pero el último sumando es $\dfrac{\partial T}{\partial q_j}$ , de modo que resulta:

$$\sum_{k=1}^{N} m_k \, \vec{a}_k \cdot \frac{\partial \vec{r}_k}{\partial q_j} = \frac{d}{dt}\left[\frac{\partial T}{\partial \dot{q}_j}\right] - \frac{\partial T}{\partial q_j} \, ,$$

reemplazando en (11) y recordando el concepto de fuerzas generalizadas $Q_j$ queda:

$$\sum_{j=1}^{1}\left[Q_j - \frac{d}{dt}\left[\frac{\partial T}{\partial \dot{q}_j}\right] + \frac{\partial T}{\partial q_j}\right]\delta q_j = 0$$

Como los $\delta q_j$ son independientes entre sí podemos suponerlos todos distintos de cero, luego debe ser:

$$6) \qquad \boxed{\frac{d}{dt}\left[\frac{\partial T}{\partial \dot{q}_j}\right] - \frac{\partial T}{\partial q_j} = Q_j}$$

$$j = 1,\ldots\ldots,\ell$$

Estas son las ecuaciones de Lagrange para S.H. Constituyen un sistema de $\ell$ ecuaciones diferenciales de segundo orden del movimiento. Dadas las condiciones iniciales se podrán hallar las $q_j(t)$ funciones particulares del problema en cuestión. Este trabajo es puramente matemático y tiene las dificultades propias de toda resolución de sistemas de ecuaciones diferenciales. Luego daremos ejemplos de aplicación.

**B)** ***Ecuaciones de Lagrange para S.H. pero con parámetros no todos independientes (p > ℓ).***

Los razonamientos anteriores se pueden repetir hasta llegar a:

$$7) \qquad \sum_{j=\ell}^{P} \left[ Q_j - \frac{d}{dt}\left[\frac{\partial T}{\partial \dot{q}_j}\right] + \frac{\partial T}{\partial q_j} \right] \delta q_j = 0$$

(Se cambio ℓ por p)

Ahora en cambio las $\delta q_j$ no son todas independientes, de modo que no podemos tomar arbitrariamente todos sus valores no nulos. Entre los p parámetros tendremos en general v ecuaciones vinculares del tipo 1) ó 2), luego las variaciones virtuales $\delta q_j$ deben cumplir con:

$$8) \qquad \frac{\partial f_h}{\partial q_j} \delta q_j = 0$$

(j = 1,.....,p) (h = 1,.....,v)

Para no confundir eventualmente al alumno con los subíndices pensemos en un caso sencillo en que p = 2 y v = 1, (p – v = 1 grado de libertad), en este caso se tiene: (según 13):

$$\left[ Q_1 - \frac{d}{dt}\left[\frac{\partial T}{\partial \dot{q}_1}\right] + \frac{\partial T}{\partial q_1} \right] \delta q_1 + \left[ Q_2 - \frac{d}{dt}\left[\frac{\partial T}{\partial \dot{q}_2}\right] + \frac{\partial T}{\partial q_2} \right] \delta q_2 = 0$$

Y según (14):

$$\frac{\partial f_1}{\partial q_1} \delta q_1 + \frac{\partial f_1}{\partial q_2} \delta q_2 = 0$$

Tenemos así un sistema de ecuaciones homogéneas. Admitirá solución distinta de la trivial ($\delta q_1 = \delta q_2 = 0$) si el determinante de los coeficientes de las $\delta q$ es nulo:

$$\begin{vmatrix} Q_1 - \dfrac{d}{dt}\left[\dfrac{\partial T}{\partial \dot{q}_1}\right] + \dfrac{\partial T}{\partial q_1} & Q_2 - \dfrac{d}{dt}\left[\dfrac{\partial T}{\partial \dot{q}_2}\right] + \dfrac{\partial T}{\partial q_2} \\[2em] \dfrac{\partial f_1}{\partial q_1} & \dfrac{\partial f_1}{\partial q_2} \end{vmatrix} = 0$$

Para que sea nulo, una fila debe ser combinación lineal de la otra, por ejemplo, la primera fila igual a la segunda multiplicada por un factor $\lambda$ (parámetro o multiplicador de Lagrange):

$$Q_1 - \frac{d}{dt}\left[\frac{\partial T}{\partial \dot{q}_1}\right] + \frac{\partial T}{\partial q_1} = \lambda \frac{\partial f_1}{\partial q_1}$$

$$Q_2 - \frac{d}{dt}\left[\frac{\partial T}{\partial \dot{q}_2}\right] + \frac{\partial T}{\partial q_2} = \lambda \frac{\partial f_1}{\partial q_2}$$

Estas son las ecuaciones de Lagrange para el caso de un parámetro superabundante. Constituyen un sistema de dos ecuaciones con tres incógnitas:

$q_1$, $q_2$, $\lambda$, luego para poder resolverlo hay que añadir la ecuación de vínculos $f_1$ $(q_1, q_2) = 0$.

En general: para p parámetros y v ecuaciones de vínculos se tiene:

$$9) \qquad \boxed{\; \frac{d}{dt}\left[\frac{\partial T}{\partial \dot{q}_j}\right] - \frac{\partial T}{\partial q_j} = Q_j + \lambda_h \frac{\partial f_h}{\partial q_j} \;}$$

j = 1,....., p

h = 1,....., v

(p + v) incógnitas: $q_1$, $q_2$,....., $q_p$, $\lambda_1$, $\lambda_2$, $\lambda_v$ y (p) ecuaciones (15) más v vinculares $f_h$ $(q_j)=0$.

(Intente el alumno resolver el caso del péndulo puntual pero utilizando x e y en lugar de $\theta$).

### C) *Ecuaciones de Lagrange para S.N.H.*

No se puede desarrollar una forma general de ecuaciones de Lagrange para S.N.H. salvo el caso particular (por suerte bastante frecuente) en que las ecuaciones de vínculos son del tipo 5):

$$A_{hj}\, \delta\, q_j = 0 \;, \text{ que son similares a las (14) sólo que las } A_{hj} \neq \frac{\partial f_h}{\partial q_j}.$$

De todos modos razonando como en los sistemas con parámetros superabundantes se llega también aquí a una expresión similar a (15):

10)
$$\boxed{\;\frac{d}{dt}\left[\frac{\partial T}{\partial \dot q_j}\right] - \frac{\partial T}{\partial q_j} = Q_j + \lambda_h\, A_{hj}\;}$$

Podemos decir ahora que tenemos el "panorama" más o menos completo sobre las ecuaciones de Lagrange.

Lo que sigue son adaptaciones y cuestiones prácticas.

### D) *Ecuaciones de Lagrange para sistemas holónomos conservativos. Función lagrangeana (L).*

Supongamos ahora que todas las fuerzas activas $\vec F_k$ son conservativas.

Podemos definir entonces la energía potencial (U) del sistema mecánico y supongamos además que esta energía es sólo función de las posiciones $\vec r_k$ , de las partículas, eventualmente del tiempo t, pero no es función de las velocidades $\vec r_k$ , es decir que la energía potencial es una función $U(\vec r_k$ , t).

Sabemos que de la energía potencial se deducen las fuerzas por medio de los gradientes cambiados de sentido:

$$\vec F_k = -\nabla_k U = -\frac{\partial U}{\partial \vec r_k}\quad \text{(Esta última notación significa:}$$

$$\frac{\partial U}{\partial x_k}\,\vec\imath + \frac{\partial U}{\partial y_k}\,\vec\jmath + \frac{\partial U}{\partial z_k}\,\vec k\;,\text{ es decir el gradiente según las coordenadas de las}$$

partículas $P_k$).

¿A qué serán iguales las fuerzas generalizadas $Q_j$? Sabemos que:

$$Q_j = \sum_{k=1}^{N} \vec F_k \cdot \frac{\partial \vec r_k}{\partial q_j}\;,\text{ luego } Q_j = -\sum_{k=1}^{N} \frac{\partial U}{\partial \vec r_k}\cdot\frac{\partial \vec r_k}{\partial q_j}$$

Pero esto último es $-\dfrac{\partial U}{\partial q_j}$ , de modo que las ecuaciones de Lagrange (12) resultan:

11)
$$\frac{d}{dt}\left[\frac{\partial T}{\partial \dot q_j}\right] - \frac{\partial T}{\partial q_j} = -\frac{\partial U}{\partial q_j}$$

Hagamos ahora la siguiente consideración: como U no es función de las $q_j$ se puede escribir así:

$$\frac{\partial T}{\partial \dot{q}} = \frac{\partial (T-U)}{\partial \dot{q}_j} \text{ , pues } \frac{\partial U}{\partial \dot{q}_j} = 0\text{, de modo que la expresión (17) se modifica:}$$

$$\frac{d}{dt}\left[\frac{\partial (T-U)}{\partial \dot{q}_j}\right] - \frac{\partial (T-U)}{\partial q_j} = 0$$

Se define ahora la función lagrangeana del sistema mecánico como L = T – U, de modo que con esta definición resultan al fin las ecuaciones de Lagrange para S.H. conservativos:

12)
$$\frac{d}{dt}\left[\frac{\partial L}{\partial \dot{q}_j}\right] - \frac{\partial L}{\partial q_j} = 0$$

Puede ocurrir que algunas fuerzas sean conservativas y otras no. Llamamos con $Q_{N.C.j}$ a las fuerzas generalizadas no conservativas de este modo las (18) se modifican:

13)
$$\frac{d}{dt}\left[\frac{\partial L}{\partial \dot{q}_j}\right] - \frac{\partial L}{\partial q_j} = Q_{N.C.j}$$

Claro está que las fuerzas conservativas están consideradas en la función L.


### E) *Función disipación (D).*

Hay casos en los cuales sobre las partículas $P_k$ actúan fuerzas del tipo $\vec{F}_k = -K_k \dot{\vec{r}}_k$ (no sumar respecto de K), es decir, fuerzas amortiguadoras proporcionales a las velocidades de las partículas (amortiguación lineal). En estos casos es posible definir una función (D) tal que de ella se deriven aquellas fuerzas $\vec{F}_k$. Construyamos la función:

$$D = \frac{1}{2}\sum_{k=1}^{N}(K_k \dot{x}_k^2 + K_k \dot{y}_k^2 + K_k \dot{z}_k^2)$$

Y así resultan las componentes de las fuerzas $\vec{F}_k$:

$$F_{kx} = -\frac{\partial D}{\partial \dot{x}_k} \quad , \quad F_{ky} = -\frac{\partial D}{\partial \dot{y}_k} \quad , \quad F_{kz} = -\frac{\partial D}{\partial \dot{z}_k}$$

Si pasamos de las coordenadas $\dot{x}, \dot{y}, \dot{z}$ a las generalizadas $\dot{q}_j$ es posible demostrar que las fuerzas generalizadas de amortiguación $Q_{Aj}$ , se calcula así:

$$Q_{Aj} = -\frac{\partial D}{\partial \dot{q}_j}$$

### F) *Ejemplos de aplicación.*

Para plantear las ecuaciones diferenciales del movimiento por el método de Lagrange conviene seguir los siguientes pasos:

1) Reconocer el tipo de sistema mecánico en cuestión: holónomo, no holónomo, con vínculos reónomos o esclerónomos, conservativo o no.

2) Elegir un grupo conveniente de coordenadas generalizadas $q_j$ que por lo menos sean suficientes para configurar unívocamente al sistema.

3) Plantear la expresión de la energía cinética total del sistema en tales coordenadas.

4) Imaginar desplazamientos virtuales $\delta q_j$ y plantear la expresión del trabajo virtual total $\delta\tau$. Los coeficientes de los $\delta q_j$ son las fuerzas generalizadas $Q_j$.

Si el sistema es conservativo conviene reemplazar este paso por el cálculo de la energía potencial U y la construcción de la función lagrangeana L = T – U. Claro está que de una u otra forma se llega a lo mismo.

5) Se plantean las ecuaciones de Lagrange que correspondan.

La resolución del sistema de ecuaciones diferenciales del movimiento planteado en 5), puede ser dificultoso, y es frecuente que haya que emplear métodos de aproximación numérica efectuados con computadores.

Veamos algunos ejemplos sencillos.

<u>Ejemplo 1. Péndulo puntual plano (figura 164).</u>

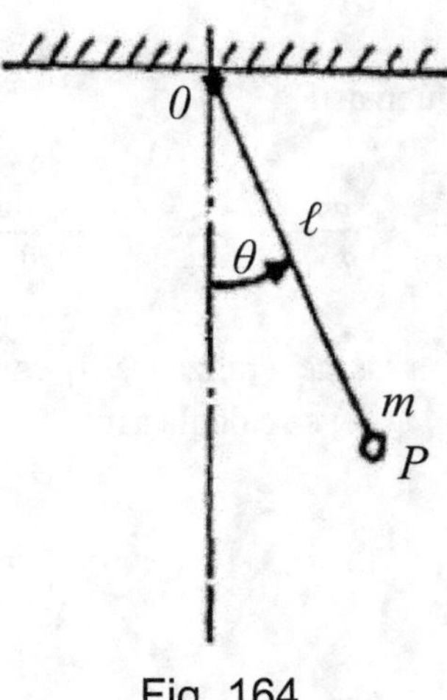


Fig. 164

1.  Sistema mecánico holónomo, esclerónomo, conservativo.

2.  Elegimos $q_1 = \theta$ (1 grado de libertad).

3.  $T = \frac{1}{2} m (\ell \dot{\theta})^2$.

4.  En lugar de $\delta\tau$ preferimos plantear la energía U, tomando arbitrariamente como nivel cero el del punto 0, luego U = - m g $\ell$ cos $\theta$, luego:

$$L = T - U = \frac{1}{2} m \left(\ell \dot{\theta}\right)^2 + m\, g\, \ell \cos \theta$$

5.  Planteamos la única ecuación del tipo (18):

$$\frac{d}{dt}\left[\frac{\partial L}{\partial \dot{\theta}}\right] - \frac{\partial L}{\partial \theta} = 0 \;,\; \frac{\partial L}{\partial \dot{\theta}} = m\, \ell^2\, \dot{\theta} \;,\; \frac{d}{dt}\left[\frac{\partial L}{\partial \dot{\theta}}\right] = m\, \ell^2\, \ddot{\theta}$$

$$\frac{\partial L}{\partial \theta} = -m\, g\, \ell\, sen\, \theta \;,\; \text{así resulta:}$$

$$m\, \ell^2\, \ddot{\theta} + m\, g\, \ell\, sen\, \theta = 0 \;,\; \text{o bien:}$$

$$\ddot{\theta} + \frac{g}{\ell}\, sen\, \theta = 0 \;,\; \text{para pequeñas amplitudes } sen\, \theta \approx \theta:$$

$$\ddot{\theta} + \frac{g}{\ell}\, \theta = 0 \;,\; \text{que ya sabemos es la ecuación diferencial del movimiento}$$
armónico simple.

Mostraremos como actuar con el trabajo virtual. En la figura 165 P` es una posición virtual cualquiera permitida por el vínculo OP, P en la posición real. PP` es un desplazamiento virtual reversible, $\delta\theta$ es una variación virtual positiva de $\theta$.

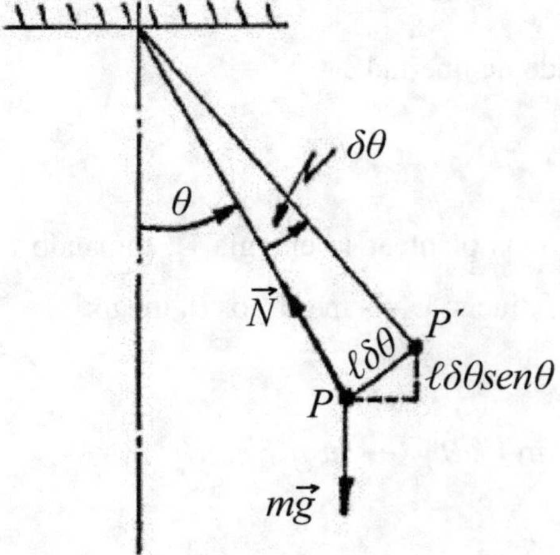


Fig. 165

Resulta: $|PP'| = \ell\,\delta\theta$.

El trabajo virtual de la fuerza activa $m\,\vec{g}$ es:

$$\delta\tau = m\,\vec{g}\,.\overrightarrow{PP'} = -m\,g\,\ell\,\delta\theta\,sen\,\theta$$

La fuerza de vínculo $\vec{N}$ no efectúa trabajo. Luego el coeficiente de $\delta\theta$ es $Q_1 = -m\,g\,\ell\,sen\,\theta$.

Aplicando la ecuación de Lagrange (12) se llega al mismo resultado anterior.

<u>Ejemplo 2.</u>

Hallar el movimiento de una partícula P, de masa m, que se encuentra en el interior de un tubo liso que gira horizontalmente con velocidad angular $\omega$ constante (figura 166), sabiendo que en el instante t = 0 la partícula está en reposo en la distancia $r_0$ de 0.

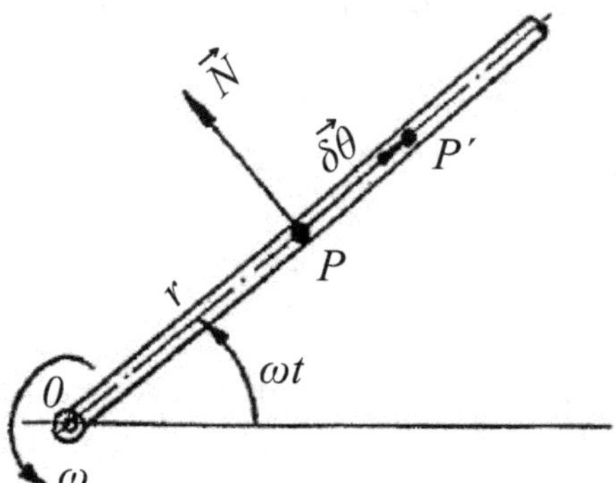


Fig. 166

1.  Sistema holónomo, reónomo, la energía mecánica (que aquí es puramente cinética) aumenta, de modo que no es conservativo (para que $\omega$ se mantenga constante a medida que se aleja la partícula de 0, el tubo debe estar sometido a un par motor aplicado en el eje 0).

2.  Elegimos el único parámetro de configuración $q_1 = r$ (distancia P0).

3.  $T = \frac{1}{2} m \left[ \dot{r}^2 + (\omega\, r)^2 \right]$.

4.  $\delta\tau = 0$ pues $\vec{N}$ no realiza trabajo virtual y desde un S.R.I. no hay fuerza radial.

5.  Construimos la ecuación:

$$\frac{d}{dt}\left[\frac{\partial T}{\partial \dot{r}}\right] - \frac{\partial T}{\partial r} = 0.$$

$$\frac{\partial T}{\partial \dot{r}} = m\,\dot{r}\,;\; \frac{\partial T}{\partial r} = m\,\omega^2\, r\,, \text{ luego, } m\,\ddot{r} - m\,\omega^2\, r = 0,$$

dividiendo por m: $\ddot{r} - \omega^2\, r = 0$.

Proponemos $r = e^{st}$, luego la ecuación característica es:

$$S^2 - \omega^2 = 0\,;\; S_1 = \omega\,;\; S_2 = -\omega\,, \text{ de modo que la solución general es:}$$

$$r\,(t) = C_1\, e^{\omega t} + C_2\, e^{-\omega t}\,.$$

Las constantes $C_1$ y $C_2$ las calculamos por las condiciones iniciales, resultando al fin:

$$r(t) = r_0 \frac{e^{\omega t} + e^{-\omega t}}{2} = r_0\, ch\,\omega\, t$$

<u>Ejemplo 3.</u>

Hallar las ecuaciones diferenciales del movimiento de una partícula P, de masa m, que se mueve en un campo de gravedad $\vec{g}$ uniforme y sobre la superficie interna lisa de un paraboloide de revolución (figura 167) de ecuación $x^2 + y^2 - a\,Z = 0$.

1. Sistema holónomo si se supone que sólo admitimos desplazamientos reversibles, esclerónomo, conservativo.

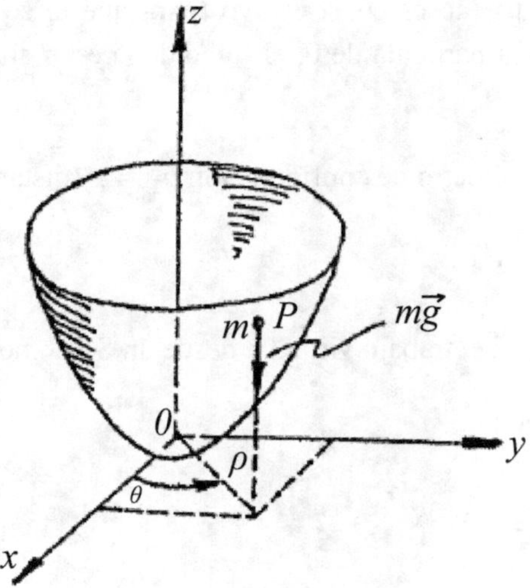


Fig. 167

2. Elegimos tres parámetros: las coordenadas cilíndricas $q_1 = \rho$; $q_2 = \theta$; $q_3\, 0\, Z$, luego hay una ecuación vincular holónoma:

$f(\rho, Z) = \rho^2 - a\,Z = 0$, de modo que el sistema es de 3 - 1= 2 grados de libertad y se posee así un parámetro superabundante. En lugar de eliminarlo preferimos utilizar el método de los multiplicadores de Lagrange.

3) $T = \frac{1}{2}\, m \left[ \dot{\rho}^2 + \left(\rho\,\dot{\theta}\right)^2 + \dot{Z}^2 \right]$

4) $\ L = T - U = \frac{1}{2}\, m\, \left[\dot{\rho}^2 + \left(\rho\,\dot{\theta}\right)^2 + \dot{Z}^2\right] - m\,g\,Z$

5) Adaptamos las (15) para sistemas conservativos. Para encontrar las $\dfrac{\partial f_h}{\partial q_j}$ diferenciamos la ecuación vincular:

$2\,\rho\,\delta\rho - a\,\delta Z = 0$ , o sea que $\dfrac{\partial f}{\partial \rho} = 2\,\rho$ ; $\dfrac{\partial f}{\partial \theta} = 0$ ; $\dfrac{\partial f}{\partial Z} = -a$ , de modo que las ecuaciones de Lagrange son:

$$\frac{d}{dt}\left[\frac{\partial L}{\partial \dot{\rho}}\right] - \frac{\partial L}{\partial \rho} = \lambda\,2\,\rho$$

$$\frac{d}{dt}\left[\frac{\partial L}{\partial \dot{\theta}}\right] - \frac{\partial L}{\partial \theta} = 0$$

$$\frac{d}{dt}\left[\frac{\partial L}{\partial \dot{Z}}\right] - \frac{\partial L}{\partial Z} = -\lambda\,a$$

$$\frac{\partial L}{\partial \dot{\rho}} = m\,\dot{\rho} \ ; \ \frac{\partial L}{\partial \rho} = m\,\rho\,\dot{\theta}^2 \ ; \ \frac{\partial L}{\partial \dot{\theta}} = m\,\rho^2\,\dot{\theta} \ ; \ \frac{\partial L}{\partial \theta} = 0 \ ; \ \frac{\partial L}{\partial \dot{Z}} = m\,\dot{Z} \ ; \ \frac{\partial L}{\partial Z} =$$

$-m\,g$ luego,

$$\left.\begin{cases} m\,\ddot{\rho} - m\,\rho\,\dot{\theta}^2 & = 2\,\lambda\,\rho \\ m\,\rho^2\,\ddot{\theta} & = 0 \\ m\,\ddot{Z} + m\,g & = -\lambda\,a \\ \rho^2 - a\,Z & = 0 \end{cases}\right\}$$

Sistema de 4 ecuaciones con 4 funciones incógnitas: $\rho,\ \theta,\ Z,\ \lambda$.

<u>Ejemplo 4.</u>

Encontrar las ecuaciones diferenciales del movimiento de un disco que rueda sin deslizar sobre un plano horizontal y que mantiene su propio plano verticalmente. Se supone que rueda por propia inercia (no hay fuerzas activas) y que el coeficiente de rozamiento entre rueda y plano es suficiente para no permitir el deslizamiento (figura 168).

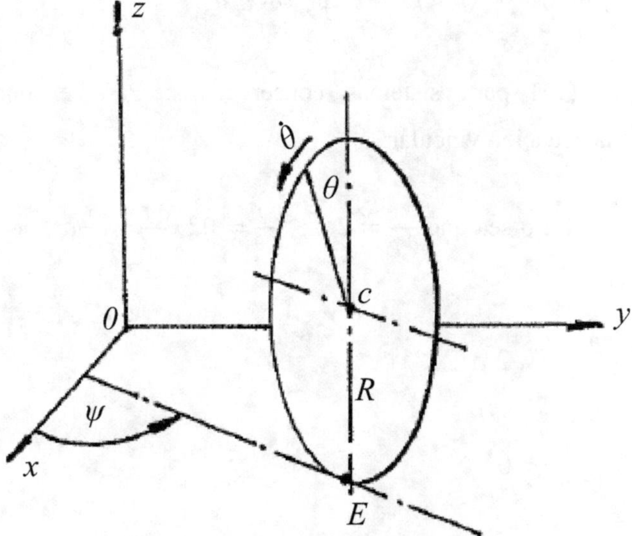


Fig. 168

1.  Sistema no holónomo, esclerónomo, conservativo.

2.  Elegimos los siguientes 4 parámetros de configuración: las dos coordenadas (x, y) del centro C, el ángulo $\Psi$ entre el plano de la rueda y el eje x, el ángulo $\theta$ rodado respecto a cualquier origen. Entre ellos se tienen las siguientes dos ecuaciones de vínculos no holónomos analizadas en ($\ell$ - d):

$$\dot{x} + R\,\dot{\theta}\cos\Psi = 0$$

$$\dot{y} + R\,\dot{\theta}\,sen\,\Psi = 0$$

O bien:

$$14)\qquad \begin{cases} dx + R\,d\theta\cos\Psi = 0 \\ dy + R\,d\theta\,sen\,\Psi = 0 \end{cases}$$

3.  $T = \frac{1}{2}\,m\,(\dot{x}^2 + \dot{y}^2) + \frac{m\,R^2}{4}\,\dot{\theta}^2 + \frac{m\,R^2}{8}\,\dot{\Psi}^2$, (el último sumando representa la energía cinética de rotación del disco según la vertical C E, con velocidad $\dot{\Psi}$).

4. Las fuerzas generalizadas son todas nulas, pues se supuso que no hay fuerzas activas aplicadas, además la reacción normal del plano x, y no realiza trabajo.

5. Emplearemos las ecuaciones de Lagrange para S.N.H. (16).

Aquí se tienen dos ecuaciones vinculares (20), luego debemos emplear dos multiplicadores $\lambda_1$, $\lambda_2$. Veamos los valores de los $A_{hj}$. Aquí es h = 1, 2;

j = 1, 2, 3, 4. La expresión completa de las ecuaciones vinculares sería:

$$A_{11}\,\delta x + A_{12}\,\delta y + A_{13}\,\delta\Psi + A_{14}\,\delta\theta = 0$$

$$A_{21}\,\delta x + A_{22}\,\delta y + A_{23}\,\delta\Psi + A_{24}\,\delta\theta = 0$$

Comparando las (20) se tiene:

$$A_{11} = 1;\ A_{12} = 0;\ A_{13} = 0;\ A_{14} = R\cos\Psi$$

$A_{21} = 0$; $A_{22} = 1$; $A_{23} = 0$; $A_{24} = R\,sen\,\Psi$, así las (16) resultan (compruebe el alumno),

$$\begin{cases} m\,\ddot{x} = \lambda_1 \\ m\,\ddot{y} = \lambda_2 \\ \dfrac{m\,R^2}{4}\,\ddot{\Psi} = 0 \\ \dfrac{m\,R^2}{4}\,\ddot{\Psi} = \lambda_1\,R\cos\Psi + \lambda_2\,R\,sen\,\Psi \\ \dot{x} + R\,\dot{\theta}\cos\Psi = 0 \\ \dot{y} + R\,\dot{\theta}\,sen\,\Psi = 0 \end{cases}$$

Y las 2 vinculares (20) sistema de 6 ecuaciones diferenciales con 6 incógnitas: x, y, $\Psi$, $\theta$, $\lambda_1$, $\lambda_2$.

Las dos primeras ecuaciones diferenciales permiten interpretar que los multiplicadores $\lambda_1$, $\lambda_2$ son fuerzas horizontales que el plano (x, y) (vínculo) hace sobre la rueda. Sabemos, sin embargo, por mecánica elemental, que si una rueda rígida rototraslada rectilíneamente sin deslizar y por inercia, manteniendo así su plano sin rotar $\left(\ddot{\Psi} = 0\right)$ el plano (x, y) igualmente rígido no puede hacer fuerza horizontal sobre ella (a pesar de existir el coeficiente de rozamiento), de modo que sería así $\lambda_1 = \lambda_2 = 0$.

¿Cómo es que se pueden tener fuerzas $\lambda_1$, $\lambda_2$ distintas de cero? Porque cuando $\dot{\Psi} \neq 0$ aparecen efectos giroscópicos (cambio del momento cinético de la rueda), y el plano (x, y) debe interactuar por rozamiento para producir momentos apropiados.

Para más detalles se puede consultar el Curso de Mecánica General de Henri Cabannes.


Ejemplo 5.

Hallar las ecuaciones diferenciales del movimiento de los bloques $P_1$, $P_2$ de la figura 169 sabiendo que para $x_1 = x_2 = 0$ los resortes no hacen fuerzas, que sobre los bloques hay fuerzas de rozamiento tipo Coulomb contra las guías horizontales, con coeficiente $\mu$ y que sobre el bloque $P_1$ actúa una fuerza excitatriz externa $\vec{F}(t)$.

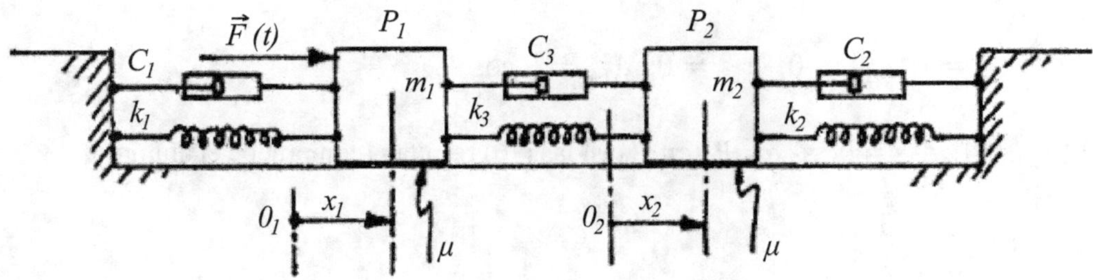


Fig. 169

1.  Sistema holónomo, esclerónomo, no conservativo.

2.  Los parámetros de configuración son las elongaciones instantáneas $x_1$, $x_2$ medidas desde las posiciones de equilibrio $0_1$, $0_2$. Son independientes entre sí luego se tienen 2 grados de libertad.

3.  $T = \frac{1}{2} m_1 \dot{x}_1^2 + \frac{1}{2} m_2 \dot{x}_2^2$

4.  Energía elástica.

$$U = \frac{1}{2} K_1 x_1^2 + \frac{1}{2} K_2 x_2^2 + \frac{1}{2} K_3 (x_2 - x_1)^2, \quad \text{Lagrangeana:}$$

$$L = T - U = \tfrac{1}{2}\, m_1\, \dot{x}_1^2 + \tfrac{1}{2}\, m_2\, \dot{x}_2^2 - \tfrac{1}{2}\, K_1\, x_1^2 - \tfrac{1}{2}\, K_2\, x_2^2 - \tfrac{1}{2}\, K_3\, (x_2 - x_1)^2,$$

trabajo virtual de F(t) y de los rozamientos Coulomb: (para las fuerzas de rozamiento supondremos que los bloques se mueven, claro está, pues sino sería $F_{r0z} < \mu\, N$).

$$\delta\tau = F\,(t) \qquad . \qquad \delta x_1 - \mu\, m_1\, g\, \delta x_1 - \mu\, m_2\, g\, \delta x_2$$

Función disipación:

$$D = \tfrac{1}{2}\, C_1\, \dot{x}_1^2 + \tfrac{1}{2}\, C_2\, \dot{x}_2^2 + \tfrac{1}{2}\, C_3\, (\dot{x}_2 - \dot{x}_1)^2 \text{ , luego}$$

$$Q_{A1} = -\frac{\partial D}{\partial \dot{x}_1} = - C_1\, \dot{x}_1 + C_3\, (\dot{x}_2 - \dot{x}_1)$$

$$Q_{A2} = -\frac{\partial D}{\partial \dot{x}_2} = - C_2\, \dot{x}_2 + C_3\, (\dot{x}_2 - \dot{x}_1)$$

5. Planteamos las ecuaciones de Lagrange (19):

$$\frac{\partial L}{\partial \dot{x}_1} = m_1\, \dot{x}_1 \; ; \; \frac{\partial L}{\partial x_1} = - K_1\, x_1 + K_3\, (x_2 - x_1)$$

$$\frac{\partial L}{\partial \dot{x}_2} = m_2\, \dot{x}_2 \; ; \; \frac{\partial L}{\partial x_2} = - K_2\, x_2 + K_3\, (x_2 - x_1)$$

Luego resulta:

$$\begin{cases} m_1\, \ddot{x}_1 + K_1\, x_1 - K_3\, (x_2 - x_1) = F\,(t) - \mu\, m_1\, g - C_1\, \dot{x}_1 + C_3\, (\dot{x}_2 - \dot{x}_1) \\ m_2\, \ddot{x}_2 + K_2\, x_2 + K_3\, (x_2 - x_1) = - \mu\, m_2\, g - C_2\, \dot{x}_2 - C_3\, (\dot{x}_2 - \dot{x}_1) \end{cases}$$

NOTA: el alumno realizará más ejercicios en las clases prácticas y se procurará resolver algunos sistemas de ecuaciones diferenciales (por ejemplo el que resulta del péndulo doble).

## Ángulos de Euler.

Sean dos ternas: S, de coordenadas X, Y, Z y $s$ de coordenadas x, y, z ligada al cuerpo rígido. El origen 0 es común y es un punto cualquiera del rígido (polo de reducción). En la figura 121 del apunte, el rígido está en una posición "final" cualquiera y allí se observan los tres ángulos de Euler $\Psi$, $\theta$, $\varphi$. Veremos ahora que a esa posición se llega por tres giros de Euler sucesivos y analizando para cada giro la matriz de transformación llegaremos a la matriz que transforma la posición "inicial" a la "final".

Partimos suponiendo que los ejes homólogos coinciden.

*Primer giro:*

Giramos según el eje $Z \equiv z$ un ángulo $\Psi$ (ángulo de precesión). (Figura 170) la terna girada la llamaremos $x_1$, $y_1$, $z_1$. Veamos la situación desde el eje Z (figura 171).

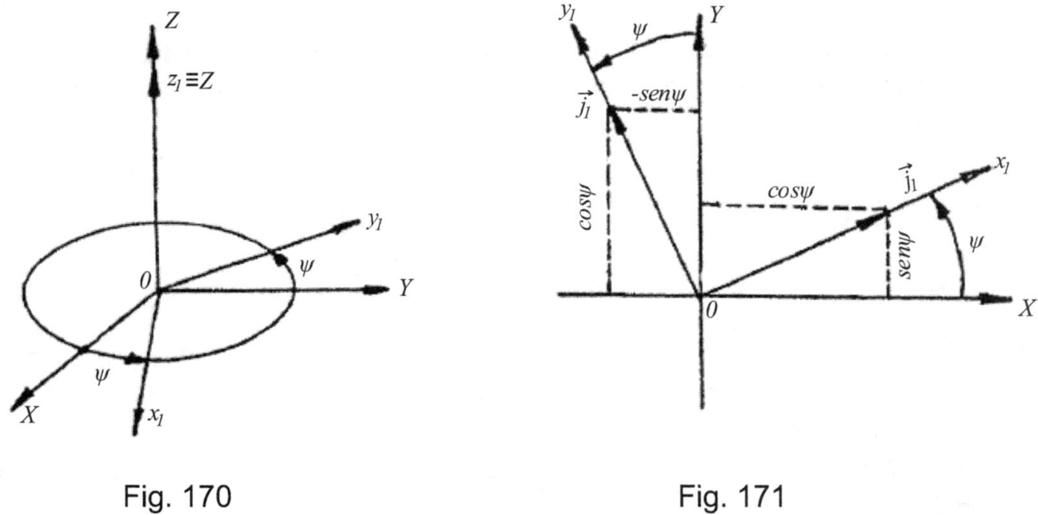


Fig. 170                    Fig. 171

Veamos en la figura 171 que las componentes del versor $\vec{i}_1$ son:

(cos $\Psi$, sen $\Psi$, 0).

Las componentes del versor $\vec{j}_1$ son: (-sen $\Psi$, cos $\Psi$, 0).

Las componentes del versor $\vec{k}_1$ son: (0, 0, 1).

De modo que un vector posición $\vec{r}$ de un punto del rígido, de componentes X, Y, Z en S pasa a tener las componentes $x_1$, $y_1$, $z_1$ en $\mathscr{s}_1$ dadas por la transf.:

$$\begin{bmatrix} x_1 \\ y_1 \\ z_1 \end{bmatrix} = \begin{bmatrix} \cos\Psi & sen\,\Psi & 0 \\ -sen\,\Psi & \cos\Psi & 0 \\ 0 & 0 & 1 \end{bmatrix} \begin{bmatrix} X \\ Y \\ Z \end{bmatrix}$$

En forma sintética: $[\mathscr{s}_1] = [A]\,[S]$.

El determinante de $[A]$ es 1, de modo que la matriz es ortogonal, sabemos entonces que $[A]^{-1} = [A]^T$ y así:

$$\begin{bmatrix} X \\ Y \\ Z \end{bmatrix} = \begin{bmatrix} \cos\Psi & -\,sen\,\Psi & 0 \\ sen\,\Psi & \cos\Psi & 0 \\ 0 & 0 & 1 \end{bmatrix} \begin{bmatrix} x_1 \\ y_1 \\ z_1 \end{bmatrix}$$

*Segundo giro:*

El eje, $x_1$, ahora se llama eje NODAL y sirve para un nuevo giro $\theta$ (ángulo de nutación). (Figura 172). La terna girada la denominaremos $(x_2, y_2, z_2)$. La situación vista desde el eje $x_2 \equiv x_1$ se tiene la figura (173).

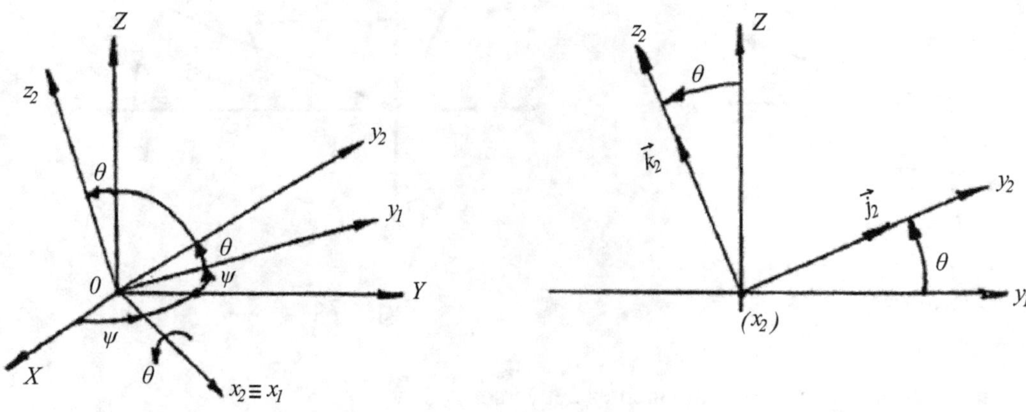



Fig. 172        Fig. 173

Por lo dicho antes se tiene ahora:

$$\begin{bmatrix} x_2 \\ y_2 \\ z_2 \end{bmatrix} = \begin{bmatrix} 1 & 0 & 0 \\ 0 & \cos\theta & sen\,\theta \\ 0 & -sen\,\theta & \cos\theta \end{bmatrix} \begin{bmatrix} x_1 \\ y_1 \\ z_1 \end{bmatrix}$$

O bien $[s_2] = [B]\,[s_1]$, es claro que $[s_1] = [B]^T\,[s_2]$ como antes.

*Tercer giro:*

Giramos ahora según el eje $z_2$ un ángulo $\varphi$ (giro propio, $z_2$ suele en la práctica ser eje de simetría del rígido), (en volantes, vehículos, etc.).

La nueva terna es la "final" x, y, z, figura 174.

Observe que el eje y "sufre" todos los desplazamientos angulares pues nunca es eje de giro.

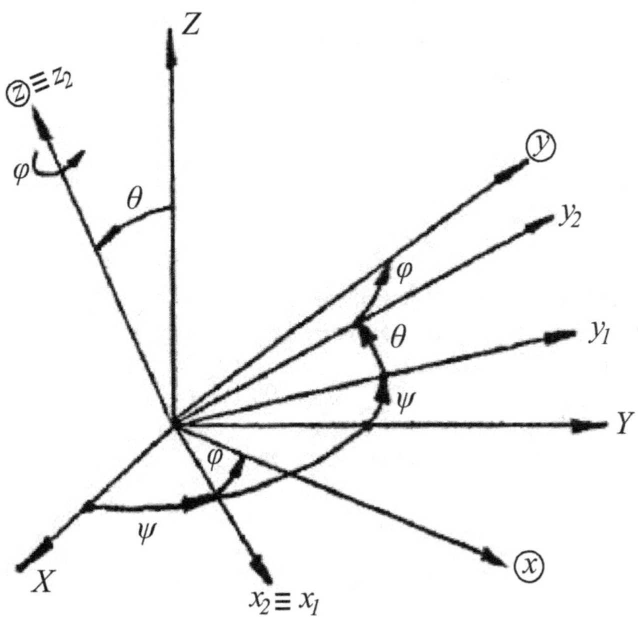


Fig. 174

$$\begin{bmatrix} x \\ y \\ z \end{bmatrix} = \begin{bmatrix} \cos\varphi & sen\,\varphi & 0 \\ -sen\,\varphi & \cos\varphi & 0 \\ 0 & 0 & 1 \end{bmatrix} \begin{bmatrix} x_2 \\ y_2 \\ z_2 \end{bmatrix}$$

O bien $[s] = [C][s_2]$.

Podemos pasar entonces de la posición original a la final por tres giros sucesivos $\Psi$, $\theta$, $\varphi$ en ese orden, de modo que $[s] = [C][B][A][S]$, efectuando el producto de las tres matrices A, B y C se llega a D.

$[D]=$

$$= \begin{bmatrix} (\cos\varphi\cos\Psi - sen\Psi\cos\theta\,sen\varphi) & (\cos\varphi\,sen\Psi + sen\varphi\cos\Psi\cos\theta) & (sen\theta\,sen\varphi) \\ (-sen\varphi\cos\Psi - sen\Psi\cos\theta\cos\varphi) & (-sen\varphi\,sen\Psi + \cos\varphi\cos\Psi\cos\theta) & (sen\theta\cos\varphi) \\ (sen\theta\,sen\Psi) & (-sen\theta\cos\Psi) & (\cos\theta) \end{bmatrix}$$

(Comprobarlo).

Así se tiene que $[s] = [D][S]$ o bien, $[S] = [D]^T[s]$.

*Ejemplo*: si $\omega_x, \omega_y, \omega_z$ son las componentes de la velocidad angular $\vec{\omega}$ respecto de $(s)$, respecto de S serán $W_X, W_Y, W_Z$ dadas por:

$$\begin{bmatrix} w_X \\ w_Y \\ w_Z \end{bmatrix} = [D]^T \begin{bmatrix} \omega_x \\ \omega_y \\ \omega_z \end{bmatrix}, \text{ o viceversa.}$$

Los términos guiñada, rolido y cabeceo empleados en vehículos (automóviles, barcos, aviones, etc.) son diferentes a los ángulos de Euler. En barcos se suele utilizar el término escorado en lugar de rolido.

*Ejemplo*: en la expresión (98) del apunte hemos expresado la velocidad angular $\vec{\omega}$ con los ángulos de Euler:

$$\vec{\omega} = \dot{\varphi}\,\vec{k} + \dot{\Psi}\,\vec{K} + \dot{\theta}\,\vec{N}$$ . Y hemos trabajado en forma geométrica para reemplazar los versores $\vec{K}$ y $\vec{N}$ en función de los $\vec{i}, \vec{j}, \vec{k}$ de $(s)$.

Ahora apliquemos la matriz $[D]$:

$$[\vec{k}]_{expresado\ en\ s} = [D][\vec{K}_S], \text{ es decir llamando con } D_{ij} \text{ los elementos de } [D].$$

$$\left[\vec{k}\right]_{expresado \; en \; s} = \begin{bmatrix} D_{11} & D_{12} & D_{13} \\ D_{21} & D_{22} & D_{23} \\ D_{31} & D_{32} & D_{33} \end{bmatrix} \begin{bmatrix} 0 \\ 0 \\ 1 \end{bmatrix} = D_{13} \, \vec{\imath} + D_{23} \, \vec{\jmath} + D_{33} \, \vec{k}, \text{ es decir:}$$

$$\vec{k}_s = sen \, \theta \; sen \, \varphi \, \vec{\imath} + \; sen \, \theta \cos \varphi \, \vec{\jmath} + \cos \theta \, \vec{k}$$

Ídem a la expresión del apunte.

## Teorema matricial de Steiner.

El alumno sabe de física que si necesita el momento de inercia respecto de un eje $e$ (figura 175) y conoce el momento de inercia de un eje baricéntrico paralelo a $e$ es:

$$(1)\ I_e = I_c + md^2$$

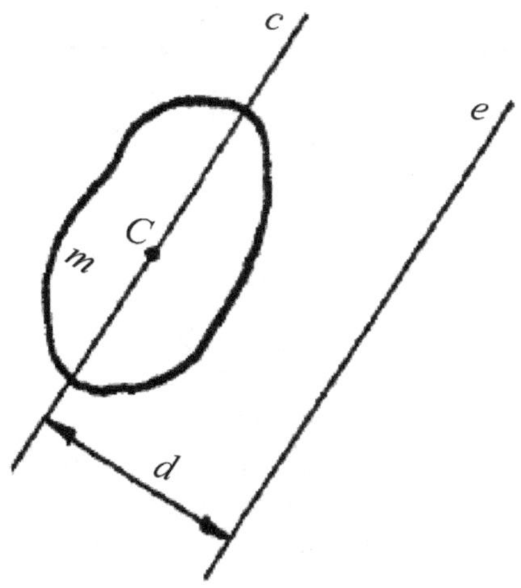


Fig. 175

El último sumando es el momento de inercia del cuerpo como si éste fuese puntual, con su masa concentrada en el baricentro.

Se da por conocida la demostración.

Se puede generalizar este resultado a todos los momentos de inercia, incluyendo los centrífugos y presentar el resultado en forma matricial.

En la figura 176 se tiene un cuerpo y dos ternas: la terna $(0, X, Y, Z)$ y la terna paralela y baricéntrica $(C, X`,Y`,Z`)$. Las coordenadas del centro de masa son $(X_C, Y_C, Z_C)$.

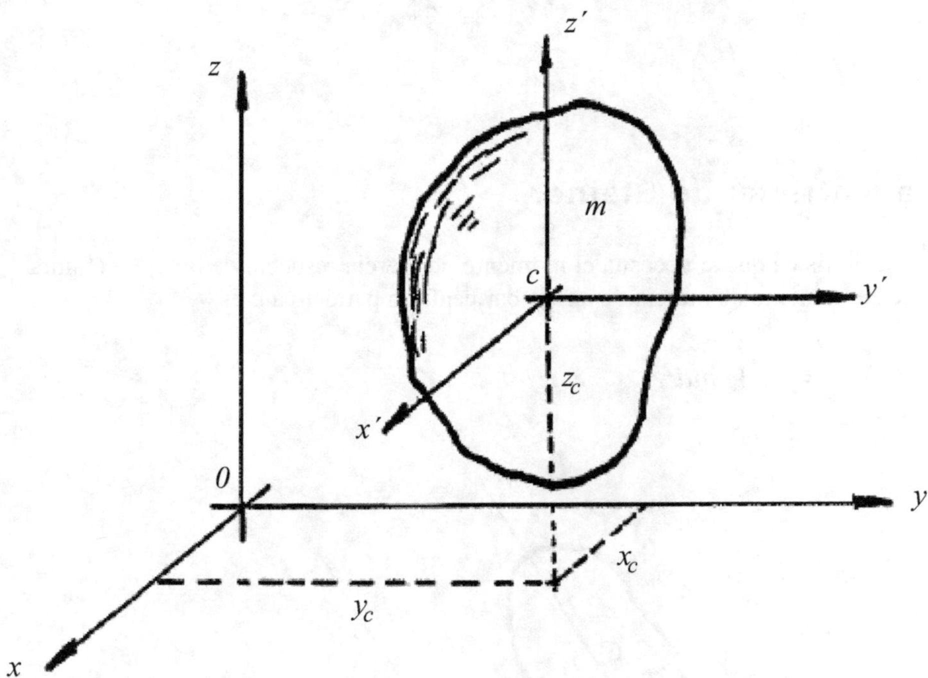


Fig. 176

Tomemos ahora tres matrices: la matriz de inercia respecto de la terna (o, X, Y, Z), la matriz de inercia baricéntrica (C, X`, Y`, Z`) y la matriz de inercia respecto de (0, X, Y, Z) supuesto que la masa del cuerpo está concentrada en C. De modo que el teorema de Steiner matricial es:

$$
\begin{bmatrix} I_{xx} & I_{xy} & I_{xz} \\ I_{yx} & I_{yy} & I_{yz} \\ I_{zx} & I_{zy} & I_{zz} \end{bmatrix} = \begin{bmatrix} I_{x`x`} & I_{x`y`} & I_{x`z`} \\ I_{y`x`} & I_{y`y`} & I_{y`z`} \\ I_{z`x`} & I_{z`y`} & I_{z`z`} \end{bmatrix} + m \begin{bmatrix} (Y_c^2 + Z_c^2) & -X_cY_c & -X_cZ_c \\ -Y_cX_c & (X_c^2 + Z_c^2) & -Y_cZ_c \\ -Z_cX_c & -Z_cY_c & (X_c^2 + Y_c^2) \end{bmatrix}
$$

Por ejemplo, si se necesita el momento centrífugo $I_{xy}$, resulta:

$$
I_{xy} = I_{x`y`} - mX_cY_c
$$

En muchos casos la matriz baricéntrica, puede ser diagonal (<u>cuando los ejes X`, Y`, C` son principales</u>), en ese caso resulta:

$$I_{xy} = -mX_c Y_c$$

# APENDICE III.

## La energía cinética de rotación como una forma cuadrática definida positiva.

Es posible expresar la energía de rotación de un cuerpo rígido como una forma cuadrática asociada a la matriz de inercia del cuerpo. En efecto, si $[I_{ij}]$ es la matriz de inercia y $[W_j]$ es la velocidad angular, es:

$E_{cin\,rot} = \frac{1}{2}\,[W_i]^T\,[I_{ij}]\,[W_j]$, es decir:

$$E_{cin\,rot} = \frac{1}{2}\,\begin{bmatrix} W_x & W_y & W_z \end{bmatrix} \left| \begin{bmatrix} Ixx & Ixy & Ixz \\ Iyx & Iyy & Iyz \\ Izx & Izy & Izz \end{bmatrix} \begin{bmatrix} W_x \\ W_y \\ W_z \end{bmatrix} \right|$$

La presente edición de *Mecánica Teórica* se
terminó de imprimir en el mes de Abril de 2020 en
Universitas. Pje. España 1467. Córdoba. Te:
54-351-4680913.
email: editorialuniversitas@yahoo.com.ar

Impreso en Argentina

UNIVERSITAS
U
Editorial
Científica
Universitaria
CÓRDOBA